普通高等教育教材

物理化学实验

胡晓洪　霍景沛　主编

第二版
Second Edition

化学工业出版社

·北京·

内容简介

本书分为三部分。第一章绪论，主要介绍物理化学实验的安全知识、误差分析和数据处理方法；第二章实验，较详尽地介绍了有代表性的22个物理化学实验，多数实验都包括"进一步扩展设计性实验思维"，便于学生开展讨论，并结合相关知识点介绍了实际应用或物理化学家的科研事迹；第三章附录，收录了常用实验仪器测试技术和物理化学实验常用数据表。物理化学实验的原理和方法对各相关专业的专业实验及科学研究具有普遍的指导意义，在培养学生科研素养方面有着至关重要的作用。

本书既可作为高等院校物理化学实验教材，也可作为化学实验室或化学研究从业人员的案头参考书。

图书在版编目（CIP）数据

物理化学实验 / 胡晓洪，霍景沛主编. -- 2版.
北京：化学工业出版社，2025. 1. --（普通高等教育教材）. -- ISBN 978-7-122-47241-0

Ⅰ. O64-33

中国国家版本馆CIP数据核字第2025UV5896号

责任编辑：李　琰　宋林青　　　装帧设计：韩　飞
责任校对：张茜越

出版发行：化学工业出版社
（北京市东城区青年湖南街13号　邮政编码100011）
印　　装：河北鑫兆源印刷有限公司
787mm×1092mm　1/16　印张$11\frac{1}{4}$　字数278千字
2026年1月北京第2版第1次印刷

购书咨询：010-64518888　　　售后服务：010-64518899
网　　址：http://www.cip.com.cn
凡购买本书，如有缺损质量问题，本社销售中心负责调换。

定　　价：32.00元

前言

本书自 2007 年第一版出版以来已经过去 18 年了，在这期间，物理化学的实验内容及其测试方法有了极大的改进与提高，为了更好地使物理化学实验教学与当前技术的发展相适应，编者对本书进行了修订。

本书内容包括必要的实验数据处理、测量误差分析和在物理化学各分支学科领域有代表性的二十二个实验，通过对选定的化学热力学、电化学、化学动力学、表面化学及结构化学等相关实验内容的学习，学生可获取本学科实验研究的基本知识和技能，掌握研究化学过程的基本方法和方法原理，反应条件控制与检测技术，基本仪器的构造、使用和校正方法，测量仪器的选择与匹配，实验数据的处理方法，各种理化参数的测量技术。通过本书的学习，引导学生在实践中了解物理化学实验研究的基本思路、基本研究方法和基本研究过程，提高学生对实验的观测能力、动手能力、分析和解决问题能力等综合素质，对学生创新意识和创新能力进行初步的训练，为其今后开展科学研究工作打下坚实的基础。

本书的特点是：在实验原理的叙述上注意与物理化学理论课程的联系；着重说明在该实验中是如何通过一定的实验方法实现实验目的的；多数实验的结尾有“进一步扩展设计性实验思维”的讨论，对该实验的原理、方法、技术及其应用等方面进行了论述，引导学生积极思考，拓宽学生的视野。同时在绪论与多数实验的结尾引出有关知识的发展史及物理化学家的相关科研事迹，教导学生坚持辩证唯物主义的思维方法和科学严谨的实验态度；学习科学家在科研条件不足的状况下仍不怕困难、坚持不懈、艰苦奋斗的精神。

本书由霍景沛负责编写实验十四、十五、十七、附录部分及绘制实验中的某些示意图；其余由胡晓洪负责，全书由胡晓洪统稿。在编写过程中参考了大量相关教材和教研论文，得到南京桑力仪器有限公司许衡毅经理、朱维龙工程师的大力支持，还得到了佛山大学教务部、材料与能源学院领导的支持与鼓励，在此一并表示感谢！

由于时间仓促，加之学识有限，难免会存在疏漏与不足之处，恳请广大读者不吝赐教和指正。

编者

于佛山大学

2024 年 12 月

目录

第一章 绪论

第一节　物理化学实验的任务与要求

一、物理化学实验的任务

化学是在原子、分子层次上认识物质世界的科学，研究物质的结构、性质及其变化规律，这也是化学学科有别于其他自然科学最本质的特征。化学的这一特征表明了化学是以具体物质为研究对象的，而目前发现的上千万种物质都有着自己的组成、结构、性质和变化，此外还有无数的新物质等待发现和研究。化学是一门实验性科学，通过对实验现象的观察和测量，实验数据的综合分析，深究化学现象的本质，从而揭示化学反应变化的规律。整部化学科学发展的历史就是在实验的基础上发展研究方法、定律和理论，又在定律和理论的指导下进行新的实验探索的过程，实验和理论的这种辩证关系，不断推动化学科学的日益发展。

物理化学实验主要应用物理学原理与技术对物质的物理化学性质进行测量，进而研究这些性质与化学反应之间的关系。物理化学实验是在无机化学实验、有机化学实验、分析化学实验及普通物理实验等实验课程后开设的一门基础实验课程，是运用物理化学的理论知识，进行物质综合性质测定承上启下而独立开设的基础实验课，既可以巩固学生以前所学实验的基本实验操作技能，又可以帮助学生掌握重要的物理化学性能的测试方法，加深对物理化学基本理论的理解。物理化学课程理论性强，被誉为“化学中的哲学”，课程中蕴含丰富的唯物论和辩证法的思想，物理化学每一条定理和公式的产生过程都渗透着物理化学家们的艰苦努力。

诺贝尔化学奖的获得者中约61%是物理化学家或从事物理化学领域研究的科学家。例如，1901年首次颁发诺贝尔奖，荷兰科学家范托霍夫（Van't Hoff）因化学动力学和渗透压定律获得诺贝尔化学奖。1909年德国科学家奥斯特瓦尔德（Ostwald）因其在催化、化学平衡和反应速率方面的开创性工作而获得诺贝尔化学奖。德国著名的物理学家、物理化学家、化学史家能斯特（Nernst），1920年因其提出能斯特方程、能斯特热定理（热力学第三定律）等获得诺贝尔奖。美国科学家朗缪尔（Langmuir）因对表面化学的突出贡献获得1932年诺贝尔化学奖。

我国老一辈科学家为物理学化学学科进步作出了巨大贡献。如物理化学家孙承谔从事化学反应过渡态理论的研究工作，发表了有关 $H_2+H \longrightarrow H+H_2$ 反应的第一张经精确计算得出的势能面图，是近代化学动力学的重要成就之一。在日本侵略我国之时，孙承谔怀着科学救国的愿望，于1935年回到祖国，在北京大学化学系及西南联合大学任教，在当时的艰苦岁月中，他除承担教学任务外，还进行了物质结构和物性间关系等方面的研究工作，发表了一系列研究论文。1947年至1948年间，孙承谔再度赴美，任明尼苏达大学研究员，从事光谱理论方面的研究工作。1948年底，孙承谔由美国返回中国，途经上海时，他拒绝了亲友要他同赴台湾的劝说，毅然北上，于北平解放前20天赶回北京大学。半个多世纪以来，他在教育战线上辛勤耕耘，为我国的科学教育事业作出了重大贡献。

在催化研究领域，物理化学家卢嘉锡提出了固氮酶活性中心网兜模型，在国际上被称为“福州模型”，卢老早年曾在英国伦敦大学与美国加州理工学院求学与从事科研，1945年，他抛弃海外优厚条件而迫不及待地回归到祖国的怀抱。他的研究工作涉及物理化学、结构化学、核化学和材料科学等多个学科领域，对中国原子簇化学的发展起了重要推动作用，他所指导的新技术晶体材料科学研究，也取得了重大成就。他早年设计的等倾角魏森保单晶X射线衍射照相的Lp因子倒数图，载入国际X射线晶体学手册，称为“卢氏图”。卢老在教学过程中，注重培养学生的思考能力和解决实际问题的能力，培养出大批优秀科技人才。

我国胶体和表面化学的主要奠基人傅鹰，极大地推动了我国胶体与表面化学领域研究的发展，其在吸附理论研究方面的工作达到了国际水平，他是“美国两次都留不住的科学家”。1928年，傅鹰的博士论文在美国发布以后，得到好评。美国一家化学公司立即派人以优厚的待遇聘请他去工作，他和同在美国留学的女友张锦商量之后谢绝了，决心回到祖国去。他们认为：“我们花了国家许多钱到外国留学，现在若是留下来为美国做事，对不起中国人。”

我国物理化学的奠基人、国内第一部物理化学教科书著作者、化学教育家黄子卿院士，在电化学、生物化学、热力学和溶液理论方面都颇有建树。他精确测定了水的三相点为(0.00980±0.00005)℃，被确定为国际实用温标（IPTS—1948）选择基准点——水的三相点的参照数据之一，具有划时代的意义。黄老多次主动放弃居留美国的机会，只因“国家是需要我们这样的人为她出力的”，面对著名化学家泡利“把你的全家接到美国来，你就在这里工作，不好吗?”的疑问，他回答“我是中国人，我的家在中国，我一定要回去”，其拳拳赤子心不知激励了多少爱国科学家终生为国奉献。

中国稀土之父、著名物理化学家徐光宪院士，长期从事物理化学和无机化学的教学和研究，涉及量子化学、化学键理论、配位化学、萃取化学、核燃料化学和稀土科学等领域。基于对稀土元素化学键、配位化学和物质结构等基本规律的深刻认识，他发现了稀土溶剂萃取体系具有“恒定混合萃取比”的基本规律，在20世纪70年代建立了具有普适性的串级萃取理论。徐光宪先生四次改变研究方向，只为“此时此刻，祖国需要我”。徐光宪先生重视教学工作，认为必须让学生牢固掌握科学基本理论和基础知识，才能为将来献身祖国科技事业打下坚实的基础。

科学家追求真理、精益求精的科学精神和爱国情怀，激励着人们刻苦学习、努力钻研，为国家的发展贡献自己的力量。

二、物理化学实验的要求

通过物理化学实验，人们可掌握物理化学实验的基本原理与方法、常用仪器设备的操作和使用、实验条件的判断和选择，学会观测实验现象、分析实验结果以及正确记录数据和处理数据，培养书写规范、完整的实验报告的能力。经过物理化学实验学习训练后，学生应能根据实验原理拟定实验方案、选用合适的仪器、设计实验步骤并对实验结果进行分析和归纳，培养严密细致的科学思维及实事求是的科学态度，而具有初步解决化学问题的研究能力。

1. 实验前的准备

“凡事预则立，不预则废”，实验前应认真、仔细阅读实验教材，明确所做实验的目的要求，了解与实验有关的物理化学理论、实验测量所依据的基本原理、实验用的仪器性能和操作规程，基本弄清实验步骤，知道实验所测取的是什么数据及数据应如何进行处理，在此基础上写出预习报告。预习报告应包括实验目的、原理、仪器（有装置图的要画装置图）及所用的试剂，还应包括细化的操作过程和记录数据的表格。实验开始前，指导教师应检查学生是否有预习报告，无预习报告者不准进行实验。

2. 实验的进行

学生要形成安全、规范的良好实验习惯，要严格遵守实验室各项规章制度，严格执行操作规程。学生进入实验室要仔细听指导老师讲解有关注意事项后，才能开始动手进行实验，不了解仪器使用方法的不得随意开机，不得擅自拆卸仪器。实验过程中，操作要正确，严格控制实验条件，不得喧哗、打闹，不得随意改变仪器原有位置，取拿试剂后要放回原处，观察实验现象要仔细，测定数据要认真，记录要准确、完整，还要开动脑筋，善于发现和解决实验中出现的问题。实验结束后，学生要整理实验所用仪器、试剂和其他用品，须将原始记录交指导教师检查并签名方可离开实验室。

3. 实验报告

实验报告是实验工作的总结，实验报告的书写是一项重要的基本技能训练。它不仅是对每次实验的总结，更重要的是它可以初步培养和训练学生的逻辑归纳能力、综合分析能力和文字表达能力，是科学论文写作的基础。因此，参加实验的每位学生均应及时认真地书写实验报告。实验报告的要求：内容实事求是，分析全面具体，文字简练通顺，图表清晰规范。学生认真思考写出符合要求的实验报告，可使其对理论的理解更加透彻，数据处理、作图、误差分析、解决问题等综合素质得到训练和提高。实验报告的内容包括：实验目的、简明原理（包括必要的计算公式）、仪器和试剂、详细的实验操作与步骤、数据记录与处理、实验结果讨论、思考题的回答等。

三、实验注意事项

（1）实验前，要按实验要求核对仪器和试剂，如有破损或不足，应向指导教师报告，及时补充和更换。

（2）未经指导教师同意，不得擅自操作仪器，以免损坏设备。

（3）对连接电路的实验，学生在连接电路后，要经过教师检查，教师认为合格后才能接通电源。

（4）为避免造成仪器的损坏，必须严格按操作规程使用仪器，不得随意改变操作方法。

（5）实验时，只允许使用本组的仪器，如出现故障，须向教师提出，不许擅自动用他组的仪器而影响他人实验。

（6）实验时，应按实验需用量使用药品，不得随意浪费。

（7）实验时，除实验装置及必要的用具与书籍外，其余物品一律不许放置在实验桌上。

（8）要保持环境清洁、整齐。公用仪器与试剂瓶，用毕后要立即放回原来的位置，实验结束后，应将仪器复位，关掉电源，玻璃仪器清洗干净后放回原处，保持实验工作台整洁。

（9）全部学生实验结束后，所安排的值日生打扫实验室，最后切断总电源，关闭实验室的水开关、门窗，方可离开实验室。

第二节　物理化学实验室安全知识

在化学实验室中，安全是非常重要的，化学实验室常常潜藏着发生诸如爆炸、着火、中毒、灼伤、割伤、触电等事故的危险性，“备豫不虞，为国常道”，防止上述事故的发生以及在万一发生事故时能进行急救，是每一个化学实验工作者必须具备的素质。本节主要结合物理化学实验的特点介绍安全用电、安全使用化学药品等知识。

一、安全用电

违章用电可能造成仪器设备损坏、火灾、人身伤亡等严重事故。物理化学实验使用电器较多，要特别注意用电安全。为了保障人身安全，一定要遵守实验室安全规则。

1. 防止触电

（1）不用潮湿的手接触电器。

（2）电源裸露部分应有绝缘装置（例如电线接头处应裹上绝缘胶布）。

（3）所有电器的金属外壳都应保护接地。

（4）实验时，应先连接好电路后再接通电源。实验结束时，先切断电源再拆线路。

（5）修理或安装电器时，应先切断电源。

（6）不能用试电笔去试高压电。使用高压电源时应有专门的防护措施。

（7）如有人触电，应迅速切断电源，然后进行抢救。

2. 防止火灾

（1）使用的保险丝要与实验室允许的用电量相符。

（2）电线的安全通电量应大于用电功率。

（3）室内若有氢气、煤气等易燃易爆气体，应避免产生电火花。继电器工作和开关电闸时，易产生电火花，要特别小心。电器接触点（如电插头）接触不良时，应及时修理或更换。

（4）如遇电线、设备起火，立即切断电源，用沙或二氧化碳灭火器灭火，禁止用水或泡沫灭火器等灭火。

3. 防止短路

（1）电线路中各接点应牢固，电路元件两端接头不要互相接触，以防短路。

（2）电线、电器不要被水淋湿或浸在导电液体中，例如实验用恒温槽加热器的接口不要浸在水中。

4. 安全使用电器仪表

（1）在使用前，先了解电器仪表要求使用的电源是交流电还是直流电；是三相电还是单相电以及电压的大小（380V、220V、110V 或 6V 等）。须弄清电器功率是否符合要求及直流电器仪表的正、负极。

(2) 仪表量程应大于待测的量。若待测量大小不明，应从最大量程开始测量。

(3) 实验之前要检查线路连接是否正确。经教师检查同意后方可接通电源。

(4) 在电器仪表使用过程中，如发现有不正常声响，局部温升或嗅到绝缘漆过热产生的焦味，应立即切断电源，并报告教师进行检查。

二、安全使用化学药品

在进行物理化学实验过程中，会使用到一些易燃、易爆、易腐蚀、有毒、有害等危险化学试剂，需要落实安全措施，保障实验室人员和财产安全。

1. 防毒

(1) 实验前，应了解所用药品的毒性及防护措施。尽量减少或杜绝毒物经过呼吸道、消化道、皮肤进入人体。

(2) 操作有毒气体（如 H_2S、Cl_2、溴蒸气、NO_2、浓 HCl 和 HF 等）应在通风橱内进行。

2. 防爆

可燃气体与空气混合，当两者比例达到爆炸极限时，受到热源、电火花的诱发，就会发生爆炸。实验使用挥发性有机试剂时要尽量防止其散失到室内空气中，并保持室内通风良好，要避免使用明火。有些固体强氧化剂、还原剂等受热或受震动时易引起爆炸，使用时应按要求进行操作，特别应禁止强氧化剂、还原剂在一起存放。

3. 防火

许多有机试剂、氧化剂都是易燃品，使用这些试剂时应远离火源。实验室一旦起火，要立即灭火，防止火势蔓延。一般的小火可用湿布、石棉布或沙子覆盖燃烧物即可扑灭。火势稍大时，使用灭火器灭火。再大时，拨打 119 报火警。

4. 防灼伤

强酸、强碱、强氧化剂、溴、磷、钠、钾、苯酚、冰醋酸等都会腐蚀皮肤，特别要防止其溅入眼内。实验室还有易造成高温灼伤的电炉，加热板和可造成低温冻伤的干冰、液氮等也会严重灼伤皮肤，使用时要按规定操作，万一灼伤应及时处理。灼伤发生后，应尽快采取降温措施，将烧伤创面浸入洁净的冷水中，或用沾湿的毛巾包裹患处；如果伤口只是局部泛红，可涂抹一些凡士林软膏；如果起了水泡，只要泡不大，就不要挑破，避免感染；如果有破损，可以外用抗生素药膏。要是灼伤面积过大或是过于严重，应立即前往医院治疗。

第三节 物理化学实验的误差分析

任何一种测试中，不管所用的仪器多么精密，操作时多么小心，测量环境控制如何周到，测量的结果总不能与真实值完全一致，测量值与真实值之间常有一定的误差。物理化学实验通常在一定条件下测量某系统的一个或几个物理量，然后，用计算或作图的方法求得另一些量的数值或验证物理化学定理，怎样选择适当的测量方法？怎样估计所测得的结果的可靠程度？怎样对所得数据进行合理的处理？这是实验中经常遇到的问题。因此，要使所做物理化学实验结论符合要求，为将来的科学研究打下良好基础，必须学会进行正确的测量以及对数据进行合适的处理。

一、误差的分类和来源

为什么实验的测量值只能是真值的近似值？只要分析一下实验数据的误差及来源便可了然。实验中遇到的误差，据其性质与特点可分为三类：系统误差、偶然误差和过失误差。

1. 系统误差

系统误差为服从某一确定规律的误差，如多次测量时，误差始终不变或作周期性变化等，系统误差是由测量过程中经常性的因素造成的。例如，在实验前未校正毫伏计零点，如其指针偏离零点为 0.1mV，则用此毫伏计测量的读数为 2.1mV 时，实际上为 2.0mV，若读数为 7.5mV 时，则应为 7.4mV 等，即测量值总是偏大。系统误差主要来源如下。

(1) 仪器误差。由测量仪器不准确而引起的，包括仪器本身的分度不准确或使用时没有调整到零点，如移液管、滴定管的刻度，温度计的分度等因未校正而引起的误差。

(2) 试剂引起的误差。因试剂含有其他杂质而引入的误差。

(3) 方法误差。由于测量所依据的理论本身不完善，或由测量方法本身所形成的误差。如最大气泡压力法所用的公式是假定产生的气泡为标准圆球形，而使计算的表面张力产生误差。

(4) 操作者个人习惯的误差。由测量人员的固有习惯或器官的生理变化所致。如记录读数总是滞后，对于某色彩感觉不灵敏，读数时常偏上或偏下等。

(5) 环境误差。由自然条件的变化所产生的偏差。如大气压、温度、湿度的定向变化而产生系统误差。

系统误差是恒定的，单纯依靠增加实验次数是无法减少或消除的。但可以根据情况采用诸如改进实验方法、采用不同的实验技术或实验方法、改变实验条件、校正仪器、提高试剂纯度等措施，进而设法消除或尽量减小系统误差。

2. 偶然误差

单次测量时，误差或正或负，可大可小，但多次测量时，其平均值趋于零，具有这种性质的误差称偶然误差（也称随机误差）。引起偶然误差的原因有：测量人员因感觉器官的缺点或操作不熟练造成对数据每次判断不一致；外界条件的变动；测量仪器构造上的不完善；等等。偶然误差是偶然与无意引入的，在实验中总是存在，无法避免。

虽然偶然误差大小与正负都是不定的，但是，在相同的测量条件下，对同一物理量进行多次测量时，则会发现偶然误差的大小与符号却符合某种误差分布（正态分布）的统计规律。这种规律可用图 1-3-1 中的曲线表示。

此曲线称为误差曲线或高斯正态分布曲线，其曲线函数为：

$$y=\frac{1}{\sqrt{2\pi\sigma}}\exp\left[-\frac{(x-\mu)^2}{2\sigma^2}\right] \tag{1-3-1}$$

式中，σ^2 为方差；μ 为均值（数学期望）。

图 1-3-1 中横坐标表示偶然误差大小，纵坐标表示各偶然误差出现的概率（可能性）。

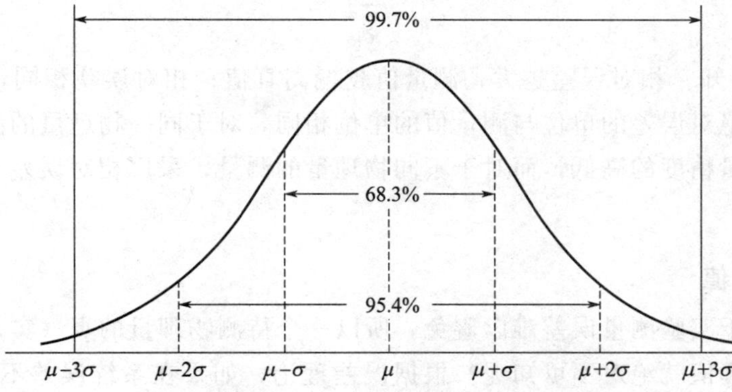

图 1-3-1 偶然误差正态分布曲线

从曲线可以看出偶然误差具有以下几个特性。

（1）对称性：正误差与负误差绝对值相等时，它们出现的概率也相等。

（2）单峰性：绝对值小的偶然误差比绝对值大的偶然误差在测定中出现的可能性要大。

（3）有界性：在一定测定条件下的有限次测量中，偶然误差的绝对值不超过某一限度。

图 1-3-1 中 μ 代表无限多次测量结果的平均值（数学期望），在消除了系统误差的情况下，可以代表真值。σ 为无限多次测量所得的标准误差。用统计方法分析得出，误差在 $\pm 1\sigma$ 内出现的概率是 68.3%，在 $\pm 2\sigma$ 内出现的概率是 95.4%，在 $\pm 3\sigma$ 内出现的概率是 99.7%，可见误差值超过 $\pm 3\sigma$ 所出现的概率只有 0.3%，因此，多次重复测量中，个别数据的误差大于 3σ，则可以舍去。

因此，为了减少偶然误差的影响，在实际测量中，常常对某一物理量重复多次测量，随着测量次数的无限增加，其偶然误差的算术平均值将趋向于零。

3. 过失误差

过失误差由操作者的粗心所引起，如标度看错、记录写错、计算错误等。这类误差无规律可循，必须培养专心、认真、细致的工作态度，并要不断提高理论和操作技术水平，才能尽量避免。

二、测量中的误差表示

1. 绝对误差与相对误差

误差如何表示？对一个物理量进行测量后，测量值与该物理量真（实）值之差，称为此测量值的误差。如测量值用 x_i 表示，而真值用 $x_{真}$ 表示，则测量值 x_i 的误差 Δx 应为：

$$\Delta x = |x_i - x_{真}| \tag{1-3-2}$$

为区别于其他误差，Δx 称为绝对误差。如某量的真值为 172，而其测量值为 175，则其绝对误差为 $\Delta x = |175-172| = 3$。

绝对误差虽然重要，但仅用它有时还不能说明测定的准确程度。假设测量 A、B 两物体的长度，A 的长度测量值为 100m，B 的长度测量值为 10m，但它们的绝对误差都是 1m，显而易见，前者要远较后者准确。为了判断测量的准确度，需将绝对误差与真值进行比较，即求出其相对误差 $\varepsilon_{相}$，其定义为：

$$\varepsilon_{相}=\frac{\Delta x}{x_{真}} \tag{1-3-3}$$

由式(1-3-3)可知，相对误差越大，测量值越偏离真值；相对误差相同，则测量值具有同样的准确程度。绝对误差的单位与测量值的单位相同，对于同一物理量的测量，可以采用绝对误差确定其测量精度的高低，而对于不同物理量的测量，采用相对误差来评定各种测量的精度才较为确切。

2. 真值与平均值

如前所述，由于实验测量误差难以避免，所以一个待测物理量的真（实）值一般是不知道的，但是能否说真值就绝对不可知呢？根据误差理论，如果在系统误差不存在的情况下，测量的次数无限增多时，则根据正负偶然误差出现的可能性相等的误差分布定律，将各次测量值相加并加以平均，就可以获得极接近于真值的数值。就是说，真值是测量次数无限多时的平均值 $\bar{x}$，但一般实验测量的次数是有限的，因此用有限次数的测量求出的平均值只能是近似于真值。虽然如此，实际应用中仍用平均值来代替真值。如绝对误差定义式中的真值用平均值 $\bar{x}$ 代替，则改写为：

$$\Delta x=|x_i-\bar{x}| \tag{1-3-4}$$

由于实验数据的分布类型的不同，处理实验结果时所用的平均值也有若干种。在此仅介绍一种最常用的平均值——算术平均值，设 x_1，x_2，x_3…，x_n 代表各次的测量值，n 代表测量次数，则算术平均值为：

$$\bar{x}=\frac{x_1+x_2+x_3+\cdots+x_n}{n}=\frac{1}{n}\sum_{i=1}^{n}x_i \tag{1-3-5}$$

在概率论和统计学中，数学期望 μ 是试验中每次可能结果的概率乘以该结果的总和，是最基本的数学特征之一，它反映随机变量平均取值的大小。

$$\mu=\lim_{n\to\infty}\bar{x}=\lim_{n\to\infty}\frac{1}{n}\sum_{i=1}^{\infty}x_i \tag{1-3-6}$$

测定值的数学期望 μ 与真实值之差定义为系统误差 $\varepsilon_{系}$：

$$\varepsilon_{系}=|\mu-x_{真}| \tag{1-3-7}$$

当 $\varepsilon_{系}=\mu-x_{真}=0$ 时，

$$x_{真}=\mu=\lim_{n\to\infty}\bar{x} \tag{1-3-8}$$

这说明消除了系统误差后，测定值的数学期望 μ 等于待测物理量的真实值 $x_{真}$，这时（测量次数足够多时）测量结果不受偶然误差的影响。在多数场合用算术平均值 $\bar{x}$ 近似代替真值，这是因为测量值如服从正态分布，则从数学上可证明算术平均值即为一组等精度测量中的最佳值或最可信赖值。

三、测量的准确度与精密度

准确度与精密度是实验测量中经常出现的概念。准确度是指测量值与真实值接近的程度，用以表示测量的准确性，反映系统误差大小的程度。准确度 b 定义为：

$$b=\frac{1}{n}\sum_{i=1}^{n}|x_i-x_{真}| \tag{1-3-9}$$

式中，n 为测量次数；x_i 为第 i 次测量值。在物理化学实验中真实值 $x_{真}$ 是需要求的结果，难以得到，故 b 值通常难以算出，一般可以近似用标准值 $x_{标}$（由其他更可靠的方法测量的值，也可用文献、手册公认值）来代替。

$$b=\frac{1}{n}\sum_{i=1}^{n}|x_i-x_{标}| \tag{1-3-10}$$

而精密度则指所测量的物理量在测定中的重复性，用以反映偶然误差的大小。可以通过图 1-3-2 来理解。

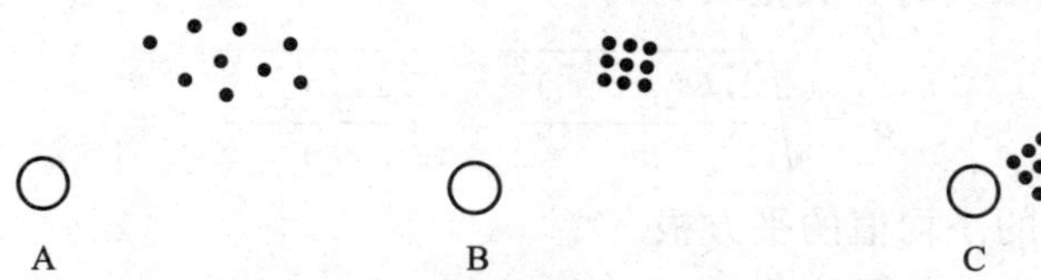

图 1-3-2 准确度、精密度比较

假设图中的○代表真值，而点代表一组测量值，每一小点代表一次测量值。图中 A、B、C 代表 3 组测量结果，A 组中系统误差大而偶然误差也大，即准确度与精密度都低，B 组中系统误差大而偶然误差小，即准确度低而精密度高，C 组中系统误差与偶然误差都较小，从而精密度与准确度都较高。由图 1-3-2 可见，测量值 x_i 与平均值 $\bar{x}$ 之差小，则说明测量是精密的，但是一个精密的测量不一定是准确的测量（如图 1-3-2 中 B），反之，一个准确的测量必定是精密的测量（如图 1-3-2 中 C）。所以，要测量准确，除了要有适当的仪器外，进行正确的操作更是重中之重。

精密度还涉及测量值的有效数字的位数，例如，用两支温度计去测量同一恒温槽的温度，一支最小读数为 1℃，另一支的最小读数为 0.1℃，温度计一般取其最小分度值的 1/10 或 1/5 作为其精密度，故用第一支温度计测得的温度为 30.2℃±0.2℃，用第二支温度计测得为 30.18℃±0.02℃，因用第二支温度计测得的温度有四位有效数字，所以是更精密的读数。从仪器角度说，最小读数为 0.1℃的温度计是更精密的仪器。

四、精密度的表示法

一定条件下，对某一物理量进行 n 次测量获得算术平均值 $\bar{x}$，那么单次测量值 x_i 与算术平均值的偏差程度即测量的精密度，也可用精密度表示各测量值相互接近的程度，精密度的表示方法有下列四种，即算术平均误差、标准误差、范围误差、或然误差。

1. 算术平均误差

算术平均误差 ε 是实验数据误差较好的表示方法之一，其定义为：

$$\varepsilon=\frac{\sum|x_i-\bar{x}|}{n}=\frac{\sum|d_i|}{n} \tag{1-3-11}$$

式中，n 为测量次数；$\bar{x}$ 为测量数据的算术平均值；d_i 为测量值与平均值的偏差。

算术平均误差表示法的优点是计算简单，缺点是无法表示出各次测量数据间彼此符合的程度。例如，一组测量中偏差彼此接近，如为 1.99、2.01、2.03，而另一组测量中偏差则彼此较分散，如为 1.95、1.99、2.09，虽然它们的测量平均值 $\bar{x}$ 皆为 2.01，但这两组测量的 ε 分别为 0.013 与 0.053。这说明前者的精密度较后者高，但是，如 A 组为 5.2、5.1、5.1、5.2、5.5，B 组为 5.2、5.0、5.3、5.0、5.3 的两组测量数据，其前者的 ε 值为 0.11，

后者的 ε 值为 0.13。从 ε 值看，后一组数据精密度不如前者，可是前者却有最大偏差 d_i 为 0.28 的数据，而后者最大偏差 d_i 为 0.16。由此可见，算术平均误差不能反映出较大的个别误差，所以引进新的误差表示——均方误差。

2. 标准误差

标准误差亦称均方误差，是近代物理、化学等领域广为采用的表示实验数据误差的方法，当测量次数 n 为无限大时，其定义为：

$$\sigma=\sqrt{\frac{\sum (x_i-\bar{x})^2}{n}}=\sqrt{\frac{\sum (d_i)^2}{n}} \tag{1-3-12}$$

即其为各个偏差平方和的平均值的平方根。

当测量次数为有限次时，改用式(1-3-13) 表达：

$$\sigma=\sqrt{\frac{\sum (d_i)^2}{n-1}} \tag{1-3-13}$$

用均方误差式计算所得的值，通过平方的方式放大了其中较大的误差，从而更加敏感地反映出这些较大的误差。例如，A 组 5.2、5.1、5.1、5.2、5.5 与 B 组 5.2、5.0、5.3、5.0、5.3，这两组测量数据的精密度分别计算如下：

A 组：算术平均值 $\bar{x}_A=\frac{5.2+5.1+5.1+5.2+5.5}{5}=5.22$

算术平均误差 $\varepsilon_A=\frac{0.02+0.12+0.12+0.02+0.28}{5}=0.12$

均方误差 $\sigma_A=\sqrt{\frac{0.02^2+0.12^2+0.12^2+0.02^2+0.28^2}{5}}=0.15$

B 组：算术平均值 $\bar{x}_B=\frac{5.2+5.0+5.3+5.0+5.3}{5}=5.16$

算术平均误差 $\varepsilon_B=\frac{0.04+0.16+0.14+0.16+0.14}{5}=0.13$

均方误差 $\sigma_B=\sqrt{\frac{0.04^2+0.16^2+0.14^2+0.16^2+0.14^2}{5}}=0.14$

根据 ε 值，A 组精密度较 B 组为优，而 σ 值则证明 B 组数据的精密度要优于 A。这是因为均方误差能反映个别较大误差的影响，就是说即使有一个数据偏离平均值较大，也会影响到均方误差的数值。所以，均方误差越小，实验数据的分布越加密集在狭窄的误差范围以内，也就说明测量精密度越高。

3. 范围误差（极差）

范围误差即极差 R，是测量最大值与最小值之差：

$$R=x_{\max}-x_{\min} \tag{1-3-14}$$

式中，R 为极差，表示测量值的分布区间范围；$x_{\max}$ 为同一物理量的最大测量值；$x_{\min}$ 为同一物理量的最小测量值。

极差可以粗略地说明数据的离散程度，既可以表征精密度，也可以用来估算标准偏差。

4. 或然误差

$$\rho=0.6745\sigma \tag{1-3-15}$$

或然误差 ρ 的意义是在一组测量中，若不计正负号，误差大于 ρ 的测量值与误差小于 ρ 的测量值，各占测量次数的一半。

平均误差的优点是计算简便，可了解数据的整体偏离程度，但用这种误差表示时，可能会把质量不高的测量值掩盖住；或然误差的精度又较平均误差低一些；标准误差对一组测量值中的较大误差或较小误差比较灵敏，因此，一般多采用标准误差来表示测量的精密度。极差虽然能反映出测定数据的波动范围，但没有充分利用数据提供的信息，不能全面、科学地反映测定数据的质量，但由于计算简便，在快速检验中还是广泛应用。

物理化学实验中通常用平均误差 ε 或标准误差 σ 来表示测量的精密度。由于不能肯定 x_i 相比 $\bar{x}$ 是偏高或偏低，所以测量结果常用 $\bar{x}\pm\sigma$（或 $\bar{x}\pm\varepsilon$）来表示，ε 或 σ 越小，精密度越高，有时候也用相对精密度 $\sigma_{相对}$ 来表示测量的精密度。

$$\sigma_{相对}=\frac{\sigma}{\bar{x}}\times100\% \tag{1-3-16}$$

例 1. 对某种样品重复 10 次脉冲色谱测定，其出峰时间为：142.1、147.0、146.2、145.2、143.8、146.2、147.3、156.3、145.9、151.8s。试计算平均误差，标准差，并正确表示测量结果。

解： 算术平均值 $\bar{x}=\dfrac{1}{n}\sum\limits_{i=1}^{10}x_i=\dfrac{1471.8}{10}=147.2\text{s}$

平均误差 $\varepsilon=\dfrac{\sum\limits_{i=1}^{10}|x_i-\bar{x}|}{n}=\dfrac{27.8}{10}=2.78\text{s}$

标准误差 $\sigma=\sqrt{\dfrac{\sum\limits_{i=1}^{10}(x_i-\bar{x})^2}{n-1}}=\sqrt{\dfrac{149.28}{10-1}}=4.07\text{s}$

其测量结果（147.2±4.07）s

相对精密度 $\sigma_{相对}=\dfrac{\sigma}{\bar{x}}\times100\%=\dfrac{4.07}{147.2}\times100\%=2.76\%$

五、如何提高测量结果的精密度与准确度

根据误差知识，在进行某一物理量测定时，按下列次序进行。

① 选择仪器，按实验要求，确定所用仪器的规格，仪器的精密度不能劣于实验结果要求的精密度，但也不能过分优于实验结果要求的精密度。

② 校正误差系统，校正仪器和试剂可能引起的系统误差，即先用标准样品校正仪器、纯化试剂，操作者测量时要避免不良的实验习惯。

③ 减小测量过程的偶然误差，测量某物理量 x 时，应该在相同实验条件下连续重复多次，直至发现这些数值 x 围绕某一数值上下不规律变动时，取这种情况下的这些数值的算术平均值 $\bar{x}$ 为测量结果。

④ 尽量消除或减少可能引进的系统误差，若算术平均值 $\bar{x}$ 与标准值 $x_{标}$ 的差值 $|\bar{x}-x_{标}|$

小于平均误差ε（若 $\bar{x}$ 是重复测量 15 次或更多时的平均值）或 1.73ε（若 $\bar{x}$ 是重复 5～14 次时的平均值），原则上无法判定是否存在系统误差，可以认为所得测量结果的精密度足够好，测定工作结束。

反之，若 $|\bar{x}-x_{标}|$ 大于ε（测量次数 n 大于 15 次）或 1.73ε（测量次数 n 在 5 和 14 次之间），此时测量精密度可能符合要求，但测量的准确度差，说明测量过程中存在系统误差。可能因为实验条件控制不当或实验方法或计算公式本身有问题，需要进一步探索，反复实验。

例 2. 用阿贝折射仪测定水的折射率 15 次，获得 x 数据如下：1.33293、1.33296、1.33293、1.33295、1.33293、1.33295、1.33291、1.33293、1.33292、1.33294、1.33290、1.33294、1.33292、1.33289、1.33296。查文献得 25℃时水的折射率为 1.33296，计算测量的精密度（用算术平均误差表示）、准确度及分析测量的系统误差。

解： 15 次测量折射率的算术平均值：$\bar{x}=1.33293$

根据平均误差公式计算精密度ε：

$$\varepsilon=\frac{\sum|x_i-\bar{x}|}{n}=\frac{\sum_{i=1}^{15}|x_i-1.33293|}{15}=0.00002$$

计算与文献值比较的准确度 b：

$$b=\frac{\sum|x_i-x_{文献值}|}{n}=\frac{\sum_{i=1}^{15}|x_i-1.33296|}{15}=0.00003$$

所以 $|\bar{x}-x_{文献值}|=|1.33293-1.33296|=0.00003>\varepsilon$

由以上计算可知，存在测量的系统误差。故应寻找具体原因采取相应措施，加以消除。如提高所用试剂纯度、更精密控制测量时的温度、选用更精密的仪器等。

六、误差与有效数字

由于误差的存在，对于任何测量的结果，读数的准确度总有一个范围。因此，表示测量结果数字的位数不宜太多，也不宜太少。例如，在测量温差电动势时，用精度为±1mV 的毫伏计测得的读数为 250.5mV，这意味着 250 是充分可靠的，而 0.5 是估计得来的，亦即电动势值在 250.4～250.6，此数据有四位有效数字，由此可知，有效数字是一数据的所有准确数字和一位可疑数字的总和。所以记录数据时，应记录的位数中只允许最末一位数字是欠准的或可疑的，而其余各位数字必须都是准确的。如在实验中记录某一测定温度时，应该记为 30.15℃，倘若记为 30.1℃，则所记数据低于实际所能达到的准确度。

在数据处理时，测量仪器（如移液管、量筒、烧杯）精度不同，实验数据的准确度不同，因此，为了计算出结果，在运算中应如何处理这些精度不同的数据？此外，还有些数据需从数据手册中查取，查得的数据位数如何取舍？下面列出一些规则，避免计算过程中的误差积累。

1. 除另有规定外，每一数据的可疑数字均表示该数据的末位数上有±1 个单位的误差。如用最小读数为 0.1 的温度计测得某物系温度为 25.05℃，则说明此物系温度值在 25.04～25.06℃，可表示为（25.05±0.01)℃。

2. 当有效数字位数确定后，其余数字一律舍去，舍去原则通常为四舍六入五成双情况，如前面的数字为奇数则增加1，如为偶数则舍去。如将0.57815取三位有效数字，则应写成0.578；如取四位有效数字，则应写成0.5782。

3. 有效数字位数与小数点位置无关。如3.25、0.325、0.00325的有效数字位数皆为三位。

4. “0”在数字的前面，只表示小数点的位置，不包括在有效数字位数内；“0”如在数字的中间或末端，则表示一定数值，故应包括在有效数字位数中。如0.0068有两位有效数字，而0.00608及0.00680皆有三位有效数字。

5. 采用指数表示法时，10^n不包括在有效数字内。如1.850×10^{-3}有四位有效数字。

6. 所有取自手册上的数据，其有效数字位数较多时，应按计算需要，需要几位就取几位。但原始数据如有限制，则应忠于原著。

7. 加减运算中，和与差所应保留的小数点后的位数，应与各数中小数点后位数最少的相同。如将13.37、0.0071、1.584三数相加，其和应为14.96，而不能写成14.9611。

8. 在乘除计算中，积与商的位数与计算项中有效位数少者相等。如：

$$0.524\times2.3=1.2;\qquad 3.32\div2810=0.00118$$

9. 对数运算时，对数尾数的有效数字位数（对数首数除外）应与真数的有效数字位数相同。

10. 当数值的第一位数字等于或大于8时，可以多算一位有效数字。例如9.37，它只有三位有效数字，但计算时可以按四位计算。

11. 误差（绝对误差与相对误差）一般只有一位有效数字，最多不超过两位。

七、间接测量结果的误差传递——函数的误差分析

一般实验所求的未知量往往不能直接测得，而是通过直接测定几个与所求未知量有一定函数关系的物理量值，并将这些数值代入该函数关系，从而求出该未知量的数值，这称为间接测量。如实验中测得某气体的p、V、T、m的值，若该气体可视作理想气体，则可通过$M=m\dfrac{RT}{pV}$求出该气体的摩尔质量M。但p、V、T、m的测量误差会传递给M，需计算误差传递的情况。

1. 由间接测量的平均误差求传递到结果的误差。设某未知量y是通过直接测量的物理量x_1、x_2、…、x_n而求得的，需要求取的量y为它们的函数，则：

$$y=f(x_1,x_2,\cdots,x_n)$$

对上式全微分：$\mathrm{d}y=\left(\dfrac{\partial y}{\partial x_1}\right)\mathrm{d}x_1+\left(\dfrac{\partial y}{\partial x_2}\right)\mathrm{d}x_2+\cdots+\left(\dfrac{\partial y}{\partial x_n}\right)\mathrm{d}x_n$

若x_1、x_2、…、x_n，各自的平均误差分别为Δx_1、Δx_2、…、Δx_n，且足够小时，可以代替他们的微分。测量值的误差可正、可负，但当考虑它们对函数y的误差的影响时，取各测量值平均误差的积累，即将其误差绝对值相加，则y的平均误差为Δy：

$$\Delta y=\left|\left(\frac{\partial y}{\partial x_1}\right)\Delta x_1\right|+\left|\left(\frac{\partial y}{\partial x_2}\right)\Delta x_2\right|+\cdots+\left|\left(\frac{\partial y}{\partial x_n}\right)\Delta x_n\right| \tag{1-3-17}$$

而y的相对误差为：

$$\frac{\Delta y}{y}=\frac{1}{y}\left[\left|\frac{\partial y}{\partial x_1}\right|\Delta x_1+\left|\frac{\partial y}{\partial x_2}\right|\Delta x_2+\cdots+\left|\frac{\partial y}{\partial x_n}\right|\Delta x_n\right] \tag{1-3-18}$$

式(1-3-17)、式(1-3-18) 分别是计算最终结果的平均误差和相对误差的普遍公式。

而对于 $y=f(x_1、x_2、\cdots、x_n)$，两边取对数 $\ln y=\ln f(x_1、x_2、\cdots、x_n)$ 再求微分：

$$\mathrm{d}\ln y=\mathrm{d}\ln f(x_1、x_2、\cdots、x_n) \tag{1-3-19}$$

$$\frac{\mathrm{d}y}{y}=\frac{1}{y}\left[\left|\frac{\partial y}{\partial x_1}\right|\mathrm{d}x_1+\left|\frac{\partial y}{\partial x_2}\right|\mathrm{d}x_2+\cdots+\left|\frac{\partial y}{\partial x_n}\right|\mathrm{d}x_n\right] \tag{1-3-20}$$

根据微分基本关系式，又可用 Δy、Δx_1、Δx_2、…、Δx_n 代替它们的微分，改写为式(1-3-18)，由此可见，取对数然后再进行微分，对于求复杂函数的相对误差较为简便。

例 3. 求解函数 $y=x_1+x_2+x_3$ 的相对误差。

解：取对数再微分，得：

$$\mathrm{d}\ln y=\frac{\mathrm{d}y}{y}=\mathrm{d}\ln\ (x_1+x_2+x_3)$$

而且：

$$\mathrm{d}\ln\ (x_1+x_2+x_3)=\frac{\mathrm{d}x_1+\mathrm{d}x_2+\mathrm{d}x_3}{x_1+x_2+x_3}$$

得相对误差：
$$\frac{\Delta y}{y}=\frac{\Delta x_1+\Delta x_2+\Delta x_3}{x_1+x_2+x_3}$$

例 4. 求解 $y=\dfrac{x_1x_2x_3}{x_4}$ 的相对误差。

解：两边取对数，得：

$$\ln y=\ln x_1+\ln x_2+\ln x_3-\ln x_4$$

将上式微分，得：

$$\frac{\mathrm{d}y}{y}=\frac{\mathrm{d}x_1}{x_1}+\frac{\mathrm{d}x_2}{x_2}+\frac{\mathrm{d}x_3}{x_3}-\frac{\mathrm{d}x_4}{x_4}$$

则相对误差：

$$\frac{\Delta y}{y}=\left|\frac{\Delta x_1}{x_1}\right|+\left|\frac{\Delta x_2}{x_2}\right|+\left|\frac{\Delta x_3}{x_3}\right|+\left|\frac{\Delta x_4}{x_4}\right|$$

例 5. 求解 $y=x^n$ 的相对误差。

解：两边取对数，得：

$$\ln y=n\ln x$$

微分，得：

$$\frac{\mathrm{d}y}{y}=n\ \frac{\mathrm{d}x}{x}$$

$$\frac{\Delta y}{y}=n\ \frac{\Delta x}{x}$$

2. 由间接测量的标准误差计算传递到结果的误差。设某未知量 y 是从直接测量的量值 x_1、x_2、…、x_n 而计算得到的，需要求取的量 y 为它们的函数，则：

$$y=f(x_1、x_2、\cdots、x_n)$$

则 y 的标准误差为：

$$\sigma_y=\left[\left(\frac{\partial y}{\partial x_1}\right)^2\sigma_{x_1}^2+\left(\frac{\partial y}{\partial x_2}\right)^2\sigma_{x_2}^2+\cdots+\left(\frac{\partial y}{\partial x_n}\right)^2\sigma_{x_n}^2\right]^{\frac{1}{2}} \tag{1-3-21}$$

式(1-3-21) 是计算最终结果的标准误差的普遍公式。

下面以具体实例来加以说明函数误差传递应用。

例 6. 在化学动力学中按下式计算一级反应常数：

$$k=\frac{1}{t}\ln\frac{a}{a-x}$$

式中，k 为反应速率常数；a 为反应物的初始浓度；x 为经过时间 t 发生反应的反应物浓度。

解： 微分后，反应速率常数相对误差如下式：

$$\frac{\Delta k}{k}=\left|\frac{\Delta t}{t}\right|+\frac{1}{\ln\frac{a}{a-x}}\left(\left|\frac{\Delta a}{a-x}\right|+\left|\frac{\Delta x}{a-x}\right|+\left|\frac{\Delta a}{a}\right|\right)$$

在反应初期，上式右侧第一项分母很小，时间测量的相对误差对函数误差起主要作用。随反应时间延长，反应物转化率增加，时间测量的相对误差逐渐减小，上式右侧第二项中由于 $a-x$ 值变小，浓度测量的相对误差逐渐增大。由此可见，在反应动力学实验的初期和末期误差都可能比较大，误差的主要来源却是不同的。

例 7. 在测定表面张力时，根据下式计算：

$$\sigma=\frac{rhdg}{2}$$

式中，σ 为表面张力；r 为毛细管半径，0.3mm；h 为液体在毛细管内上升的高度，50mm；d 为液体密度，$1g/cm^3$；g 为重力加速度，$980cm/s^2$。设测量后计算出 σ 值的相对误差在 0.2%以内，求测 r、h、d、g 各量时所能允许的最大误差。

解： 表面张力公式两边取对数得：$\ln\sigma=\ln r+\ln h+\ln d+\ln g-\ln 2$

再根据式(1-3-18)，得到表面张力 σ 相对误差公式：

$$\frac{\Delta\sigma}{\sigma}=\pm\left(\frac{\Delta r}{r}+\frac{\Delta h}{h}+\frac{\Delta d}{d}+\frac{\Delta g}{g}\right)=0.002$$

设测量 r、h、d、g 时可达同样的精度，则对每个量所允许的最大相对误差为：

$$\frac{\Delta r}{r}=\frac{\Delta h}{h}=\frac{\Delta d}{d}=\frac{\Delta g}{g}=\frac{\pm 0.002}{4}=\pm 0.0005$$

故测定的最大误差为：

$$\frac{\Delta r}{r}=\frac{\Delta r}{0.3}=\pm 0.0005 \qquad \Delta r=\pm 0.0002(\text{mm})$$

$$\frac{\Delta h}{h}=\frac{\Delta h}{50}=\pm 0.0005 \qquad \Delta h=\pm 0.03(\text{mm})$$

$$\frac{\Delta d}{d}=\frac{\Delta d}{1}=\pm 0.0005 \qquad \Delta d=\pm 0.0005(\text{g/cm}^3)$$

$$\frac{\Delta g}{g}=\frac{\Delta g}{980}=\pm 0.0005 \qquad \Delta g=\pm 0.5(\text{cm/s}^2)$$

对于上述精度，在测量中采用实验室常用的分析天平与比重瓶，d 的测量精度是可以超过的，g 可以查相关手册选择符合需要的精度。但是 r 与 h 的测量用尺这样一般的方法是没有办法达到的，因此必须采用其他测量方法。

例 8. 溶质的摩尔质量 M 可由溶液的沸点升高值 ΔT_b 测定，设以苯为溶剂，萘为溶质，用贝克曼温度计测得纯苯的沸点为 (2.975±0.003)℃，溶液的沸点为 (3.210±0.003)℃，

而溶液中苯质量为 $m_A=(87.0\pm0.1)$g（用工业天平称量），萘质量为 $m_B=(1.054\pm0.001)$g（用分析天平称量），由公式：

$$M=1000K_f\frac{m_B}{\Delta T_b m_A}$$

计算萘的摩尔质量及标准偏差（K_f 为常数，其值取 2.53）。

解：根据标准误差公式［式(1-3-21)］可得萘的摩尔质量标准误差公式：

$$\sigma_M=\left[\left(\frac{\partial M}{\partial m_B}\right)^2\sigma_B^2+\left(\frac{\partial M}{\partial M_A}\right)^2\sigma_A^2+\left(\frac{\partial M}{\partial \Delta T_b}\right)^2\sigma_{\Delta T_b}^2\right]^{\frac{1}{2}}$$

代入数据：

$$\frac{\partial M}{\partial m_B}=\frac{2.53\times1000}{m_A\Delta T_b}=\frac{2.53\times1000}{87.0\times0.235}=124$$

$$\frac{\partial M}{\partial m_A}=\frac{2.53\times1000m_B}{\Delta T_b}\times\frac{1}{m_A^2}=\frac{2.53\times1000\times1.054}{0.235\times87.0^2}=1.50$$

$$\frac{\partial M}{\partial \Delta T_b}=\frac{2.53\times1000m_B}{m_A\Delta T_b^2}=\frac{2.53\times1000\times1.054}{87.0\times0.235^2}=555$$

$$\begin{aligned}\sigma_M&=[124^2\times0.001^2+1.50^2\times0.1^2+555^2\times(0.003^2+0.003^2)]^{\frac{1}{2}}\\&=(0.0154+0.0225+5.5444)^{\frac{1}{2}}=2.4\end{aligned}$$

$$M=1000K_f\frac{m_B}{\Delta T_b m_A}=1000\times2.53\times\frac{1.054}{0.235\times87.0}=130\text{g/mol}$$

间接测量结果（标准误差）：萘的摩尔质量 $M=(130\pm2)$g/mol。

从上面最大标准误差分析可知，萘的摩尔质量的误差主要来源于$\left(\frac{\partial M}{\partial \Delta T_b}\right)^2\sigma_{\Delta T_b}^2$，说明要想提高整个实验的准确度，应从提高温度计的精密度入手。如不作误差分析，则往往会主观认为误差来源于 m_A 的称量，而用分析天平代替工业天平来称量，实际上是不会提高最终结果的准确度的，反而造成仪器与时间的浪费。由此可见，进行误差分析，能使人们抓住测量的关键，明了实验改进之处，从而得到较好的结果。

通过对间接测量的相对误差、标准误差进行计算分析，可以了解到实验误差来源的主次因素，就能把握实验过程中影响研究对象的主要因素和次要因素。在今后的科研中，通过控制实验条件，人为地改变研究对象的存在方式、变化过程，减少或消除各种影响因素的干扰，在简化、纯化的状态下认识研究对象，从而把握研究对象变化的关键因素。

第四节　实验数据的表达及处理

实验的最终目的并不是测定数据，而是通过将实验数据进行整理、归纳和处理，从而找出某些客观规律。常用的数据表示和处理方法有下列几种。

一、列表法

实验数据的初步整理就是列表，即将实验或研究结果以实验数据表示，通过表的形式呈现于实验报告上。因列表法是数据表示的最简单的方式之一，所以被广为采用。使用列表法时，应使人易从表中看出所研究变量之间的关系，能作直观分析以及使用方便。为此，制表时应注意以下几点。

1. 每一表格均应有完整、简明而又能恰当地说明问题的标题。

2. 表中每一行（或列）的开始，应标明该行（或列）变量的名称及量纲，切忌与数字写在一起，否则易引起混乱。

3. 每行所记数据，应注意有效数字的位数，即记录的数字应与测定的精度一致，位数过多或过少皆不正确。

4. 自变量一般要有规律地递增或递减，见表 1-4-1。

表 1-4-1 TiO_2 加入量对于薄膜强度的影响

TiO_2 的质量分数/%	拉伸位移距离/mm	最大断裂应力/kN
1	84.291	0.0988
2	82.824	0.0980
3	82.276	0.0971
4	72.824	0.0967

二、作图法

列表法虽然简单，但不能表示出各数值间连续变化的规律，也不能在实验数值范围内给出与任一自变量相对应的因变量值。作图法可以解决上述难题。作图法就是根据实验数据作出因变量随自变量变化的关系曲线图。此法优点是能直接显示出因变量与自变量的关系，并可直接从曲线图求实验内插值、外推值、曲线某点切线斜率、极值点、拐点、直线的斜率与截距、函数的微商及导数函数的积分值等。但要得到与实验数据点位置偏差最小而又光滑的曲线图形，必须遵循一定的作图规则。

1. 坐标纸及比例尺的选择

首先需选用适宜的坐标纸，最常用的为分度值相同的直角坐标纸（每厘米分成 10 小格），当需将非线性关系变换为线性关系或在某些特殊要求下，可用半对数坐标纸或双对数坐标纸。物理化学实验有时还用三角坐标纸。

选定坐标纸后，要正确选择比例尺。比例尺选择不当，不仅会使曲线变形，甚至还能导致错误的结果，故需遵守以下各点。

（1）作图时一般以横轴表示自变量，以纵轴表示因变量。坐标分度要能表示出测量或计算结果的全部有效数字。

（2）图纸中每小格所对应的数值应便于读取。一般 1、2、5 及其倍数最方便，切忌采用 3、7 及其倍数。

（3）若作直线求斜率，则比例尺的选择应使直线倾角接近 45°，这样求得的斜率误差最小。

（4）纵轴、横轴不一定由“0”开始，应视实验具体要求的数值范围而定，要充分利用图纸全部面积，使全图分布均匀合理。

2. 画坐标轴

选定比例尺后，应画上坐标轴，在轴旁说明该轴所代表变量的名称及单位。根据规定，坐标轴的标记应以纯数形式表达。如温度应以 T/K 形式表示，而不得写成 T(K) 的形式。还有，在纵轴的左边及横轴的下面，每隔一定距离写下该处变量应有的值，以便作图和读数，但不应将实验值写于坐标轴旁或代表点旁。

3. 作代表点

将实验测量所得数值的各点标于图上，在点的周围画圆圈、方块、三角或其他符号，如○、□、△等。在一张纸上如要表示几组数值不同的测量值时，为了区别它们而应用不同符号。

4. 从图上进行连线

在坐标纸上标出各实验点后，如果联结各实验点可以得到一平滑曲线，则该曲线最好通过尽可能多的实验点，曲线可以不必通过所有的点，但应使曲线以外的实验点尽可能位于曲线附近，而且在曲线两侧的点的数目大体相等，它们与曲线间距之和亦应接近相等。

5. 写图名

写上清楚、完整的图名及坐标轴的比例尺。图上除图名、比例间距数值、曲线、坐标轴外，一般不应再写其他字或作其他辅助线，以免造成主次不分。

图 1-4-1 横坐标、纵坐标标明了每小格所对应的数值，坐标旁标明了所代表变量“组成”与“温度”以及单位；线的连接比较平滑，能较正确、清楚地反映环己烷-乙醇双液系的蒸馏特性。

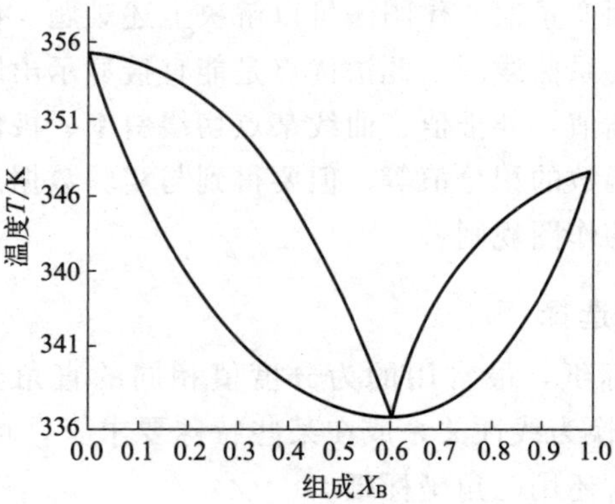

图 1-4-1 环己烷-乙醇双液系相图

三、图解方法

1. 计算直线的斜率与截距

当用作图法表示一组实验数据后，常需要用一方程式或经验公式将该组数据之间的关系表示出来，得到普遍的关联式。经验公式使用方便，便于求微分、积分或内插值，更重要的是可使用计算机进行以上处理。在物理化学实验中，直线方程 $y=mx+b$ 在处理和表达数据方面有重要地位，因为直线是曲线中最易作的线，并可以从图上直接确定方程式中常数 m 与 b，所以常将某些非线性函数直线化，即通过坐标变换将指数函数线性化，如：

$$y=bx^a$$

将上式两边取对数，得：$\lg y=a\lg x+\lg b$

设 $Y=\lg y$，$X=\lg x$，经变换，得一直线方程为：

$$Y=aX+\lg b$$

由上可见，将函数直线化后，除作图上的方便之外，更重要的是由变换后直线的斜率和截距就可求得原方程式中的系数和常数。因此，确定直线的斜率和截距就相当重要，通常有三种方法，即作图法、平均值法及最小二乘法。作图法最简单，适用于数据较少而且要求不十分精密的场合。当有 6 个或 6 个以上比较精密的数据时，使用平均值法所得的结果较作图法好；最小二乘法需 7 个或 7 个以上较精密的数据，但用此法所得的截距与斜率是最精确的。

如，在一定条件下某实验测定的 X、Y 值，见表 1-4-2。

表 1-4-2 测定的 X、Y 值

X	1.00	3.00	5.00	8.00	10.00	15.00	20.00
Y	5.4	10.5	15.3	23.2	28.1	40.4	52.8

根据上述实验数据绘制出图 1-4-2，数据点排列为一直线，因此可用下列直线方程来表示：

$$y=mx+b$$

方程中的系数 m 和 b，可在图中直线上取两点来计算，如选用（3.00，10.5）与（15.00，40.4）。

$$m=\frac{y_2-y_1}{x_2-x_1}=\frac{40.4-10.5}{15.00-3.00}=2.49$$

$$b'=y_1-mx_1=3.03$$

$$b''=y_2-mx_2=3.05$$

$$b=\frac{b'+b''}{2}=3.04$$

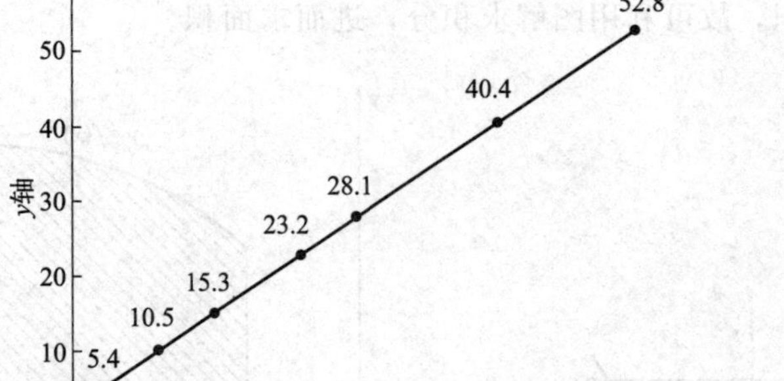

图 1-4-2 直线坐标图

b 值也可直接由与纵轴的交点读出。将 m 与 b 代入直线方程中，得：

$$y=2.49x+3.04$$

在图上取点求斜率时，应注意取的两点不能过近，如果取图 1-4-2 上（8，23.2）、（10，28.1）两点，将会带来较大的误差。

在个别物理化学实验中，斜率值对实验最终结果的影响极大。例如偶极矩的测定实验中，介电常数-浓度图的直线斜率对最终的偶极矩数值有影响，直线稍加倾斜，偶极矩值即能“由坏变好”或“由好变坏”。在这种情况下，不是“巧妙”地凑出一根“好”的直线，而是应该严格按作图要求，作出一条正确的直线来。

2. 求曲线上某点的斜率（图解微分）

在物理化学实验数据处理中，不仅要求直线的斜率，有时还需要求曲线上任一点的切线斜率，即微商。如最大泡压法求表面张力实验、溶解热实验。常采用作图法、镜面微分法与平行线微分法。

（1）镜面微分法　见图 1-4-3。若需在曲线上任一点 A 作切线，可取一平面镜垂直放于图纸上，通常可用玻璃棒代替镜子，使玻璃棒和曲线的交线通过 A 点，此时玻璃棒中出现的曲线与图纸中的曲线有交点，见图 1-4-3(a)，以 A 点为轴旋转玻璃棒，使玻璃棒中的镜像曲线和图纸中的曲线成为一光滑曲线，见图 1-4-3(b)，沿玻璃棒作直线 MN，这就是法线，通过 A 点作 MN 的垂线 CD，CD 线即切线，见图 1-4-3(c)。

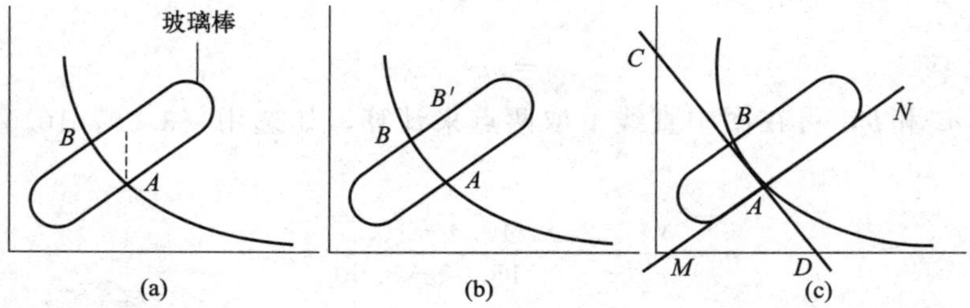

图 1-4-3　镜面微分法

（2）平行线微分法　见图 1-4-4，在所选择的曲线段上作两条平行线 AB、CD，作两条线段中点的连线，交曲线于 Q，通过 Q 作 AB、CD 的平行线，即 Q 点的切线。

（3）图解积分法　见图 1-4-5，设 $y=f(x)$ 为 x 的导数函数，则定积分值 $\int_{x_1}^{x_2} y\,dx$ 即图 1-4-5 中阴影的面积，故可利用图解求积分，进而求面积。

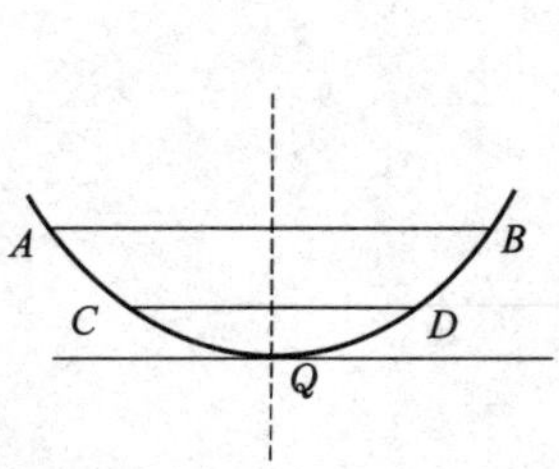

图 1-4-4　平行线微分法

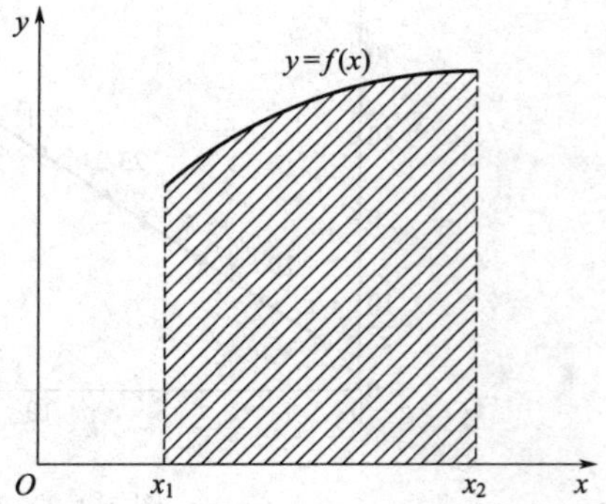

图 1-4-5　图解积分法

求面积可以用积分球法、近似三角形计算面积法、剪纸称量法、直接数阴影部分小格子数目法，而现在多采用计算机拟合法。

四、数学方程式法

数学方程式法：将实验数据按一定函数形式整理成方程，即数学模型，从而使各变量间的关系用解析的形式表达出来，该法比列表法、图解方法表达简单清晰，便于积分和微分，进行内插值、外延运算比较方便。

1. 建立数学方程

(1) 将实验测定的数据加以整理，把数据点描绘成曲线。

(2) 根据解析几何知识、已有经验或与已知方程的曲线比较，通过曲线形状判断曲线类型，确定公式形式。把数据拟合成直线方程比拟合成其他函数关系要简单与容易，故一般尽可能将曲线关系变换成直线关系，进而求得公式中常量。

(3) 用作图或计算法，将实验数据代入检验确定公式的正确性。

2. 确定直线方程中的常数

确定直线方程中常数的方法有方程拟合图解法、平均法、最小二乘法。拟合图解法尽管很简便，但对同一组的 x、y 测量值（或计算值），不同人所作的直线就可能有较大的差别，而使 $y=mx+b$ 方程式中的 m 与 b 差异很大。平均法中认为正负残差大致相等，因此，残差之和应为零。实际上，在有限次的测量中，这点假定不严格成立，如果有某个已知点距离较远，则会引起斜率较大变化。最小二乘法的基本思路就是最佳结果应能使标准误差值最小，残差的平方和也最小。下面介绍最小二乘法。

利用最小二乘法求 $y=mx+b$ 式中的 m 与 b 时，有如下两个假定。

(1) 将自变量 x 看作无误差的值，而因变量 y 是含有偶然误差的值。

(2) 在众多可能的直线中，最佳直线必然使测量值 y 与由 $y'=mx+b$ 方程计算的 y' 值的偏差平方和为最小。

设有 n 个测量值 $(x_i,\ y_i)$，$i=1,\ 2,\ \cdots,\ n$，根据假定 (2)，应有：

$$\sum_{i=1}^{n}(y_i-y'_i)^2=\sum_{i=1}^{n}(y_i-mx_i-b)^2 \text{ 为最小}$$

用微积分中求多元函数极值的方法处理上式，得：

$$\sum_{i=1}^{n}x_iy_i-m\sum_{i=1}^{n}x_i^2-b\sum_{i=1}^{n}x_i=0$$

$$\sum_{i=1}^{n}y_i-m\sum_{i=1}^{n}x_i-nb=0$$

解此联立方程式得出：

$$m=\frac{\sum_{i=1}^{n}x_i\sum_{i=1}^{n}y_i-n\sum_{i=1}^{n}x_iy_i}{\left(\sum_{i=1}^{n}x_i\right)^2-n\sum_{i=1}^{n}x_i^2}$$

$$b=\frac{\sum_{i=1}^{n}x_iy_i\sum_{i=1}^{n}x_i-\sum_{i=1}^{n}y_i\sum_{i=1}^{n}x_i^2}{(\sum_{i=1}^{n}x_i)^2-n\sum_{i=1}^{n}x_i^2}$$

用最小二乘法进行计算时，一般皆将有关值列成表，以便计算并避免出错。表 1-4-3 是利用最小二乘法的计算数值。

表 1-4-3 最小二乘法数据值

x_i	y_i	x_i^2	x_iy_i
1.0	5.4	1.0	5.4
3.0	10.5	9.0	31.5
5.0	15.3	25.0	76.5
8.0	23.2	64.0	185.6
10.0	28.1	100.0	281.0
15.0	40.4	225.0	606.0
20.0	52.8	400.0	1056.0
$\sum_{i=1}^{n}x_i=62.0$	$\sum_{i=1}^{n}y_i=175.7$	$\sum_{i=1}^{n}x_i^2=824.0$	$\sum_{i=1}^{n}x_iy_i=2242.0$

$$m=(62.0\times175.7-7\times2242.0)\div(62.0\times62.0-7\times824.0)=2.50$$

$$b=(2242.0\times62.0-175.7\times824.0)\div(62.0\times62.0-7\times824.0)=3.00$$

因此，最佳直线方程为：

$$y=2.50x+3.00$$

最小二乘法是三种方法中最为复杂的，但随着计算机的普及，此类计算已被大大简化，故在实验与研究中已被广泛采用。

五、物理化学实验中计算机的数据处理

计算机网络技术的运用，给科学技术的发展提供了广阔的空间。物理化学实验是使用物理学的原理、技术和仪器，借助于数学运算的手段和工具，反映规律的科学，由于自身的这些特点，需要处理大量实验数据才能得出实验结果。如表面张力实验、燃烧热实验等，实验的数据处理中如果采用图解法，学生需对数据进行大量计算，在直角坐标纸上作图。有的画直线，有的画曲线，有的需要在曲线上作切线，有的需要对曲线求积分，进而求得实验结果的数学表达式。图解法由于是手工做图，既费时，又容易引入误差，主观随意性大，结果重复性差，难以准确。利用计算机处理物理化学实验数据能大大提高实验数据处理的效率和精度，有效地消除人为处理数据处理的误差，提高学生对计算机的应用能力，激发学生对物理化学实验的兴趣。本节简略介绍用 Origin 处理物理化学实验数据的方法。

Origin 软件是一个多文档界面（multiple document interface）的应用程序。它将用户所有的工作都保存在后缀为 OPJ 的工程文件（project）中，一个工程文件可以包括多个子窗口，可以是工作表窗口（worksheet）、绘图窗口（graph）、函数图窗口（function graph）、矩阵窗口（matrix）、版面设计窗口（layout page）等。一个工程文件中的各个窗口相互关联，可实现数据实时更新，即如果工作表中的数据被改动，其变化能在其他子窗口中立即得

到更新。保存工程文件时，各子窗口也随之一起被保存；另外，各子窗口也可以单独保存(file/save window)，以便其他工程文件调用。利用 Origin 软件可以绘制散点图、点线图、柱形图、条形图或饼图以及双 Y 轴图形等。Origin 软件具有如下基本功能：输入数据并作图，对数据进行计算后作图，数据排序，选择需要的数据范围作图，数据点屏蔽等。数据分析是高级功能，主要涉及线性拟合、非线性拟合和数据分析等。

1. 线性拟合过程，如蔗糖水解反应的实验，测定不同时间 t 时的旋光度 α_t，$\ln(\alpha_t-\alpha_\infty)=-k\cdot t+\ln(\alpha_0-\alpha_\infty)$，以 $\ln(\alpha_t-\alpha_\infty)$ 对 t 作图，可求得速率常数 k。

启动 Origin，输入记录的时间 t 及相应时间下的旋光度 α_t，分别为 A 和 B 列，在其右侧添加（add column）两列数据，分别为 C 列和 D 列，其值相应的设置（set column values）为（$\alpha_t-\alpha_\infty$）和 $\ln(\alpha_t-\alpha_\infty)$，将 D 列对 A 列进行线性回归（linear fit），得到一条直线，利用数据读取器得到直线的斜率和截距，进而得到速率常数 k。

2. 曲线拟合过程，如最大泡压法测定溶液表面张力实验，该实验在恒温条件下用最大泡压法测定纯水及系列不同浓度（以物质的量分数 x 表示）的乙醇水溶液在毛细管末端逸出气泡时的最大压力差 $\Delta p_{\max}$，可以据公式 $\sigma=k\Delta p_{\max}$ 计算出表面张力 σ 与乙醇浓度 x 的关系数据。启动 Origin，在工作表中输入 $\Delta p_{\max}$ 与 x 的实验数据，添加新一列并右击其顶部，在“Columns”菜单下点击“Set Column Values”，在文本框中输入 σ 的计算公式，点击“OK”，Origin 即自动将 σ 计算值填入该列。作 σ-x 图，以 σ 对 $x_{乙醇}$ 作出散点图，然后进行一阶指数衰减式拟合，在“Analysis”菜单下点击“Fit Exponential Decay/First Order”，即可得到拟合曲线，同时得到拟合方程、拟合参数值及偏差平方和、相关系数。

3. 对拟合曲线微分求取微分值 $\left(\frac{\partial\sigma}{\partial x}\right)_T$。在“Data”菜单下点击“NLSF”激活拟合曲线，在“Analysis”菜单下点击“Calculus/ Differentiate”，Origin 将自动计算出拟合曲线各点的微分值，并在该曲线对应的工作表（Derivative）内创建一个新数列存放这些微分值。

最后，把相关实验参数与结果标注在图形上，复制图形并将其粘贴到 word 中，进一步完成实验报告。

第二章 实验

A. 化学热力学实验

实验一　恒温槽的组装和性能测试

一、目的和要求

1. 了解恒温槽的构造及其工作原理，学会恒温槽的装配技术。
2. 掌握恒温槽灵敏度的测定方法。
3. 掌握影响恒温槽灵敏度的因素。

二、实验原理

许多物理化学数据的测定，必须在恒定温度下进行。欲控制被研究体系在某一温度，通常采取两种办法。一是利用物质的相变点温度来控制。如液氮沸点（－195.9℃）、冰水混合物的温度（0℃）、干冰的熔点（－78.5℃）、水沸点（100℃）、萘沸点（218.0℃）、硫沸点（444.6℃）等。这些物质处于相平衡时，温度恒定而构成一个恒温介质浴，将需要恒温的测定对象置于该介质浴中，就可以获得一个高度稳定的恒温条件。另一种是利用电子调节系统，对加热器或制冷器的工作状态进行自动调节，使被控对象处于设定的温度之下。

本实验讨论的恒温槽（水浴）就是一种常用的控温装置。它采用自整定 PID 技术，自动地按设置调整加热系统，来实现恒温目的。当恒温浴因热量向外扩散等使体系温度低于设定值时，控温系统迫使加热器工作。当体系再次达到设定温度时，又自动停止加热。这样周而复始，就可以使体系温度在一定范围内保持恒定。

玻璃恒温水浴主要由玻璃缸体和控温机箱组成，其结构如图 2-1-1 所示。

1. 水浴槽

水浴槽包括玻璃缸体容器和液体介质。如果要求设定的温度与室温相差不太大，通常可用 20L 的圆形玻璃缸作容器。若设定的温度比环境温度高比较多（或低比较多），则应对整个槽体保温，以减小热量传递速度，提高恒温精度。

恒温水浴一般以蒸馏水为工作介质。如对装置稍作改动，并选用其他合适液体（如机油等）作为工作介质，则上述恒温槽可在较大的温度范围内使用。

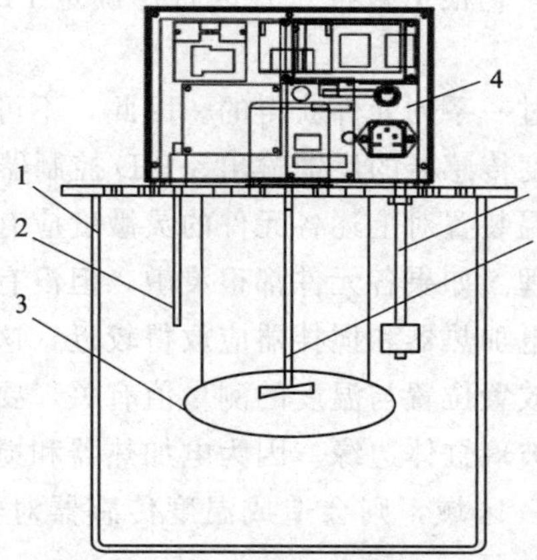

图 2-1-1　恒温水浴装置示意图

1—玻璃缸体；2—温度传感器（连接精密数字贝克曼温度计机箱）；
3—加热器；4—控制面板；5—可升降支架；6—搅拌器

2. 精密数字贝克曼温度计

精密数字贝克曼温度计显示清晰、直观，分辨率高，稳定性好，可以进行温度-温差双显示，显示恒温槽温度的分度值为 0.01℃，而测量恒温浴灵敏度时，需要观察恒温槽温度波动即温差的变化，其温度分度值为 0.001℃。精密数字贝克曼温度计的功能是通过一个非线性传感器微变量测量补偿线路实现的，该线路由双恒流电源、非线性传感器、固定电阻器、高阻抗差动放大器组件和线性补偿电阻及零调电位器组成。将温度信号转换为电压信号，经过多级放大电路后变为对应模拟电压量，将结果实时送数码管显示，满足了实验室高精度温度、温差测量的需求，代替了传统的贝克曼水银温度计。精密数字贝克曼温度计所配的温度传感器为热电阻温度传感器，是利用导体和半导体的电阻随温度变化而变化的特性进行测温的一种传感器温度计，分为金属热电阻和半导体热敏电阻两大类。

3. 搅拌器

以小型电动机带动搅拌器，用变速器来调节搅拌速度。搅拌器一般应安装在加热器附近，使热量迅速传递，尽快使槽内各部位温度均匀。

4. 加热器

通常使用电加热器，其功率大小可视水浴槽的容量及所需恒定温度与环境温差大小而定。若采用功率可调的加热器则效果较好。在开始时，加热功率可大些，以使槽温较快升高，当槽温接近所控制的温度时，再适当减小加热器的功率。

5. 控制系统

目前工业自动化水平已成为衡量各行各业现代化水平的一个重要标志，控制系统包括控制器、传感器、变送器、执行机构、输入输出接口。控制器的输出经过输出接口、执行机构，加到被控系统上；控制系统的被控量，经过传感器、变送器，通过输入接口送到控制器。不同的控制系统，其传感器、变送器、执行机构是不一样的。比如压力控制系统要采用压力传感器，电加热控制系统的传感器是温度传感器。自整定功能的智能调节器 PID 控制器参数的自动调整是通过智能化调整或自校正、自适应算法来实现的。PID 控制器的参数整定是控制系统设计的核心内容，它根据被控过程的特性确定 PID 控制器的比例系数、积分时间和微分时间。

综上所述，恒温条件是通过一系列元件获得的。因此，不可避免地将存在着许多滞后现象，如由温度传递、热电阻温度传感器的反馈输出、PID 控制器参数的设定、加热器通断的速度等引起的滞后。因此，恒温装置对上述各元件的灵敏度应有一定的要求，另外，需注意各元件在恒温槽中的布局应合理。如果各元件都很灵敏，但没有很好的布局，仍不能达到很好的恒温目的。在恒温槽中，电加热器和搅拌器应放得较近，这样一有热量放出立即能传到恒温槽各部分。温度传感器的放置位置与温度的测量值有关，要将其放在电加热器和搅拌器附近，不能放远，更不能放在玻璃缸体边缘。因为电加热器和搅拌器附近这一区域温度变化幅度最大，若放置位置远离这一区域，则会造成温度传感器对恒温槽温度波动的测量存在偏差。

显然，恒温槽控制的温度有一个波动的范围。波动范围越小，各处的温度越均匀，恒温槽的灵敏度越高。灵敏度是衡量恒温槽好坏的主要标志。一般是在指定温度下，采用精密数字贝克曼温度计，来观察恒温槽温度随时间的变化，$\theta_{始}$、$\theta_{停}$分别表示开始加热和停止加热时精密数字贝克曼温度计测得的槽内水温度与控制温度的差值，以 $1/2(\theta_{始}+\theta_{停})$ 为纵坐标的原点，作出温度-时间曲线，即灵敏度曲线。人们通过分析曲线，可以对恒温槽的灵敏度作出评价。若最高差值温度为 $\theta_{高}$，最低差值温度为 $\theta_{低}$，则恒温槽的灵敏度 θ_E 为：

$$\theta_E = \pm 1/2(\theta_{高} - \theta_{低}) \tag{2-1-1}$$

较典型的灵敏度曲线如图 2-1-2 所示，图 2-1-2(a) 表示灵敏度较高；图 2-1-2(b) 表示灵敏度较低；图 2-1-2(c) 表示加热器功率太大；图 2-1-2(d) 表示加热器功率太小或散热太快。

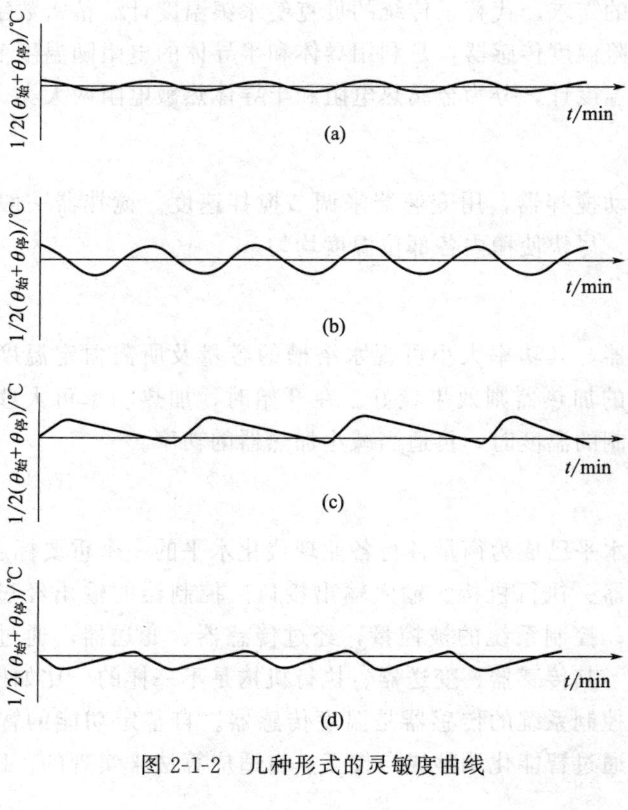

图 2-1-2 几种形式的灵敏度曲线

三、仪器和试剂

恒温槽装置（带精密数字贝克曼温度计）1 套。

四、实验步骤

1. 向玻璃缸体 1 内注入其容积 2/3～3/4 的蒸馏水，水位高度大约为 230mm，将连接精密数字贝克曼温度计的温度传感器 2 插入玻璃缸体塑料盖预置孔内（左边），插入深度应大于 50mm，另一端与机箱后面板传感器插座相连接。

2. 用配备的电源线将 AC220V 与机箱后面板电源插座相连接，然后打开机箱后面板上的电源开关，此时显示器和指示灯均有显示。恒温槽温度计初始状态如图 2-1-3 所示。

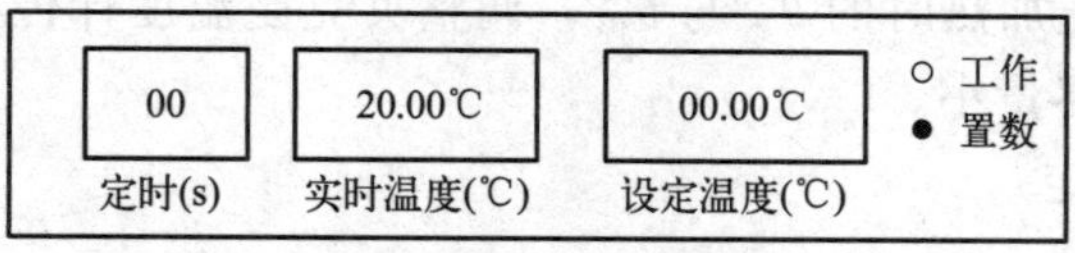

图 2-1-3　恒温槽温度计初始状态显示

其中实时温度为水温，置数指示灯亮。

3. 设置控制温度。按“工作/置数”键至置数灯亮。依次按“×10”“×1”“×0.1”“×0.01”键，设置“设定温度”的十位、个位及小数点后的数字，每按动一次，数码显示由 0～9 依次递增，直至调整到所需“设定温度”的数值，最低设定温度大于环境温度 5℃，控温较为理想。

4. 设置完毕，按“工作/置数”键，转换到工作状态，工作指示灯亮。需要快速搅拌时“搅拌”置于“快”位置。通常情况下置于“慢”位置即可。升温过程中为使升温速度尽可能快，可将加热器功率置于“强”位置。当温度距离设定温度 2～3℃时，将加热器功率置于“弱”的位置，以免加热功率过大，使得恒温槽温度超过设定温度，以达到较为理想的控温目的。此时，实时温度显示窗口示值为水浴的实时温度值。当达到设定温度时，由 PID 调节自整定，将水浴温度自动准确地控制在设定的温度范围内。达到设定温度后，开始记录加热与停止加热时的 $\theta_{始}$ 与 $\theta_{停}$ 各 5 次。

5. 恒温水浴灵敏度曲线的测定。温差显示值稳定后，按一下“采零”键，温差显示窗口显示“0.000”，稍后显示的温差值即温差的相对变化量（在测量过程中，为防止误采零要按“锁定”键，此时仪器温差值禁止采零）。要记录读数时，可按一下“测量/保持”键，使仪器处于保持状态（此时，“保持”指示灯亮）。读数完毕，再按一下“测量/保持”键，即可转换到“测量”状态，进行跟踪测量。需定时观测记录时，按下“增、减”键，设定所需的定时时间（应大于 5s，定时读数才会起作用）。设定完后，定时显示将进行倒计时，当一个计时周期完毕时，蜂鸣器鸣响且读数保持约 2s，“保持”指示灯亮，此时可观察和记录数据。如果消除报警，只需将定时读数设置小于 5s 即可设置定时报警的时间。然后，按设定时间 2min 周期循环蜂鸣器反复鸣响。蜂鸣器鸣响时记录一次精密贝克曼温度计温差读数，记录时间共 30～60min，然后将数据整理列表。在时间允许的情况下，恒温槽可设定若干个温度值或将温度传感器放恒温槽不同部位，分别记录其恒温性能。

6. 实验完毕，关闭水浴电源开关，拔下电源插头。

五、实验数据记录与处理

1. 室温：__________ 大气压：__________ 实验日期：__________

2. 调节恒温槽至设定温度

恒温槽到达设定温度时的温度/℃

组次	1	2	3	4	5	平均
开始加热 $\theta_{始}$						
停止加热 $\theta_{停}$						

读出开始加热与停止加热时的 $\theta_{始}$ 与 $\theta_{停}$，调整贝克曼温度计传感器的位置与搅拌器转速，使 $\theta_{始}$ 与 $\theta_{停}$ 的差值尽量小。

3. 恒温槽灵敏度测定

恒温槽灵敏度测定

时间/min	2	4	6	……						
贝克曼温度计读数 θ/℃										
时间/min										
贝克曼温度计读数 θ/℃										
时间/min										
贝克曼温度计读数 θ/℃										
恒温槽的灵敏度/℃	$\theta_E=\pm(\theta_{高}-\theta_{低})/2=$					纵坐标原点 $(\theta_{始}+\theta_{停})/2=$				

4. 作图

以 $(\theta_{始}+\theta_{停})/2$ 为纵坐标原点，时间 t 为横坐标绘制恒温槽的灵敏度曲线图，读出恒温槽最高点温度 $\theta_{高}$ 和最低点温度 $\theta_{低}$，由式(2-1-1) 计算灵敏度。

六、思考题

1. 恒温槽的工作原理是什么？
2. 恒温槽中的各处温度是否相同？
3. 欲提高恒温槽的灵敏度，可主要通过哪些途径？

七、实验注意事项

1. 注意恒温槽中的加热器有无破损以防漏电。
2. 搅拌棒不要触碰加热器。
3. 水浴水位高于 150mm 时，才能通电加热，水位过低可能造成“干烧”而损坏加热器。

八、进一步扩展设计性实验思维

在恒温槽中选取五个点，将精密数字贝克曼温度计温度传感器放在水槽不同位置，其中一点靠近加热器，一点在远离加热器的恒温槽边缘，其余三点在恒温槽的中间区域。用贝克曼温度计观察这些点的温度变化，在加热与不加热转换时测量，多测量几次，记录下温度变化的最大值和最小值。

在中间区域的三个点中选取恒温性能最差的一点；或将加热器功率置于“强”或“弱”位置，改变不同的加热功率；或升高恒温槽的恒温温度，然后测定恒温槽灵敏度曲线。进一步理解影响恒温槽灵敏度的因素。

实验二 燃烧热的测定

一、目的和要求

1. 用氧弹式量热计测定蔗糖的燃烧热，了解热化学知识和测量技术。
2. 明确燃烧热的定义，了解恒压燃烧热与恒容燃烧热的区别。
3. 了解量热计的测量原理、构造及其使用方法。
4. 学会用雷诺图解法校正温度改变值。
5. 掌握高压钢瓶的有关知识，并能正确使用高压钢瓶。

二、实验原理

燃烧热是指1mol物质在恒容或恒压下完全燃烧时的热效应。“完全燃烧”是指燃烧物中所含有的全部可燃物质（碳、氢、硫等）与氧进行完全氧化反应，只生成二氧化碳、水和二氧化硫等的燃烧过程。例如，蔗糖的完全燃烧方程式为：

$$C_{12}H_{22}O_{11}(s)+12O_2(g)=\!=\!=12CO_2+11H_2O(l) \tag{2-2-1}$$

燃烧热可在恒容或恒压情况下测定。在恒容条件下测得的燃烧热称为恒容燃烧热（Q_V），在恒压条件下测得的燃烧热称为恒压燃烧热（Q_p）。由热力学第一定律可知，在不做非膨胀功的情况下，$Q_V=\Delta U$，$Q_p=\Delta H$。在氧弹式量热计中所测燃烧热为Q_V，而一般热化学计算用的值为Q_p，这两者可通过下式进行换算：

$$Q_p=Q_V+\Delta nRT \tag{2-2-2}$$

如果把气体看成理想气体，且忽略压力对燃烧热的影响，则可由式(2-2-3)将恒容摩尔燃烧热换算为标准摩尔燃烧热。

$$\Delta_C H_m^{\ominus}=\Delta_C U_m+\Delta nRT \tag{2-2-3}$$

式中，Δn为反应前后生成物与反应物中气体的物质的量之差；R为摩尔气体常数；T为反应温度，K；$\Delta_C H_m^{\ominus}$为标准摩尔燃烧热；$\Delta_C U_m$为恒容摩尔燃烧热。

测量燃烧热的原理是能量守恒定律，在盛有定量水的容器中，放入内装有一定量样品和氧气的密闭氧弹，然后使样品完全燃烧，放出的热量通过氧弹使量热计本身及其周围介质（本实验用水）温度升高，测量介质在燃烧前后温度的变化值，则可得到该样品的恒容摩尔燃烧热。

$$Q_V=\frac{m}{M}W(T_{终}-T_{始})=\frac{m}{M}W\Delta T \tag{2-2-4}$$

式中，M为样品化合物的摩尔质量；m为样品的质量；W为样品燃烧放热使水及整个仪器每升高1℃所需的热量，称为水当量。

水当量W的求法：将已知燃烧热的物质（如本实验用的苯甲酸）放在量热计中燃烧，测定其始、终态温度（$T_{始}$、$T_{终}$）。一般来说，对于不同样品，只要每次的水量相同，水当量就是定值。在实际测量中，电阻（点火）丝的燃烧放热等因素都要考虑。

热化学实验常用的量热计有环境恒温式量热计和绝热式量热计两种。燃烧热实验装置控制面板如图2-2-1所示。由图2-2-1可知，环境恒温式量热计的最外层是储满水的外筒

（图 2-2-1 中 2），氧弹是一个特制的不锈钢容器（图 2-2-1 中 5），图 2-2-2 为氧弹内部结构图，为了保证样品在其中完全燃烧，氧弹中应充以高压氧气（或者其他氧化剂），还必须使燃烧后放出的热量尽可能全部传递给量热计本身和其中盛放的水，而几乎不与周围环境发生热交换。当氧弹中的样品开始燃烧时，内筒与外筒之间仍有少许热交换（环境向量热计辐射或量热计向环境辐射），因此不能直接测出初温和最高温度，需要由温度-时间曲线（即雷诺曲线）进行校正确定，详细步骤如下。

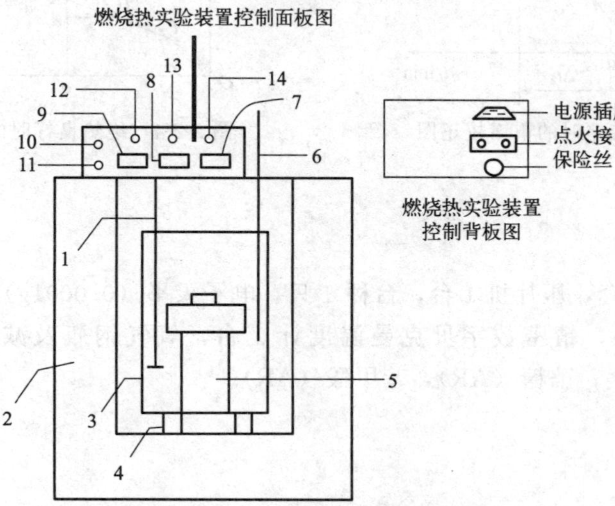

图 2-2-1 燃烧热实验装置控制面板图

1—搅拌棒；2—外筒；3—内筒；4—垫脚；5—氧弹；6—传感器；7—点火按键；8—电源开关；9—搅拌开关；10—点火输出负极；11—点火输出正极；12—搅拌指示灯；13—电源指示灯；14—点火指示灯

称适量待测物质，估计其燃烧后可使水温升高 1.5～2.0℃，预先调节水温使其低于环境 1.0℃左右。按操作步骤进行测定，将燃烧前后观察所得的一系列水温和时间关系作图，采用雷诺校正法求出燃烧前后的始、终态温度差 ΔT。绝热较差时的雷诺校正图如图 2-2-3 所示，从中获得联成 $FHIDG$ 折线。图 2-2-3 中 H 点相当于开始燃烧的点，D 为观察到的最高温度读数点，取 H 点对应的温度 T_1，D 点对应的温度 T_2，其平均温度 $(T_1+T_2)/2$ 为 T，即 J 点，经过 J 点作横坐标的平行线 JI 交折线 $FHDG$ 于 I，过 I 点作垂线 ab，然后将 FH 线和 GD 线外延交 ab 线于 A、C 两点，线段 AC 所代表的温度差即燃烧前后的 ΔT。图 2-2-3 中 AA' 为开始燃烧到温度上升至环境温度这一段时间（Δt_1）内，由环境辐射和搅拌器搅拌引进的能量而造成体系温度升高的数值，故必须扣除，CC' 为温度由环境温度升高到最高点 D 这一段时间（Δt_2）内，体系向环境辐射出能量而造成体系温度降低的数值，因此需要添加上。由此可见 A、C 两点的温差较客观地表示了由样品燃烧致使量热计温度升高的数值。

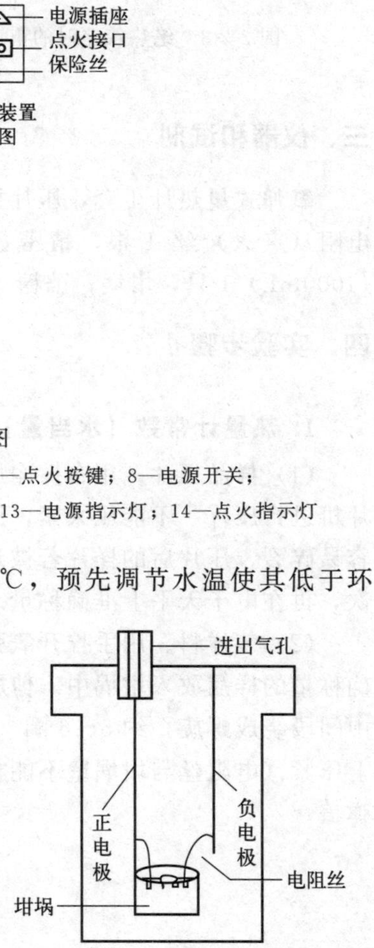

图 2-2-2 氧弹内部图

有时量热计的绝热情况良好，热漏小，而搅拌器功率大，搅拌器搅拌不断引进能量使得燃烧后的温度一直升高，最高点不出现，如图 2-2-4 所示。这种情况下 ΔT 仍然可以按照同样方法校正，这时候 CC' 段就必须扣除。

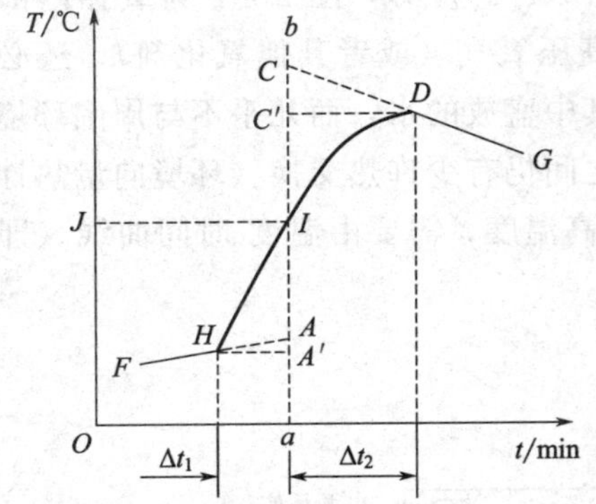

图 2-2-3 绝热较差时的雷诺校正图

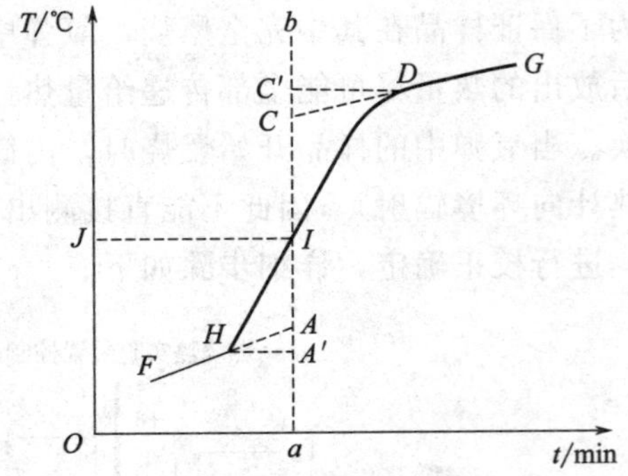

图 2-2-4 绝热良好时的雷诺校正图

三、仪器和试剂

氧弹式量热计 1 套，压片机 1 台，台秤 1 只，电子天平（0.0001g）1 台，万用表 1 只，电阻（点火）丝 1 根，精密数字贝克曼温度计 1 台，氧气钢瓶及减压阀 1 个，容量瓶（1000mL）1 只，坩埚；蔗糖（AR），苯甲酸（AR）。

四、实验步骤

1. 热量计常数（水当量）的测定

（1）样品压片。用布擦净压片模，在台秤上称约 1g（切勿超过 1.1g）的苯甲酸，由压片机进行压片，不能压太紧，压得太紧，点火后不能充分燃烧，又不能太松，压得太松，片容易碎裂。压片后的样片若被玷污，可用小刀刮净污染表面，在干净的玻璃板上敲击 2～3 次，再在电子天平上准确称量。

（2）装样料。用手拧开氧弹盖，将盖放在专用架上，将不锈钢杯清理干净。将压片后准确称量的样品放入坩埚中。剪取约 10cm 电阻（点火）丝，在电子天平上称量后，将电阻丝中间段绕成螺旋，约 5～6 圈（图 2-2-5），螺旋的中央紧贴样品表面，将两端挂在引火电极上压紧（电阻丝与坩埚壁不能相碰），用万用表检查两电极间是否是通路，然后用手拧紧氧弹盖。

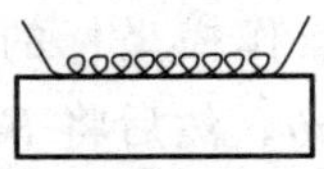

图 2-2-5 样品片及电阻丝

（3）氧弹充氧。钢瓶上的导气管接氧弹盖上的进气管拧紧，打开钢瓶上的阀门及减压阀缓缓进气，到 1MPa 时放气到 0.5MPa 再充气，重复两次，借以赶出氧弹中的空气，第三次充气中，当气压达 1.5MPa 时，再保持半分钟，就可以关好钢瓶阀门及减压阀，拧下氧弹上导气管，再次用万用表检查氧弹盖上用于导电的两极是否通路，若不通，则需放出氧气，打开氧弹盖进行检查，排除故障后盖紧氧弹盖重新充气。

（4）调节水温。量热计外筒 2 夹套中装满蒸馏水。打开精密数字贝克曼温度计的电源，将温度传感器插入夹套水中测其温度，待温度稳定后，记录其温度值。再另用一大桶取适量自来水，测其温度，如温度与外筒中水温相比偏高或相当，则加冰调节水温使其低于夹套水温 1℃左右，用容量瓶取大桶中已调好温度的自来水 3000mL 注入内筒 3，再将氧弹放入，水面刚好盖过氧弹（如氧弹有气泡逸出，说明氧弹漏气，寻找原因并排除，再重新充气）。将电极线如图 2-2-2 接线示意图连接好，盖上量热计盖子（注意：搅拌器的搅拌杆不要与氧弹相碰），将筒盖上的插销插到上盖上，同时将温度传感器插入内筒水中。

（5）点火。打开氧弹式量热计的电源，点火指示灯亮，开启搅拌开关，进行搅拌。待温度基本稳定后，将精密数字贝克曼温度计“采零”并锁定，然后将温度传感器取出放入外筒水中，待温度稳定后，记录其温差值，再将温度传感器插入内筒水中。待温度稳定后，设置蜂鸣 60s 一次，每隔 60s 记录一次温差值（精确至±0.001℃），直至连续 10 次水温有规律微小变化。读数完毕，设置蜂鸣 15s 一次，立即按点火开关点火。此时点火指示灯灭，停顿一会点火指示灯又亮，直到电阻（点火）丝烧断，点火指示灯才灭。坩埚内样品一经燃烧，水温上升很快，每隔 15s 记录一次温差值，直至两次读数差值小于 0.005℃，再设置蜂鸣 60s 一次，每隔 60s 记录一次温差值（精确至±0.001℃），连续读 10 个温度点后，实验记录结束。

注意：点火后，温度急速上升，说明点火成功。若温度不变或有微小变化，说明点火失败或样品没有充分燃烧。应关好点火开关、关闭总电源，取出氧弹，放出氧气，仔细检查电阻丝及连接线，找出原因并排除。

（6）停止记录实验后关闭搅拌器，取下精密数字贝克曼温度计温度传感器，再打开量热计盖，取出氧弹并将其擦干，压下放气阀门缓缓放气。放完气后，拧开氧弹盖，检查燃烧是否完全，若氧弹内有炭黑或未燃烧物，则应认为实验失败。若燃烧完全，则将燃烧后剩下的电阻丝在电子分析天平上称量，最后倒去水桶中的水，用毛巾擦干全部设备，以待进行下一次实验。

2. 测量蔗糖的燃烧热

在台秤上称约 0.6g 蔗糖进行压片，蔗糖燃烧热的测定操作与前相同。

五、实验数据记录与处理

1. 将实验条件和原始数据列表记录。

室温：__________ 大气压：__________ 实验日期：__________

m（苯甲酸）：__________ *m*（蔗糖）：__________

夹套外筒水温：__________ 夹套外筒水温：__________

内筒水温：__________ 内筒水温：__________

电阻丝质量：__________ 电阻丝质量：__________

剩电阻丝质量：__________ 剩电阻丝质量：__________

烧去电阻丝质量：__________ 烧去电阻丝质量：__________

苯甲酸				蔗糖			
t/min	θ/℃	t/min	θ/℃	t/min	θ/℃	t/min	θ/℃

续表

苯甲酸				蔗糖			
t/min	θ/℃	t/min	θ/℃	t/min	θ/℃	t/min	θ/℃

2. 用雷诺作图校正法分别求出苯甲酸、蔗糖燃烧前后的温差 ΔT。

3. 由苯甲酸的燃烧热数据求出水当量 W。

$$Q_{总热量}=Q_{样品}\frac{m}{M}+Q_{电阻丝}(m_{燃前}-m_{燃后})=W(T_{终}-T_{始})=W\Delta T \tag{2-2-5}$$

式中，$Q_{样品}$ 为燃烧物的燃烧热（这里是苯甲酸的燃烧热）；$Q_{电阻丝}$ 为电阻丝的燃烧热；$m_{燃前}$ 为燃烧前电阻丝的质量；$m_{燃后}$ 为燃烧后电阻丝剩余的质量。

4. 再次利用式(2-2-5) 求出蔗糖的燃烧热 $Q_{样品}$，即定容摩尔燃烧热 $\Delta_C U_m$，由式(2-2-3) 换算成标准摩尔燃烧焓 $\Delta_C H_m^{\ominus}$。

5. 将所测蔗糖的燃烧热值与文献值比较，求出误差，分析误差产生的原因。

备注：① 材料为铁丝、镍铬丝和镍丝的电阻丝的燃烧热分别是 $-7340\text{J}\cdot\text{g}^{-1}$、$-1400.8\text{J}\cdot\text{g}^{-1}$ 和 $-4100\text{J}\cdot\text{g}^{-1}$，棉线的燃烧热是 $-17479\text{J}\cdot\text{g}^{-1}$；②苯甲酸的恒容燃烧热 $\Delta_C U_{m,T}$（$C_7H_6O_2$，298K）为 $-26446\text{J}\cdot\text{g}^{-1}$。

六、思考题

1. 在本实验中，哪些是系统？哪些是环境？系统和环境间有无热交换？这些热交换对实验结果有何影响？如何校正？

2. 在使用氧气钢瓶和氧气减压阀时，应注意哪些事项？

3. 在环境恒温式量热计中，为什么内筒水温要比外筒水温低？低多少合适？

4. 欲测定液体样品的燃烧热，还有其他测定方法吗？

5. 搅拌过快与过慢分别有什么影响？

七、实验注意事项

1. 在开氧气瓶总阀前要检查减压阀是否关好；实验结束后要关上钢瓶总阀，注意排净余气，使减压阀压力表指针回零。

2. 精密数字贝克曼温度计“采零”或正式测量后必须锁定。

3. 如实验失败需要重新再做，应把氧弹从水桶中提出，缓缓压下氧弹上盖的放气阀，使其内部的氧气彻底排清，才能重新再做，否则开不了盖。

4. 往内筒添水时，应注意避免溅湿氧弹的电极，以免造成短路。应注意的是每次水量应一致。

八、进一步扩展设计性实验思维

马来酸和富马酸都是丁烯二酸，其结构式分别是：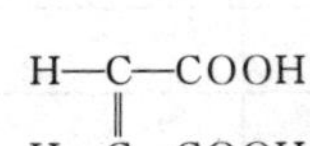 和 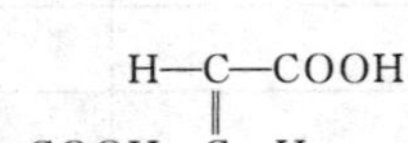。

可把二者作为未知物，测定其燃烧焓来确定何者为顺式结构，何者为反式结构。从结构式可看出顺式较不稳定，其燃烧焓应较反式高。

苯、环己烯和环己烷三种分子都含有碳六元环，环己烯和环己烷的燃烧焓差值与环己烯上的孤立双键结构相关，再与苯燃烧焓比较可以计算得到苯的共轭能。这说明通过经典的热化学实验，可以将热力学数据比较直观地与结构化学概念联系起来。

固体可燃物如煤、萘、蒽、葡萄糖和淀粉等也可作为实验的试样。液态可燃物、高沸点的油类可直接放在坩埚中，用引燃物（如棉线）引燃测定；低沸点的有机物可密封于玻泡中，再将玻泡置于小片苯甲酸上使其烧裂后引燃。有的液体也可装于药用胶囊中引燃。计算试样热值时，将引燃物和胶囊放出的热扣除（胶囊热值需单独测定）。

在燃烧过程中，当氧弹内存在微量空气时，N_2 的氧化会产生热效应。在一般的实验中，可以忽略不计；在精确的实验中，这部分热效应应予以校正，方法如下：用蒸馏水洗涤氧弹内壁，收集后加入酚酞，用 $0.1000\text{mol}\cdot\text{L}^{-1}$ NaOH 溶液滴定至中性，记录消耗 NaOH 溶液的体积 V_{NaOH}。每毫升 $0.1000\text{mol}\cdot\text{L}^{-1}$ NaOH 溶液相当于 5.983J 的热量(放热)。

$$Q_{总热量}=Q_{样品}\frac{m}{M}+Q_{引火丝}(m_{点前}-m_{点后})-5.983V_{\text{NaOH}}=W(T_{终}-T_{始})=W\Delta T$$

该实验测定遵循能量守恒定律，能量既不会凭空产生，也不会凭空消失。实验装置的设计思路是尽量减少热量损失，由化学能转变的热能要尽量都引起体系温度的升高，从而减小误差。

实验三 溶解热的测定

一、目的和要求

1. 掌握量热装置的基本搭建思路及电热补偿法测定热效应的基本原理。
2. 用电热补偿法测定 KNO_3 在不同浓度水溶液中的积分溶解热。
3. 用作图法求解 KNO_3 在水中的微分冲淡热、积分冲淡热和微分溶解热。

二、实验原理

物质溶解于溶液中，一般伴随有热效应发生，热效应的大小取决于溶剂、溶质的性质和它们的相对量。物质溶解过程包括晶格点阵的破坏、离子或分子的溶剂化过程，前者为吸热过程，后者为放热过程，溶解热是两种效应的总和。因此，盐溶解过程最终是吸热或放热，是由这两个热效应的相对大小所决定的。

在热化学中，关于溶解过程的热效应，有下列几个基本概念。

1. 溶解热。在恒温、恒压下，$n_2$mol 溶质溶于 $n_1$mol 溶剂（或溶于某浓度溶液）中产生的热效应，用 Q 表示，溶解热可分为积分（或称变浓）溶解热和微分（或称定浓）溶解热。

2. 积分溶解热。在恒温、恒压下，1mol 溶质溶于 $n_1$mol 溶剂中产生的热效应，用 Q_s 表示。

3. 微分溶解热。在恒温、恒压下，1mol 溶质溶于某一确定浓度的无限量的溶液中产生的热效应或在一定量溶液中加入极少量的 dn_2mol 溶质时产生的热效应。以 $\left(\frac{\partial Q}{\partial n_2}\right)_{T,p,n_1}$ 表示，简写为 $\left(\frac{\partial Q}{\partial n_2}\right)_{n_1}$。

4. 冲淡热。在恒温、恒压下，1mol 溶剂加到某浓度的溶液中使之冲淡所产生的热效应。

5. 积分冲淡热。在恒温、恒压下，把原含 1mol 溶质及 n_{01}mol 溶剂的溶液冲淡到溶剂含量为 n_{02} 时的热效应，亦即某两浓度溶液的积分溶解热之差，以 Q_d 表示。

6. 微分冲淡热。在恒温、恒压下，1mol 溶剂加入某一确定浓度的无限量的溶液中产生的热效应，以 $\left(\frac{\partial Q}{\partial n_1}\right)_{T,P,n_2}$ 表示，简写为 $\left(\frac{\partial Q}{\partial n_1}\right)_{n_2}$。

在恒压条件下，对 Q 进行全微分：

$$dQ=\left(\frac{\partial Q}{\partial n_1}\right)_{n_2}dn_1+\left(\frac{\partial Q}{\partial n_2}\right)_{n_1}dn_2 \tag{2-3-1}$$

将式(2-3-1) 在 n_1/n_2 恒定下积分，得：

$$Q=\left(\frac{\partial Q}{\partial n_1}\right)_{n_2}n_1+\left(\frac{\partial Q}{\partial n_2}\right)_{n_1}n_2 \tag{2-3-2}$$

将式(2-3-2) 除以 n_2 得：

$$\frac{Q}{n_2}=\left(\frac{\partial Q}{\partial n_1}\right)_{n_2}\frac{n_1}{n_2}+\left(\frac{\partial Q}{\partial n_2}\right)_{n_1} \tag{2-3-3}$$

积分溶解热定义：$\frac{Q}{n_2}=Q_s$，令 $\frac{n_1}{n_2}=n_0$ 为单位物质的量溶质下的溶剂物质的量，则：

$$Q=n_2Q_s, n_1=n_2n_0 \tag{2-3-4}$$

则
$$\left(\frac{\partial Q}{\partial n_1}\right)_{n_2}=\left[\frac{\partial(n_2Q_s)}{\partial(n_2n_0)}\right]_{n_2}=\left(\frac{\partial Q_s}{\partial n_0}\right)_{n_2} \tag{2-3-5}$$

将式(2-3-4) 与式(2-3-5) 代入式(2-3-3) 得：

$$Q_s=\left(\frac{\partial Q}{\partial n_2}\right)_{n_1}+n_0\left(\frac{\partial Q_s}{\partial n_0}\right)_{n_2} \tag{2-3-6}$$

根据积分冲淡热定义，在 n_{01} 与 n_{02} 浓度时：

$$Q_d=Q_s n_{02}-Q_s n_{01} \tag{2-3-7}$$

积分溶解热 Q_s 可由实验直接测定，其他三种热效应则通过 Q_s-n_0 曲线作图求得。

设纯溶剂和纯溶质的摩尔焓分别为 $H_m(1)$ 和 $H_m(2)$，当溶质溶解于溶剂变成溶液后，溶液中溶剂和溶质的偏摩尔焓分别为 $H_{1,m}$ 和 $H_{2,m}$，对于由 n_1 mol 溶剂和 n_2 mol 溶质组成的体系，在混合前体系总焓为 H。

$$H=n_1H_m(1)+n_2H_m(2) \tag{2-3-8}$$

混合后体系总焓为 H'：

$$H'=n_1 H_{1,m}+n_2H_{2,m} \tag{2-3-9}$$

因此溶解过程的焓变 ΔH 为：

$$\Delta H=H'-H=n_1[H_{1,m}-H_m(1)]+n_2[H_{2,m}-H_m(2)]=n_1\Delta H_m(1)+n_2\Delta H_m(2) \tag{2-3-10}$$

根据定义：式(2-3-10) 中，$\Delta H_m(1)$ 为微分冲淡热；$\Delta H_m(2)$ 为微分溶解热。

积分溶解热 Q_s 则为：

$$Q_s=\frac{\Delta H}{n_2}=\frac{n_1}{n_2}\Delta H_m(1)+\Delta H_m(2)=n_0\Delta H_m(1)+\Delta H_m(2) \tag{2-3-11}$$

故以 Q_s 对 n_0 作图（图 2-3-1），某点切线的斜率即该浓度溶液的微分冲淡热，切线截距即该浓度溶液的微分溶解热。

在图 2-3-1 中，对于 A 点处浓度为 n_{01} 的溶液，积分溶解热 $Q_s=AF$，微分冲淡热 $\left(\frac{\partial Q}{\partial n_2}\right)_{n_2}=AD/DC$，微分溶解热 $\left(\frac{\partial Q}{\partial n_2}\right)_{n_1}=CO$，使溶剂量从 n_{01} 到 n_{02} 的积分冲淡热 $Q_d=BG-AF=BE$。

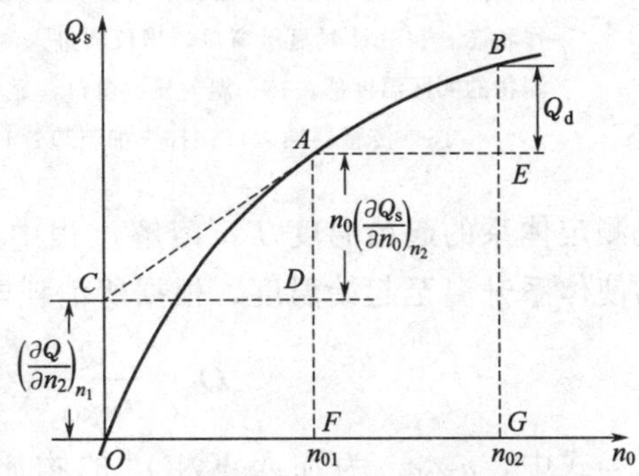

图 2-3-1 Q_s-n_0 关系图

本实验采用绝热式测温量热计，它是一个包括杜瓦瓶、磁力搅拌器、电加热器和测温部件等的量热系统，装置及操作面板图如图 2-3-2、图 2-3-3 所示。

用杜瓦瓶做成的简单热量计可以测定溶解热、混合热、稀释热及溶液中的化学反应热，反应包括水解、中和、沉淀、聚合、络合、氢化、卤化等。但须注意，当反应进行不完全时，应确定出反应进度，并应排除副反应的发生。用这类热量计还可测定液体的热容。

因本实验测定 KNO_3 在水中的溶解热，该反应是一个吸热过程，可用电热补偿法，即

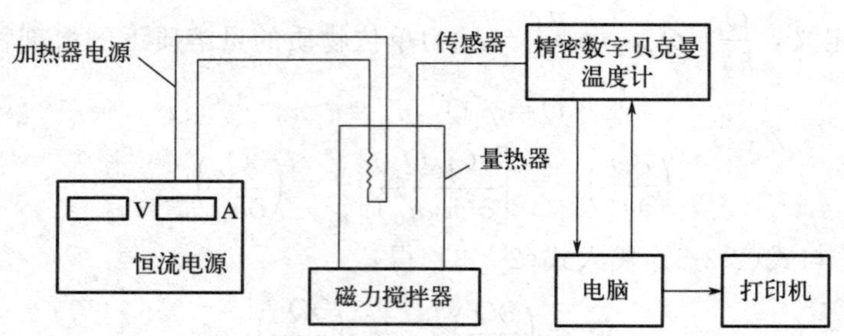

图 2-3-2　SWC-ZH 溶解热实验装置

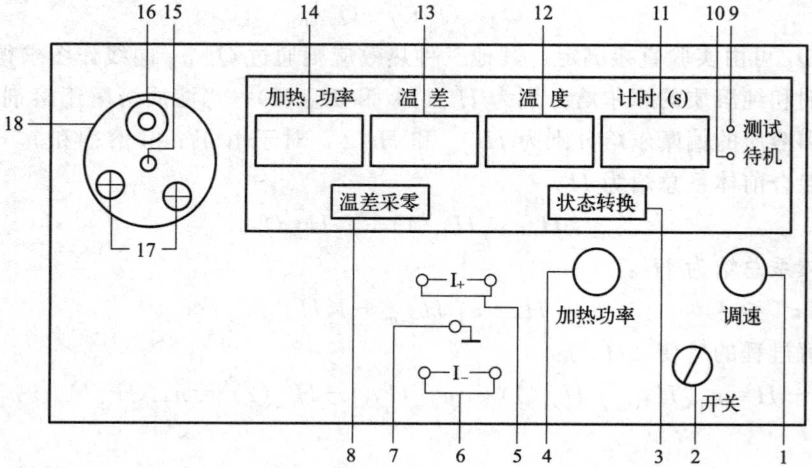

图 2-3-3　溶解热实验操作面板示意图

1—调速旋钮，调节磁力搅拌器的转速；2—电源开关；3—状态转换键，测试与待机状态之间的转换；4—加热功率旋钮，根据需要调节所需输出加热的功率；5—正极接线柱，负载的正极接入处；6—负极接线柱，负载的负极接入处；7—接地接线柱；8—温差采零，在待机状态下按下此键对温差进行清零；9—测试指示灯，灯亮表明仪器处于测试工作状态；10—待机指示灯，灯亮表明仪器处于待机工作状态；11—计时显示窗口，当仪器进入测试状态时，计时器开始工作；12—温度显示窗口，显示被测物的实际温度值；13—温差显示窗口，显示温差值；14—加热功率显示窗口，显示输出的加热功率值；15—传感器插入口；16—加料口；17—加热丝引出端；18—固定架，固定溶解热反应器

先测定体系的起始温度 T，溶解过程中体系温度随吸热反应进行而降低，再用电热补偿加热使体系升温至起始温度，根据所消耗电能求出热效应 Q。

$$Q_s=\frac{Q}{n_{KNO_3}}=\frac{UIt}{w_{KNO_3}/M_{KNO_3}}=\frac{101.1Pt}{w_{KNO_3}} \tag{2-3-12}$$

式中，n_{KNO_3} 为加入 KNO_3 的物质的量；w_{KNO_3} 为加入的 KNO_3 的质量；101.1 为 KNO_3 的摩尔质量；I 为通过电阻为 R 的电热器的电流强度；U 为电阻丝两端所加电压；t 为通电时间；P 为电加热器功率。

利用电热补偿法，通过计算某时间段电能的发热量就可测定不同质量 KNO_3 在水溶液中的积分溶解热，并通过图 2-3-1 图解法求出其他三种热效应。

三、仪器和试剂

SWC-ZH 溶解热实验装置 1 套（包括可调速磁力搅拌器、杜瓦瓶、精密数字贝克曼温度计等），干燥器 1 只，研钵 1 只，称量瓶 8 个，漏斗 1 个，硝酸钾 KNO_3（AR，研细，在 110℃烘干，保存于干燥器中）。

四、实验步骤

1. 用电源线将仪器后面板的电源插座与 220V 电源连接，将精密数字贝克曼温度计传感器插头接入传感器座，用配置的加热功率输出线接入“I＋”“I－”“红-红”“蓝-蓝”。

2. 打开电源开关，仪器处于待机状态，待机指示灯亮，如下所示：

加热功率(W)	温差(℃)	温度(℃)	计时(s)	
0000	0.175	20.17	0000	○ 测试 ● 待机

3. 将 8 个称量瓶编号，在天平上分别称取 2.5g、1.5g、2.5g、3.0g、3.5g、4.0g、4.0g 和 4.5g 的硝酸钾，并依次放入干燥器中待用。

4. 在天平上称取 200g 蒸馏水放入杜瓦瓶内，放入磁珠，拧紧瓶盖，并放到反应架固定架上。

5. 将 O 形圈套入精密数字贝克曼温度温差仪传感器，调节 O 形圈，使传感器可浸入杜瓦瓶内蒸馏水下约 100mm 处，把传感器插入杜瓦瓶内（注意：不要与瓶内壁相接触）。

6. 按下“状态转换”键，使仪器处于测试状态（即工作状态）。调节“加热功率旋钮”，使功率 P 为 2.5W 左右。调节“调速旋钮”使搅拌磁珠具有实验所需要的转速，在实验过程中要一直搅拌液体，且转速不变。

7. 实验时，因加热器加热初时有一滞后性，故应先让加热器正常加热，使温度高于环境温度 0.5℃左右，按下“状态转换”键，使仪器处于待机状态，待样品温度基本稳定后，按下“状态转换”键，使仪器处于测试状态，仪器自动清零，立刻打开杜瓦瓶的加料口，按编号加入第一份样品。盖好加料口塞子，观察温差的变化，此时温差值将继续上升（上升幅度不大）后开始下降，下降一段时间后温差上升，当温差上升至零时，加入第二份样品，并同步记录计时器显示时间，依此类推，加完所有的样品。

8. 测定完毕后，按“状态转换”键，使仪器处于待机状态。将“加热功率旋钮”和“调速旋钮”左旋到底，关闭电源开关，打开量热计，检查 KNO_3 是否溶解完全，如未全溶，则必须重做；若溶解完全，可将溶液倒入回收瓶中，拆去实验装置，把杜瓦瓶等器皿洗净放回原处。

五、实验数据记录与处理

1. 计算每次加入硝酸钾后的累计质量 $W_{累}$，根据溶剂的质量和加入溶质的质量，由式(2-3-13) 求算溶液中单位物质的量溶质下的溶剂物质的量，以 n_0 表示：

$$n_0=\frac{n_{H_2O}}{n_{KNO_3}}=\frac{200.0}{18.02}\div\frac{W_{累}}{101.1}=\frac{1122}{W_{累}} \tag{2-3-13}$$

2. 根据每次加入 KNO_3 后温差上升至零时，对应的通电时间 t，按式(2-3-12) 计算各次溶解过程的热效应。得出各 n_0 浓度下溶液的 Q_s 填入下表。

序号 i	W_i/g	$W_{累}$/g	t/s	Q/J	Q_s/(J·mol^{-1})	n_0
1						

续表

序号 i	W_i/g	$W_{累}$/g	t/s	Q/J	Q_s/(J·mol^{-1})	n_0
2						
3						
……						
……						

3. 以上表数据作 Q_s-n_0 图，并从图中求出 n_0＝80、100、200、300 和 400 处的微分溶解热和微分冲淡热以及 n_0 从 80⟶100、100⟶200、200⟶300、300⟶400 的积分冲淡热（20℃硝酸钾的热容为 895.38J·kg^{-1}·K^{-1}）。以上数据也可采用电脑软件进行处理。

六、思考题

1. 如果反应是放热的，则应如何进行实验？
2. 什么是积分溶解热和微分溶解热？测的是哪一种？
3. 影响本实验结果的因素有哪些？
4. 温度和浓度对溶解热有无影响？
5. 实验设计在体系温度高于室温 0.5℃时加入第一份硝酸钾，为什么？
6. 实验过程中，加热功率如果有变化，会造成什么误差？

七、实验注意事项

1. 因加热器加热初时有一滞后性，故应先让加热器加热正常，使温度高于环境温度 0.5℃左右，然后加入第一份样品并计时。

2. 加入每一份样品时，温差值将继续上升（上升幅度不大）后再下降，下降一段时间后温差再上升，必须等温差上升到零摄氏度时才可以再加入样品。

3. 实验过程中加热时间与样品量是累计的，故秒表的读数是累计的，切不可在实验中途将秒表按停。

4. 本实验应确保样品充分溶解，因此实验前要加以研磨。

5. 实验过程中，要求 $P＝IU$ 稳定，因加热时加热器阻值会少量变化，故若发现 P 不为初始值，应适当调节数字恒流源的细调电位器，使得功率 P 为初始值。

6. 实验结束后，量热器中不应有硝酸钾固体，否则需重做实验。

八、进一步扩展设计性实验思维

测定无水硫酸铜和五水硫酸铜的溶解热，并由此计算五水硫酸铜的水合热。

设计提示：硫酸铜水合反应为：$CuSO_4 + 5H_2O \longequal CuSO_4 \cdot 5H_2O$。通过“差热分析” $CuSO_4 \cdot 5H_2O$ 的失水过程的热效应来测定。根据盖斯定律，$CuSO_4$ 和 $CuSO_4 \cdot 5H_2O$ 溶解于水形成相同浓度的热效应，即此反应的反应热。但水合反应热数值不大，因此实验过程的温差记录和校正必须非常准确和仔细。

对于积分溶解热和微分溶解热、积分冲淡热和微分冲淡热的分别，需要理解积分与微分的辩证关系。微分热为每次加硝酸钾间隔热的变化，即理解为“局部化”；积分热为加硝酸钾某一范围内热的变化，即可理解为这某一范围内的“全局化”。

实验四 中和热的测定

一、目的和要求

1. 掌握中和热的测定方法。

2. 掌握量热计热容量，盐酸溶液和氢氧化钠溶液的中和热以及弱酸的解离热的测定和计算方法，并会求醋酸（HAc）的解离热。

二、实验原理

在一定温度、压力下，1mol的酸和1mol的碱完全中和时产生的热效应称为中和热。对于强酸和强碱，由于它们在水中几乎全部电离，中和反应实质上是 H^+ 和 OH^- 的反应：

$$H^+ + OH^- \longrightarrow H_2O \tag{2-4-1}$$

不同热力学温度 T 时的摩尔中和热 $\Delta H_{中和}$（单位 $kJ \cdot mol^{-1}$），用式(2-4-2) 计算：

$$\Delta H_{中和} = -57.112 + 0.209 \times (T - 298.2) \tag{2-4-2}$$

在浓度足够低的条件下，这类反应的中和热与酸的阴离子无关，任何强酸、强碱的中和热几乎都是相同的。若所用溶液相当浓，则所测的数值比较高，这是由于溶液浓度相当高时，离子间有相互作用力的影响，发生酸碱稀释，产生稀释冲淡热。

对于由弱酸和弱碱进行的中和反应，情况有所不同，它们在水溶液中没有完全解离，因此，反应总的热效应是弱酸、弱碱的解离热与中和热的代数和。如以强碱（NaOH）和弱酸（HAc）为例，因醋酸的解离度很小，HAc 与 OH^- 进行中和反应之前，弱酸先要进行解离：

$$HAc = H^+ + Ac^- \qquad \Delta H_{解离}$$

$$H^+ + OH^- = H_2O \qquad \Delta H_{中和}$$

总反应：$HAc + OH^- \longrightarrow H_2O + Ac^- \qquad \Delta H_m$

ΔH_m 是弱酸和强碱中和反应的总热效应，它包括中和热和解离热两部分。

根据盖斯定律，如果测得这一反应的 ΔH_m 和 $\Delta H_{中和}$，就可以计算出弱酸的解离热 $\Delta H_{解离}$。

即：
$$\Delta H_m = \Delta H_{解离} + \Delta H_{中和} \tag{2-4-3}$$

则：
$$\Delta H_{解离} = \Delta H_m - \Delta H_{中和} \tag{2-4-4}$$

如果中和反应是在绝热良好的杜瓦瓶量热计中进行，酸和碱的起始温度相同，酸能被中和完全，则中和放出的热量可以全部为溶液和量热计所吸收，这时可写出如下的热平衡式：

$$\Delta H_{中和} = K(T_2 - T_1) = K\Delta T \tag{2-4-5}$$

式中，K 为量热计热容量，$J \cdot K^{-1}$；T_1 为酸和碱的起始温度；T_2 为中和反应后的温度；ΔT 为溶液真实温差，可用雷诺校正法求得（见燃烧热实验）。

测定量热计热容量 K 有三种方法：①将已知热效应的标准样品放在量热计中反应，使其放出一定热量，根据温度的升高值，计算量热计热容量，该方法叫化学标定法；②在量热计中加入一定量的溶液或水，在一定的时间内输入一定的电压、电流，然后根据供给电量产生的热量和量热计温升，计算出 K，这种方法叫电热标定法；③在量热计中加入一定量的水，然后加入一定量的冰水混合物达到温度平衡，由热量平衡关系计算出 K，这种方法叫混合平衡法。本实验采用电热标定法。

在实验中，利用量热计分别测定盐酸和氢氧化钠中和反应的 $\Delta H_{中和}$ 以及醋酸和氢氧化钠解离与中和反应的 ΔH_{m}。利用式(2-4-4) 可求得醋酸的解离热 $\Delta H_{解离}$。为此，首先利用电热标定法标定量热计热容量 K，对量热计施以电压 U(V)、电流 I(A)（电功率 $P=IU$），通电 t(s) 时间后，使量热计温度升高 ΔT_1(K)，则由式(2-4-5) 可知：

$$K=\frac{Pt}{\Delta T_1} \tag{2-4-6}$$

等量强酸、强碱反应，使量热计温度升高 ΔT_2(K) 的中和热 $\Delta H_{中和}$ 由式(2-4-7) 计算：

$$\Delta H_{中和}=-\frac{K\Delta T_2}{cV}\times 1000 \tag{2-4-7}$$

式中，c 为酸（或碱）溶液的初始浓度，mol・L^{-1}；V 为酸（或碱）溶液的体积，mL；负号“－”表示放热。

等量弱酸与强碱反应，使量热计温度升高 ΔT_3(K) 的解离与中和热 ΔH_{m} 由式(2-4-8) 计算：

$$\Delta H_{m}=-\frac{K\Delta T_3}{cV}\times 1000 \tag{2-4-8}$$

式中，c 为弱酸（或强碱）溶液的初始浓度，mol・L^{-1}；V 为酸（或强碱）溶液的体积，mL；负号“－”表示放热。

将 $\Delta H_{中和}$、ΔH_{m} 代入式(2-4-4) 就可计算出弱酸的 $\Delta H_{解离}$。

三、仪器和试剂

SWC-ZH 中和热（焓）一体式测定装置 1 台，秒表 1 个，量筒（500mL）1 个，容量瓶（50mL）1 支，锥形瓶（250mL）1 支，碱滴定管（25mL）1 支，移液管（50mL）1 支，HCl（AR，1mol・L^{-1} 溶液），NaOH（AR，1mol・L^{-1} 溶液），HAc（AR，1mol・L^{-1} 溶液），酚酞指示剂。

四、实验步骤

1. 打开机箱盖，将仪器平稳地放在试验台上，将贝克曼温度计传感器插头接入后面板传感器插座，用配置的加热功率输出线接入“I＋”“I－”“红-红”“蓝-蓝”，接入 220V 电源。中和热测定装置面板见图 2-4-1。

2. 打开电源开关，仪器处于待机状态，待机指示灯亮，如下图所示，预热 10min。

加热功率(W)	温差(℃)	温度(℃)	定时(s)
0000	0.172	20.17	00

3. 将量热计放到反应器的固定架上，见图 2-4-2。

4. 量热计热容量 K 的测定。

（1）用布擦净量热杯，量取 500mL 蒸馏水注入其中，然后放入搅拌磁子，调节适当的转速。

（2）将 O 形圈套入精密数字贝克曼温度计的温度传感器上，调节传感器插入深度并将传感器插入量热杯中（不要与电热丝相碰），将功率输入线两端接在电热丝两接头上。按

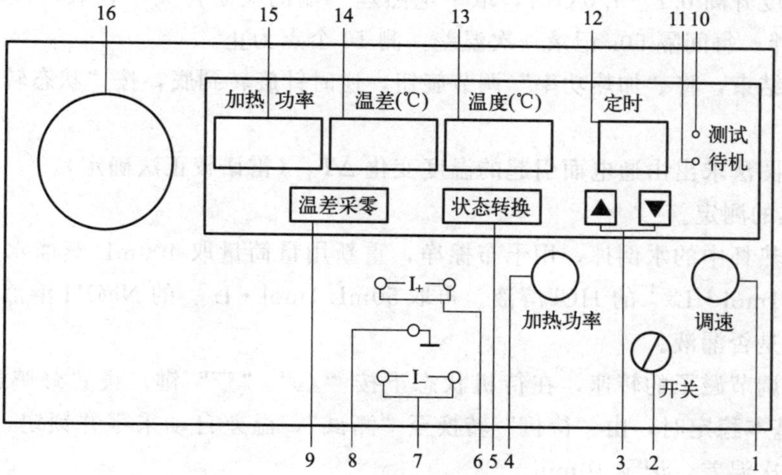

图 2-4-1 SWC-ZH 中和热（焓）一体式测定装置面板图

1—调速旋钮，调节磁力搅拌器的速率；2—电源开关；3—增、减键按钮，按增、减键设置所需定时时间；4—加热功率旋钮，根据需要调节所需输出加热的功率；5—状态转换键，测试功能与待机功能之间的转换；6—正极接线柱，负载的正极接入处；7—负极接线柱，负载的负极接入处；8—接地接线柱；9—温差采零键，在待机状态下，按下此键对温差进行清零；10—测试指示灯，灯亮表明仪器处于测试工作状态；11—待机指示灯，灯亮表明仪器处于待机工作状态；12—定时显示窗口，显示所设定的定时时间间隔；13—温度显示窗口，显示所测物的温度值；14—温差显示窗口，显示温差值；15—加热功率显示窗口，显示输出的加热功率值；16—固定架，固定中和热反应器（量热计）

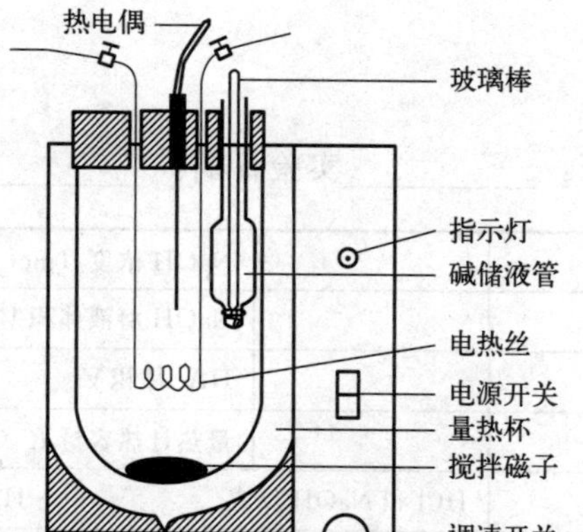

图 2-4-2 量热计装置

“状态转换键”切换到测试状态（测试指示灯亮），调节“加热功率”调节旋钮，使其输出为所需功率（一般为 2.5W），再次按“状态转换”键切换到待机状态，并取下电热丝两端任一夹子。再按“△”“▽”键，设置蜂鸣器响定时时间 60s。

（3）待温度基本稳定后，按“状态转换”键切换到测试状态，仪器对温差自动采零。蜂鸣器响，记录一次温差值。

（4）当记下第 10 个读数时，夹上取下的电热丝一端的夹子，同时开启秒表，此时为加热的开始时刻。要连续计时，并连续记录温差和时间。

(5) 待温度升高 0.8～1.0℃时，取下电热丝一端的夹子，关闭秒表，读取秒表通电时间 t。继续搅拌，每间隔 60s 记录一次温差，测 10 个点为止。

(6) 实验结束，将“加热功率”调节旋钮，逆时针旋转到底，按“状态转换”键至待机状态。

(7) 用作图法求出由通电而引起的温度变化 ΔT_1（雷诺校正法确定）。

5. 中和热的测定。

(1) 将量热杯中的水倒掉，用干布擦净，重新用量筒量取 400mL 蒸馏水注入其中，然后加入 50mL $1\mathrm{mol \cdot L^{-1}}$ 的 HCl 溶液。再取 50mL $1\mathrm{mol \cdot L^{-1}}$ 的 NaOH 溶液注入碱储液管中，仔细检查是否漏液。

(2) 适当调节磁子的转速，在待机状态下按“△”“▽”键，设置蜂鸣器响定时时间 60s，当温差基本稳定时，由“待机”转换至“测试”，温差自动采零并锁定，定时器工作。每分钟记录一次温差，记录 10min。

(3) 然后迅速拔出玻璃棒，加入碱溶液（不要用力过猛，以免相互碰撞而损坏仪器）。继续每隔 60s 记录一次温差。

(4) 加入碱溶液后，温度上升，待体系中温差几乎不变并维持一段时间即可停止测量。

(5) 用作图法求出由强酸、强碱中和而引起的温度变化 ΔT_2（雷诺校正法确定）。

6. 醋酸解离热的测定。

用 $1\mathrm{mol \cdot L^{-1}}$ HAc 溶液代替 HCl 溶液，重复上述中和热的测定步骤。用作图法求出由弱酸、强碱中和而引起的温度变化 ΔT_3（雷诺校正法确定）。

实验结束，关闭电源，清洗量热杯、碱储液管和盛过溶液的量筒；将传感器、电源线、加热线取下，归位。

五、实验数据记录与处理

室温：__________大气压：__________实验日期：__________

HCl 浓度/($\mathrm{mol \cdot L^{-1}}$)			NaOH 浓度/($\mathrm{mol \cdot L^{-1}}$)		
HCl 溶液体积 V			NaOH 溶液体积 V		
HAc 浓度/($\mathrm{mol \cdot L^{-1}}$)			HAc 体积 V		
反应中和热/($\mathrm{J \cdot mol^{-1}}$)			量热计热容量 K /($\mathrm{J \cdot K^{-1}}$)		
量热计热容量的测定		HCl 和 NaOH 反应		HAc 和 NaOH 反应	
t/min	T/℃	t/min	T/℃	t/min	T/℃

1. 求量热计热容量 *K* 值

用雷诺校正法求得 ΔT_1，将加热功率 P 和通电时间 t 代入式(2-4-6) 中，计算出量热计热容量 K。

2. 求 $\Delta H_{中和}$ 值

用雷诺校正法求出 HCl 和 NaOH 中和反应的温差 ΔT_2，代入式(2-4-7) 中，计算实验温度下的酸碱反应中和热。

3. 计算 HAc 的中和热 ΔH_m 及解离热 $\Delta H_{解离}$

用雷诺校正法求 HAc 与 NaOH 中和反应的温差 ΔT_3，代入式(2-4-8) 中，计算实验温度 t 下的弱酸碱反应中和热 ΔH_m。再代入式(2-4-4) 计算出 HAc 解离热 $\Delta H_{解离}$。

以上结果处理也可采用软件进行。

六、思考题

1. 中和热除与压力、温度有关之外，还与浓度有关，如何测量一定温度下无限稀释时的中和热？

2. 1mol HCl 与 1mol H_2SO_4 被强碱完全中和后放出的热量是否相同？

3. 弱酸的解离是放热还是吸热？

七、实验注意事项

1. 在三次测量过程中，应尽量保持测定条件的一致。如水和酸、碱溶液的量取，搅拌速度的控制，初始状态的水温等。

2. 实验所求的 $\Delta H_{中和}$ 和 ΔH_m 均为摩尔反应中和热。因此，当 NaOH 溶液浓度非常准确时，酸的用量可稍微过量，以保证碱完全被中和。反之，当 HCl 和 HAc 溶液浓度准确时，NaOH 溶液可稍稍过量。

3. 如果实验所用的 1mol·L^{-1} NaOH 溶液浓度需要准确时，就要按如下步骤进行标定。

准确称取 3～4g 已在 105～110℃烘过 1h 的邻苯二甲酸氢钾，放入 250mL 的锥形瓶中用 40～50mL 水溶解。加入二滴酚酞指示剂，用 1mol·L^{-1} NaOH 溶液滴定至呈微红色且半分钟内不褪，即为终点。记下消耗体积数，算出 1mol·L^{-1} NaOH 的准确浓度。中和热实验时就要用移液管准确加入 NaOH 溶液，而水、盐酸和醋酸可用量筒加入。

八、进一步扩展设计性实验思维

测定硼酸的解离热。

将强酸替换为等浓度的弱酸，或将强碱替换为等浓度的弱碱，同样是生成 1mol 的 H_2O，使用弱酸、弱碱发生中和反应与使用强酸、强碱的稀溶液发生中和反应所释放出的热量不同，这是因为电离是指电解质在水溶液中或熔融状态下分解成自由移动的阴阳离子的过程，这个过程中离子从固态或液态的电解质中解离出来需要克服电解质分子内部的吸引力，因此需要外部能量的输入。不过，当强电解质如 NaCl 或 HCl 溶解时，会产生大量离子，这些离子与水分子结合形成水合离子的过程会放出热量。由于多种热效应夹杂其中，弱酸的解离热不能直接由量热法测得，需要通过对于基础理论的理解，分析各种热效应产生的情况，进而选择适当的测试方案，获得所需结果。

实验五 凝固点降低法测摩尔质量

一、目的和要求

1. 测定水的凝固点降低值，计算蔗糖的摩尔质量。
2. 掌握溶液凝固点的测定技术，并加深对稀溶液依数性质的理解。
3. 掌握精密数字温度（温差）测量仪的使用方法。

二、实验原理

稀溶液具有依数性，凝固点降低是依数性的一种表现。当稀溶液凝固析出纯固体溶剂时，溶液的凝固点低于纯溶剂的凝固点，稀溶液凝固点降低值与溶液成分的关系为：

$$\Delta T_f = \frac{R(T_f^*)^2}{\Delta H_m}\chi_2 \tag{2-5-1}$$

式中，ΔT_f 为凝固点降低值；R 为气体常数；T_f^* 为以热力学温度表示的纯溶剂的凝固点；ΔH_m 为摩尔凝固热；χ_2 为溶质的摩尔分数。

如果式(2-5-1) 溶质的摩尔分数以溶剂的物质的量 n_A 和溶质的物质的量 n_B 表示，则：

$$\Delta T_f = \frac{R(T_f^*)^2}{\Delta H_m}\times\frac{n_B}{n_A+n_B} \tag{2-5-2}$$

当溶液很稀时，$n_B \ll n_A$，则：

$$\Delta T_f = \frac{R(T_f^*)^2}{\Delta H_m}\times\frac{n_B}{n_A} = \frac{R(T_f^*)^2}{\Delta H_m}\times\frac{M_A m_B}{1000} = K_f m_B \tag{2-5-3}$$

式中，m_B 为溶质的质量摩尔浓度；M_A 为溶剂的摩尔质量；$K_f = \frac{R(T_f^*)^2}{\Delta H_m}\times\frac{M_A}{1000}$ 为凝固点降低常数，它的数值仅与溶剂的性质有关，不同溶剂的 K_f 不同。

若称取一定量的溶质 W_B（单位为 g）和溶剂 W_A（单位为 g），配成稀溶液，则此溶质的质量摩尔浓度为：

$$m_B = \frac{W_B}{M_B W_A}\times 1000 \tag{2-5-4}$$

式中，M_B 为溶质的摩尔质量。将该式代入式(2-5-3)，整理得：

$$M_B = K_f \times \frac{1000 W_B}{\Delta T_f W_A} \tag{2-5-5}$$

若已知某溶剂的凝固点降低常数 K_f 值，通过实验测定此溶液的凝固点降低值 ΔT_f，即可根据式(2-5-5) 计算溶质的摩尔质量 M_B。凝固点降低值直接反映了溶液中溶质有效的质点数目，溶质在溶液中有解离、缔合、溶剂化和生成配合物等情况，这些均影响溶质在溶剂中的表观摩尔质量，因此可以利用凝固点降低法来研究溶液的一些性质。

凝固点的精确测量方法是：将溶液逐渐冷却成为过冷溶液，然后通过搅拌或加入晶种促使溶剂结晶，放出的凝固热使体系温度回升，当放热与散热达到平衡时，温度不再改变，此固-液两相平衡共存的温度，即溶液的凝固点。

纯溶剂的凝固点是其液-固共存的平衡温度。将纯溶剂逐步冷却时，在未凝固之前温度将随时间均匀下降。开始凝固后由于放出凝固热而补偿了热损失，体系将保持液-固两相共存的平衡温度不变，直到全部凝固，再继续均匀下降。但在实际过程中经常发生过冷现象，其冷却曲线如图 2-5-1(a) 所示。过冷现象，是由于纯液体凝固时，开始结晶出的微小晶核的饱和蒸气压大于同温度下的液体饱和蒸气压，当温度达到或稍低于其凝固点时，由于新相形成需要一定的能量，故结晶并不析出，只有液体的温度降到凝固点以下才析出固体。

从相律看，溶剂与溶液的冷却曲线形状不同。纯溶剂两相共存时，自由度 $f^*=1-2+1=0$，图 2-5-1(a) 中冷却曲线的水平线段对应着纯溶剂的凝固点。

溶液的凝固点是溶液与溶剂的固相共存的平衡温度，其冷却曲线与纯溶剂不同。溶液两相共存时，自由度 $f^*=2-2+1=1$，温度仍可下降，溶剂凝固时放出凝固热而使温度回升，并且回升到最高点又开始下降，其冷却曲线如图 2-5-1(b) 所示，所以不出现水平线段。由于溶剂析出后，剩余溶液浓度逐渐增大，溶液的凝固点也要逐渐下降，在冷却曲线上得不到温度不变的水平线段。如果溶液的过冷程度不大，可以将温度回升的最高值作为溶液的凝固点；若过冷程度太大，则回升的最高温度不是原浓度溶液的凝固点，严格的做法是：作冷却曲线，并按图 2-5-1(b) 中所示的方法加以校正。

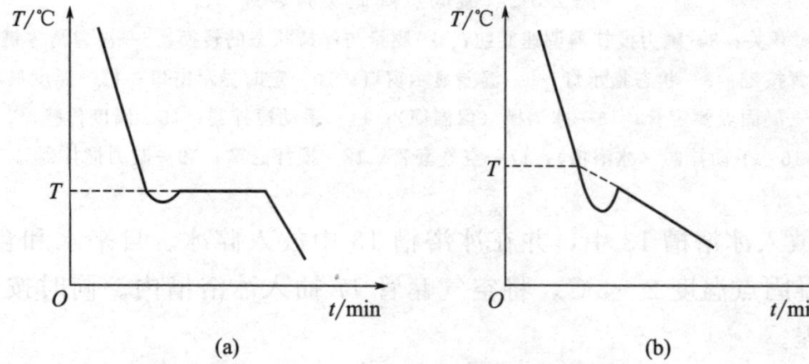

图 2-5-1 溶剂与溶液的冷却曲线

三、仪器和试剂

SWC-LG 凝固点仪 1 台，电子天平 1 台，移液管（25mL）1 支，烧杯 1 个，冰块，食盐，蔗糖（AR）。

四、实验步骤

1. 将精密数字贝克曼温度计温度传感器插头插入后面板上的传感器接口（槽口对准）。实验装置如图 2-5-5 所示。

2. 将 220V 电源接入后面板上的电源接座。

3. 打开电源开关，此时温度显示窗口显示初始状态（实时温度），温差显示窗口显示以 20℃为基温的温差值，如下所示。

温差(℃)	温度(℃)	定时	
-7.224	12.77	00	● 测量 ○ 保持 ○ 锁定

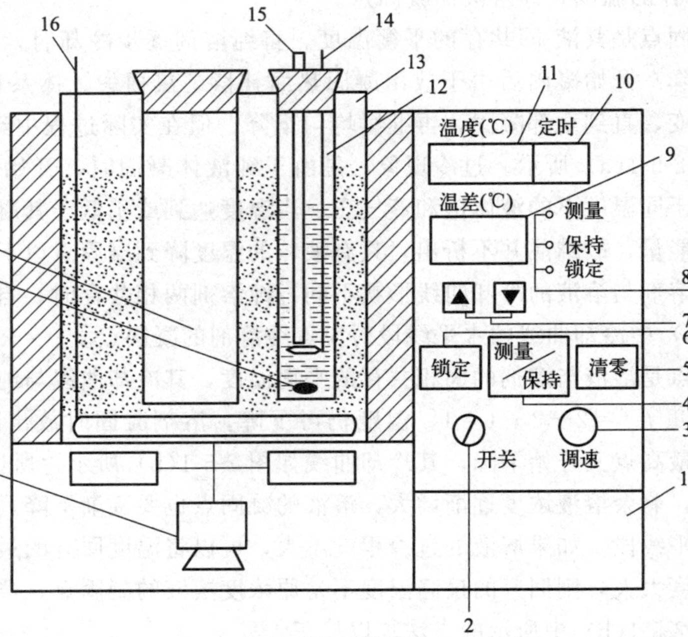

图 2-5-2　凝固点降低实验装置

1—机箱；2—电源开关；3—磁力搅拌器调速旋钮；4—测量与保持状态的转换；5—温差清零键；6—锁定键；7—定时设置按键；8—状态指示灯；9—温差显示窗口；10—定时显示窗口；11—温度显示窗口；12—凝固点测定管；13—冰浴槽（保温筒）；14—手动搅拌器；15—温度传感器；16—手动拌器（冰浴槽）；17—空气套管；18—搅拌磁珠；19—磁力搅拌器

4. 将传感器放入冰浴槽 13 中，并在冰浴槽 13 中放入碎冰、自来水和食盐，使冰浴槽温度低于蒸馏水凝固点温度 2～3℃，将空气套管 17 插入冰浴槽内。同时按下“锁定”键，锁定基温选择量程。

5. 用移液管吸取 25mL 蒸馏水放入洗净、烘干的凝固点测定管 12 中，同时，放入搅拌磁珠，将温度传感器 15 插入橡胶塞中，然后将橡胶塞塞入凝固点测定管 12，要塞紧。注意温度传感器 15 应插入与凝固点测定管 12 管壁平行的中央位置，插入深度以温度传感器顶端离凝固点测定管的底部 5mm 为佳。

6. 将凝固点测定管 12 直接插入冰浴槽 13 中，观察温度温差仪的温差显示窗口显示值，直至温差显示窗口显示值稳定不变，此即纯溶剂蒸馏水初测凝固点。

7. 取出凝固点测定管 12，用掌心握住加热，待凝固点测定管内结冰完全熔化后，将凝固点测定管 12 直接插入冰浴槽 13 中，缓慢搅拌，当蒸馏水温度降至高于初测凝固点温度 0.7℃时，迅速将凝固点测定管 12 取出，擦干后插入空气套管 17 中，及时记下温差值（如与电脑连接，此时点击开始绘图），调节调速旋钮 3 减慢搅拌速度，使温度均匀下降，间隔 15s 记下温差示值。当温度低于初测凝固点温度时，及时调整调速旋钮 3 加速搅拌，使固体析出，温度开始上升时，调整调速旋钮继续减慢搅拌。直至温差回升到不再变化，持续 60s，此时显示示值即蒸馏水（纯溶剂）的凝固点。

8. 重复步骤 7 再做两次。

9. 测定蔗糖水溶液凝固点。测得纯溶剂蒸馏水凝固点后，取出凝固点测定管 12，使管中冰完全熔化后，放入已称量的1g蔗糖片，待蔗糖片完全溶解后，重复步骤6，先初测溶液的凝固点。再重复步骤7，做3次。

10. 数据处理。根据实验中所得数据计算凝固点降低值ΔT_f，并计算蔗糖的分子量。

11. 待实验结束后，关掉电源开关，拔下电源插头。

五、实验数据记录与处理

1. 由水的密度，计算所取水的质量。

2. 根据蒸馏水的凝固点T_f^*和外推法确定溶液凝固点T_f，计算出凝固点下降值。由式(2-5-5)算得蔗糖的摩尔质量，并与理论值比较。也可采用数据软件计算蔗糖的摩尔质量。

室温：____________大气压：____________实验日期：____________

物质	质量/g	凝固点/℃	凝固点下降值/℃
溶剂(蒸馏水)			
溶质(蔗糖)			

六、思考题

1. 什么叫凝固点？计算凝固点降低值的公式在什么条件下才适用？它能否用于电解质溶液？

2. 为什么会产生过冷现象？如何控制过冷程度？

3. 为什么测定溶剂的凝固点时，过冷程度大一些对测定结果影响不大，而测定溶液凝固点时要尽量减小过冷现象？

4. 为什么要使用空气套管？过冷太甚有何弊端？

5. 为什么要先测近似凝固点？

6. 根据什么原则考虑加入溶质的量，太多或太少有何影响？

7. 当溶质在溶液中有解离、缔合、溶剂化或形成配合物等情况时，测定的结果有何意义？

七、实验注意事项

1. 凝固点的确定比较困难。先测定近似凝固点，接近近似凝固点时，降温速度要减慢，温度低于近似凝固点0.1～0.2℃时，要快速搅拌。

2. 为防止过冷超过0.5℃，当温度低于粗测凝固点温度时，必须及时调整调速旋钮，加快搅拌，以控制过冷程度。

3. 本实验的关键就是要控制好搅拌速度，搅拌要均匀。

4. 控制碎冰、自来水和食盐混合的寒剂温度。寒剂温度对实验结果有很大的影响，过高会导致冷却太慢，过低则测不出正确的凝固点，寒剂温度以不低于溶液凝固点3℃为佳。一般控制在低于凝固点2～3℃。

5. 实验的环境气氛和溶剂、溶质的纯度都直接影响实验的效果。用凝固点降低法测摩尔质量往往与所用溶剂类型和溶液浓度有关。如被测物质在溶剂中产生缔合、解离、生成配合物或溶剂化等现象时都会得出不正确的结果，会影响溶质在溶剂中的表观摩尔质量。

八、进一步扩展设计性实验思维

用凝固点降低法测定萘（或尿素等）的摩尔质量，提示：环己烷的 $K_f=20.2K \cdot mol^{-1} \cdot kg$，较苯的 $K_f=5.12K \cdot mol^{-1} \cdot kg$ 约大 3 倍，且其毒性较小。

测定苯甲酸在苯中的缔合度，提示：$2C_6H_5COOH \Longrightarrow (C_6H_5COOH)_2$

物质的量 $n(1-a)$ $na/2$ 总计：$n\left(1-\frac{a}{2}\right)$

式中，a 为缔合度；n 为投入单分子苯甲酸的物质的量。

需先测定苯甲酸在苯中的表观摩尔质量 M，已知单分子苯甲酸摩尔质量为 M_0，通过质量平衡：$n\left(1-\frac{a}{2}\right)M=nM_0$，则 $\frac{M_0}{M}=1-\frac{1}{2}a$，$a=\frac{2(M-M_0)}{M}$。

凝固点降低法的应用：如在寒冷气候下，运输原油时为防止原油凝固，可以在原油中加入降凝剂，以降低原油的凝固点，防止冻结。

屠呦呦研究员为我国首位自然科学类诺贝尔奖获得者。当年提取出青蒿素后，研究人员就是利用凝固点降低法测量青蒿素的分子量，为进一步了解青蒿素的性质提供了有益的数据。

实验六 乙醇物理性能的综合测定

乙醇是重要的基础化工原料之一，以乙醇为原料的化工产品达200多种，它广泛地用于基本有机原料，农药以及医药、橡胶、塑料、人造纤维、洗涤剂等有机化工产品的生产。乙醇又是一种重要的有机溶剂，大量应用于油漆、医药、油脂和军工等工业生产中。对乙醇物理性能的测定既能使学生牢固掌握物理化学的基本理论，同时又能把理论知识联系到生产实际中去。

实验六-1 乙醇黏度的测定

一、目的和要求

1. 掌握乙醇3项物理性能的测定方法。
2. 了解奥氏黏度计测定某一温度下的乙醇黏度的原理。

二、实验原理

液体黏度的大小，一般用黏度系数（η）表示，其物理意义是单位液层以单位速度流过相隔单位距离的固定液层时所受的内摩擦力，若液体在管中流动，则可用式(2-6-1)表示黏度系数与流动的关系。

$$\eta=\pi\gamma^4 pt/(8VL) \tag{2-6-1}$$

式中，V为在时间t内流过毛细管的液体体积；p为管两端的压力差；γ为毛细管半径；L为毛细管长度。

毛细管内径一般不够均匀，不易测量准确，p的测定也十分复杂，所以用上式测定液体的绝对黏度比较困难。但是测定液体对标准液（如蒸馏水）的相对黏度，则是简单的，两种液体在本身重力作用下，分别流经同一毛细管，且流出的液体量相等，则由式(2-6-1)得：

$$\eta_1=\pi\gamma^4 p_1t_1/(8VL) \qquad \eta_2=\pi\gamma^4 p_2t_2/(8VL)$$

从而得 $\eta_1/\eta_2=p_1t_1/(p_2t_2)$

又因为 $p=hg\rho$

因此
$$\eta_1/\eta_2=\rho_1t_1/(\rho_2t_2) \tag{2-6-2}$$

其中，ρ为液体密度；h为加入液体的高度；g为重力加速度。

由式(2-6-2)可以获得测定液体对于标准液的相对黏度。

三、仪器和试剂

恒温槽装置1套，奥氏或乌氏黏度计1支，秒表1个，10mL移液管2支，洗耳球1个，蒸馏水，无水乙醇（AR）。

四、实验步骤

1. 本实验选择的奥氏黏度计如图2-6-1所示。将黏度计洗净烘干，备用。
2. 用移液管吸取10mL无水乙醇放入黏度计中（从A处放入），把黏度计垂直放入恒温

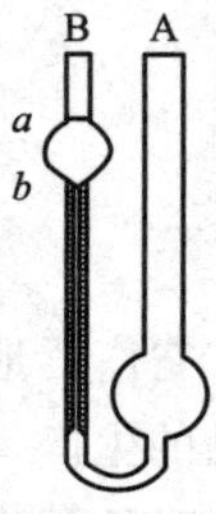

图 2-6-1 奥氏黏度计

槽内恒温，黏度计要浸过刻度 a 处，但注意切勿将恒温槽的水弄入黏度计内，恒温约 10min（恒温槽的温度通常要比当天的水温高 2～3℃），恒温槽如实验一所示。

3. 用洗耳球从奥式黏度计 B 管将溶液吸过刻度 a（切勿把液体吸出黏度计），放开洗耳球，保持黏度计垂直，当溶液面流到刻度 a 处时，开动秒表，流到刻度 b 处停表，记下读数，重复 3 次，每次误差不应超过 0.3s，否则应该重做（a、b 刻度是最接近小球的两条刻度线）。

4. 将乙醇倒入回收瓶，之后将黏度计放在烘箱烘一会儿（不要用水洗），趁热用洗耳球从 A 管口往里吹气，以赶走管里剩余的乙醇蒸气。

5. 吹干黏度计（同一根）后，改用 10mL 蒸馏水，重复上述步骤，以蒸馏水作为标准物。

五、实验数据记录与处理

室温：________大气压：________实验日期：________

恒温槽的温度/℃			
测定次数	1	2	3
乙醇流过时间/s			
水流过时间/s			
乙醇密度/$(g\cdot cm^{-3})$			
水密度/$(g\cdot cm^{-3})$			
乙醇的相对黏度/(Pa·s)			

在压力为 101.325kPa、温度为 20℃的条件下，水的黏度为 2.98×10^{-3} Pa·s。

六、思考题

1. 测定黏度时黏度计必须要垂直，还要放入恒温槽内，为什么？
2. 该实验可以不用同一根黏度计吗？
3. 用奥氏黏度计测黏度，为什么要吸取一定量的液体？
4. 当用毛细管类型（奥氏、乌氏）的黏度计测定黏度较大的柴油时，应如何选择合适的黏度计？

实验六-2 纯液体饱和蒸气压的测定

一、目的和要求

1. 明确饱和蒸气压的定义和气-液两相平衡的概念，深入了解纯液体饱和蒸气压和温度的关系——克劳修斯-克拉佩龙方程式。
2. 会求不同温度下乙醇的饱和蒸气压；初步掌握真空实验技术。
3. 会用图解法求被测液体在实验温度范围内的平均摩尔气化热与正常沸点。

二、实验原理

在一定温度下，当纯物质液体蒸发蒸气速度与其蒸气分子凝结成液体速度达到相等的动态平衡时，蒸气分子所产生的压力就是该流体在该温度下的饱和蒸气压。动态平衡指在某一温度下，被测液体处于密封容器中，液体分子从表面逃逸成蒸气，同时蒸气分子因碰撞而凝结成液体，当两者的速率相同时，就达到了动态平衡，此时气相中的蒸气密度不再改变，因而具有一定的压力，即饱和蒸气压。

温度是影响蒸气压的主要因素。液体的蒸气压随温度升高而增大，当蒸气压与外界压力相等时，液体开始沸腾，其对应的温度称为沸点。

纯液体的蒸气压 p 与温度 T 的关系符合克劳修斯-克拉佩龙方程式：

$$\frac{\mathrm{d}\ln p}{\mathrm{d}T}=\frac{\Delta H_{\mathrm{m},气化}}{RT^2} \tag{2-6-3}$$

积分式(2-6-3) 可得：

$$\lg p=\frac{-\Delta H_{\mathrm{m},气化}}{2.303R}\times\frac{1}{T}+C \tag{2-6-4}$$

式中，$\Delta H_{\mathrm{m},气化}$ 表示在一定温度下，蒸发 1 摩尔液体所需吸收的热，即该纯液体在该温度下的摩尔气化热（在一定温度范围内，摩尔气化热 $\Delta H_{\mathrm{m},气化}$ 可视为常数）；p 为液体蒸气压；C 为积分常数；R 为气体常数，$8.314\mathrm{J}\cdot\mathrm{K}^{-1}\cdot\mathrm{mol}^{-1}$；$T$ 为绝对温度，$(273+t)$ K。

以 $\lg p$ 对 $1/T$ 作图，由直线斜率 $m\left(m=\frac{-\Delta H_{\mathrm{m},气化}}{2.303R}\right)$，即可求出 $\Delta H_{\mathrm{m},气化}$，当外压为 101325Pa、液体的蒸气压与外压相等时，可从图中求得其正常沸点。

饱和蒸气压的测定方法有以下两类。

① 动态法：其中常用的有饱和气流法，即通过一定体积的已被待测液体所饱和的气流，用某物质完全吸收，然后称量吸收物质增加的质量，求出待测液体蒸气的分压力。

② 静态法：把待测物质放在一封闭系统中，在不同温度下直接测量蒸气压，或在不同外压下测液体的沸点。

本实验采用静态法，通过测定在不同温度下沸腾的液体的蒸气压，获得其与温度间的关系。实验采用 U 形等位计（图 2-6-2）测定蒸气压。

其原理为：U 形等位计由三个相连的玻璃管（a、b 和 c）组成，a 管中储存待测液体，b 和 c 管中液体在底部相通。当 a 和 c 管上部是纯粹的待测液体的蒸气，b 和 c 管的液体在同一水平时，则加在 b 管液面上的压力与加在 c 管液面上的蒸气压相等，b 管上的压力可由数字式真空压力计进行测定，此时液体温度即系统的气-液平衡温度。

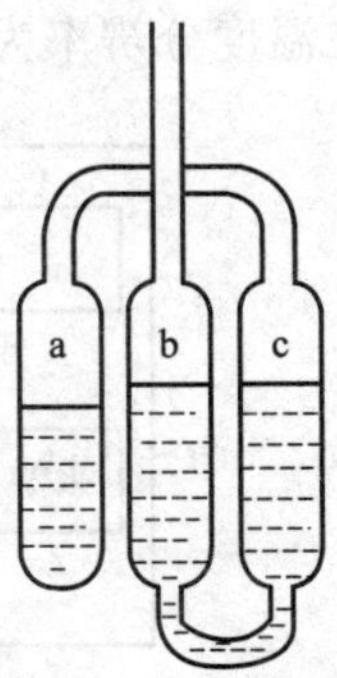

图 2-6-2 U 形等位计图

三、仪器和试剂

DP-AF-Ⅱ饱和蒸气压实验装置 1 套（含抽气泵、数字压力计、缓冲贮气罐、恒温槽、U 形等位计、搅拌器等），无水乙醇（AR）。

四、实验步骤

1. 连接仪器装置。用橡胶管将各部分仪器、抽气泵、数字压力计、缓冲贮气罐、U形等位计连接成饱和蒸气压的实验装置（图 2-6-3），所有接口必须严密封闭。

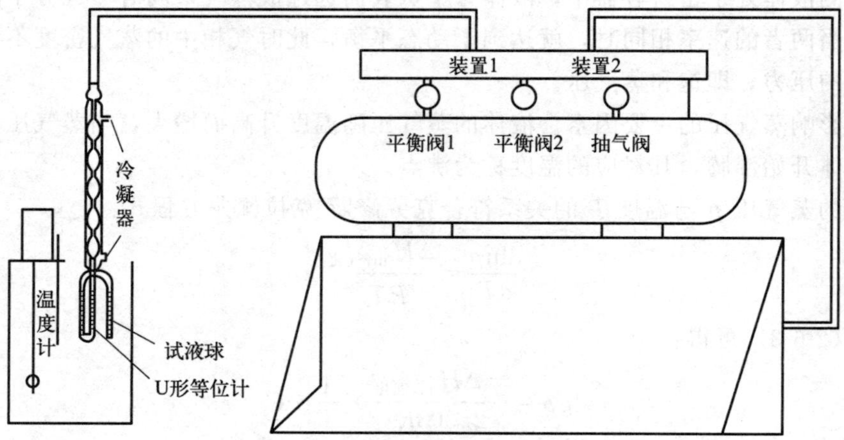

图 2-6-3　饱和蒸气压系统装置示意图

2. 取下 U 形等位计，向加料口注入无水乙醇，使乙醇充满 U 形等位计体积的约 2/3。

3. 加水至恒温槽玻璃缸，水面超过 U 形等位计 a、c 连接管。

4. 用电源线将仪表后面板的电源插座与 220V 电源连接，用另一根对接线将仪表与电机后面板的三芯插座相连接。打开电源开关（ON），见图 2-6-4 仪器面板示意图，预热 15min 后，设置控制温度 25℃（或高于室温 5℃）：按“工作/置数”键至置数灯亮。依次按“×10”“×1”“×0.1”“×0.01”键，设置“设定温度”的十位、个位及小数位的数字，每按动一次，数码显示由 0～9 依次递增，直至调整到所需“设定温度”的数值。设置完毕，再按“工作/置数”键，转换到工作状态，工作指示灯亮，仪表即进入自动升温控温状态。注意：只有在温度分辨率为 0.01℃时按“×0.01”键才有效。

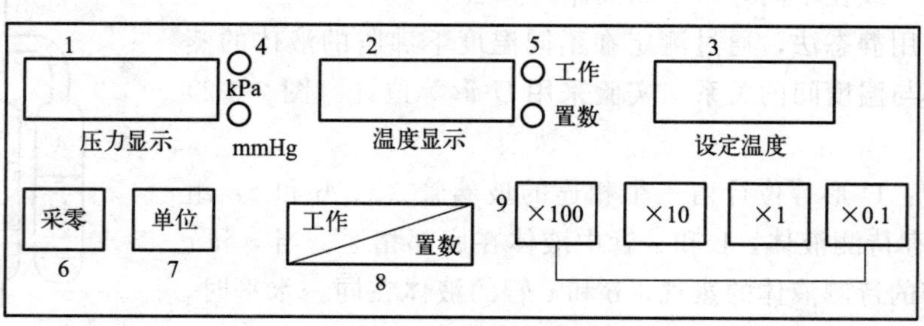

图 2-6-4　饱和蒸气压面板示意图

1—压力显示窗口；2—温度显示窗口；3—设定温度显示窗口；4—指示灯，显示压力计量单位的指示灯；5—工作、置数指示灯；6—采零键，扣除仪表的零压力值（即零点漂移）；7—单位键：选择压力计量单位；8—工作/置数转换按键；9—温度设置增、减键

5. 系统温度达到设定温度 25℃时，由 PID 调节自整定，将水浴温度自动准确地控制在所需的温度范围内。

6. 当水浴温度达到 25℃时，将真空泵接到抽气阀上，关闭平衡阀 2，打开平衡阀 1

（图 2-6-3）。开启真空泵，打开抽气阀使体系中的空气被抽出（压力计上显示－90kPa 左右）。当 U 形等位计内的乙醇沸腾 3～5min 时，关闭抽气阀和真空泵，缓缓打开平衡阀 2，漏入空气，当 U 形等位计中 b 和 c 管的液面齐平时关闭平衡阀 2。若等位计液柱再变化，再打开平衡阀 2 使液面齐平，待液柱不再变化时，记下温度值和压力值。若液柱始终变化，说明空气未被抽干净，应重复步骤 6。

如上述方法测定 30℃、35℃、40℃、45℃、50℃时乙醇的蒸气压，每个温度测两次。

7. 实验结束，慢慢打开抽气阀，使压力显示值为零。关闭冷却水。拔去电源插头。

五、实验数据记录与处理

室温：＿＿＿＿＿＿大气压：＿＿＿＿＿＿＿＿实验日期：＿＿＿＿＿＿

t/℃	数字压力计读数/kPa			乙醇蒸气压 p/kPa
	第一次	第二次	平均值	
25				
30				
35				
40				
45				
50				

t/℃	T/K	$1/T \times 10^3$/K^{-1}	$p_{乙醇}$/kPa	$\lg p_{乙醇}$
25				
30				
35				
40				
45				
50				

1. 以 $\lg p$ 对 $1/T$ 作图，求出直线斜率 m，由 $m=-\Delta H_{m,气化}/(2.303R)$ 求出 $\Delta H_{m,气化}$。

2. 利用所得的 $\lg p$ 与 $1/T$ 的关系式，求乙醇的正常沸点，并求出实验相对误差。

六、思考题

1. 克-克方程式在什么条件下适用？
2. 如果 U 形等位计内空气未被驱除干净，对实验结果有何影响？
3. 本实验的方法能否用于测定溶液的蒸气压？为什么？
4. 测定装置中缓冲贮气罐起什么作用？
5. 转换不同温度测定时，是否要重新抽气？

七、实验注意事项

1. 实验系统必须密闭，一定要仔细检漏。

2. 必须让U形等位计中的试液缓缓沸腾3～5min后方可进行测定。

3. 升温时可预先漏入少许空气，以防止U形等位计中液体暴沸，使得管内液体大量挥发而影响实验进行。

4. 液体的蒸气压与温度有关，所以测定过程中须严格控制温度。

5. 漏入空气时必须缓慢，否则U形等位计中的液体将冲入a管中。测定过程中如不慎使空气倒灌入a管，则需重新抽真空后方能继续测定。

6. 必须充分抽净U形等位计空间的全部空气。U形等位计必须放置于恒温水浴中的液面以下，以保证试液温度的准确度。

八、进一步扩展设计性实验思维

可测量纯环己烷、水、丙酮或乙醇-乙酸乙酯双液系的饱和蒸气压，验证克-克方程。

饱和蒸气压是液体的一项基本性质，是很多科学研究和工业生产过程中需要用到的基础数据。根据饱和蒸气压与温度之间的关系，可以了解到不同温度下物质的相变过程。当饱和蒸气压等于外部压力时，液体将开始沸腾，这种现象在烹饪、发酵、蒸馏、萃取和干燥等工业生产中具有重要意义。另外，饱和蒸气压还可以用于计算液体的沸点，这对于合成化学、石油化工和制药工业等具有指导意义。

实验六-3　双液系气-液平衡相图

一、目的和要求

1. 绘制大气压下乙酸乙酯-乙醇双液系的气-液平衡相图。
2. 了解相图和相率的基本概念。确定恒沸组成与恒沸温度。
3. 掌握测定双组分液体沸点及恒沸点的方法。
4. 掌握用阿贝折射仪确定二元组分液体组成的方法。

二、实验原理

液体的沸点是指液体的蒸气压和外压相等时的温度。在一定的外压下，纯液体的沸点有确定值。

两种在常温时为液态的物质若能以任何比例混合起来而成二组分体系，则称为完全互溶的双液系。对于二组分体系的双液系，其沸点不仅与外压有关，还与双液系的组成有关。

双液系组成图（T-x 图）可分为三类：①理想的双液系，其溶液沸点介于两纯物质沸点之间［图2-6-5(a)］，符合拉乌尔定律，即“一定温度下，稀溶液溶剂的蒸气压等于纯溶剂的蒸气压乘以溶液中溶剂的摩尔分数”；②各组分对拉乌尔定律发生正偏差，其溶液有最低沸点［图2-6-5(c)］；③各组分对拉乌尔定律发生负偏差，其溶液有最高沸点［图2-6-5(b)］。第②、③两类溶液在最低或最高沸点时的气-液两相组成相同。加热蒸发的结果只使气相总量增加，气-液相组成及溶液沸点保持不变，这时的温度叫恒沸点，相应的组成叫恒沸组成。理论上，第①类混合物可用一般精馏法分离出两种纯物质，第②、③两类混合物只能分离出一种纯物质和另一种恒沸混合物。

由相律可知，一定大气压下 $f^{*}=K$(组分数)$-\Phi$(相数)$+1$，对于双液系在恒压下气-液两相共存区域中，自由度为1。当温度一定时，气-液两相的相对组成也就有了确定值。

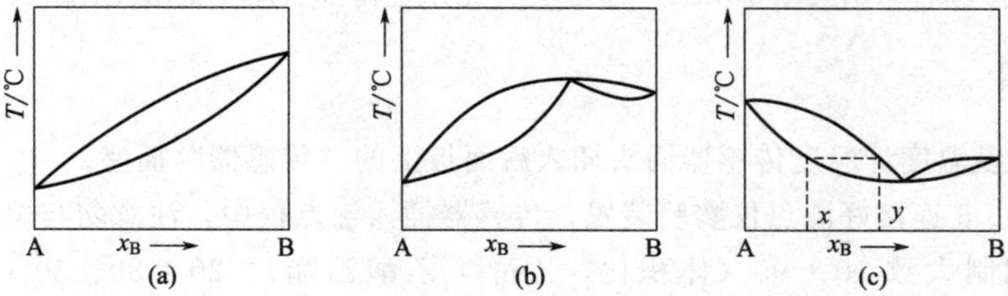

图 2-6-5 双液系相图

根据杠杆原理，两相的相对量也确定了，例如在图 2-6-5(c) 中同一沸点对应的气相组成的气相线上的点组成是 y，液相组成的液相线上点的组成是 x。因此实验测定一系列不同组成的双液系溶液的气-液相平衡时的沸点及此时气相和液相的组成，即可得 T-x 图。因此双液系气-液平衡相图实验测定的两个主要内容是一系列混合体系的沸点和气、液相中的组成。

各种沸点仪的具体构造虽各有特点，但其设计思想则都集中于如何正确测定沸点、便于取样分析、防止过热及避免分馏等方面。本实验所用沸点仪如图 2-6-6 所示，采用蒸馏瓶，将电热丝直接放入溶液中加热，以减少过热暴沸现象。蒸馏瓶上的冷凝器使平衡蒸气凝聚在小玻璃槽中，然后从中取样分析气相组成。

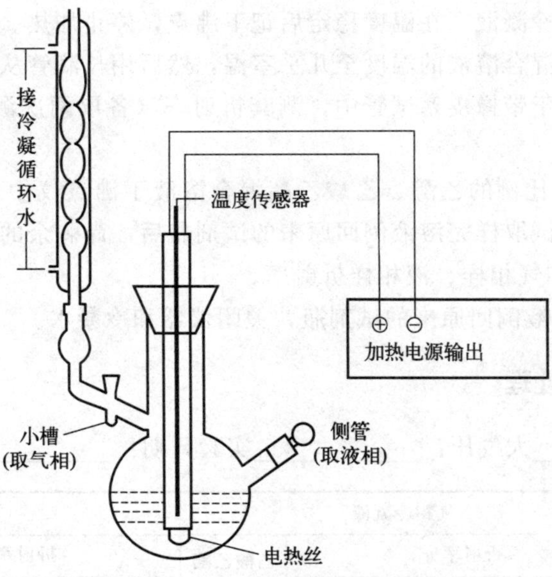

图 2-6-6 一体化沸点仪装置图

组成成分分析所用仪器是阿贝（Abbe）折射仪，其原理及使用详见附录。折射率是物质的一个特征数值，双液系溶液的折射率与组成有关。实验选用乙醇和乙酸乙酯的双液系，这两者折射率相差颇大，先用阿贝折射仪测定一系列已知组成双液系混合物的折射率，作出在一定温度下折射率对组成的工作曲线。用此曲线按内插法，即可求得实验平衡体系下取样的两相组成。

三、仪器和试剂

FDY 沸点测定仪 1 套，长滴管 2 支，试剂瓶（200mL）8 只，阿贝折射仪（棱镜恒温）1 台，玻璃漏斗（直径 5cm）1 只，带橡皮塞试管（5mL）20 支，烧杯（50mL、250mL）

各一只，刻度移液管（5mL、10mL）各1支，无水乙醇（AR），乙酸乙酯（AR）。

四、实验步骤

1. 将贝克曼温度计温度传感器插头插入后面板上的“传感器”插座。

2. 按图 2-6-6 连接好沸点仪实验装置，传感器插入沸点仪中，注意勿与电热丝相触碰。

3. 分别配制大致 10∶90（体积比，乙醇∶乙酸乙酯）、20∶80、30∶70、40∶60、50∶50、60∶40、70∶30、80∶20、90∶10的乙醇、乙酸乙酯混合溶液。

4. 接通冷凝水。量取约 20mL 无水乙醇，从侧管加入到沸点仪中，注意，温度传感器和电热丝要浸入在溶液内。打开电源开关，调节“加热电源调节”旋钮至电压为12V。通电将液体加热至缓慢沸腾（根据沸腾激烈程度调节加热电源旋钮，尽量降低加热功率，保持微沸即可），因最初在冷凝管下端小槽内的液体不能代表平衡时气相的组成，为加速达到平衡，须连同支架一起倾斜沸点仪，使小槽中气相冷凝液倾回沸点仪内，重复倾回3次，待温度稳定后，记下乙醇的沸点（该读数供校准温度计用）和室内大气压。用长滴管取小槽中气相即无水乙醇的冷凝液测折射率（该读数供校准折射率仪用）。

5. 取样后的无水乙醇溶液倒回试剂瓶，用洗耳球吹沸点仪，使剩余的乙醇挥发。再加入某一比例的乙醇、乙酸乙酯混合溶液于沸点仪中，加热至沸腾，待温度变化缓慢时，同上法倾回3次小槽中气相冷凝液，在温度稳定后记下沸点，停止加热。将装有自来水的大烧杯置于沸点仪下部，冷却混合溶液的温度至几乎室温，然后用长滴管从沸点仪取出小槽气相液和沸点仪内液相液体置于带橡皮塞试管中，测其折射率（各取两次测试）。多余混合溶液倒回原来的试剂瓶。

6. 再依次加入其他比例的乙醇、乙酸乙酯混合溶液于沸点仪中（注意：加入前用洗耳球吹沸点仪，使前一测试取样完溶液倒回原来的试剂瓶后，尚剩余的液体在沸点仪中尽量挥发），按上法测其沸点和气相样、液相样折射率。

7. 实验完毕，将溶液倒回原来的试剂瓶，关闭仪器和冷凝水。

五、实验数据记录与处理

室温：＿＿＿＿＿＿大气压：＿＿＿＿＿＿实验日期：＿＿＿＿＿＿

样品编号	沸点 t/℃	气相冷凝液					液相冷凝液				
		折射率 n_D				乙酸乙酯 x_B	折射率 n_D				乙酸乙酯 x_B
		1	2	平均	校准值		1	2	平均	校准值	
乙醇											
1#											
2#											
3#											
4#											
5#											
6#											
7#											

续表

样品编号	沸点 t/℃	气相冷凝液					液相冷凝液				
		折射率 n_D				乙酸乙酯 x_B	折射率 n_D				乙酸乙酯 x_B
		1	2	平均	校准值		1	2	平均	校准值	
8#											
9#											
乙酸乙酯											

1. 根据上表折射率平均值，从测定或提供的 n_D-x_B 折射率组成工作曲线上，查出平衡时气-液两相组成 x_B，填入表格。

2. 按上表格数据，绘制乙酸乙酯-乙醇双液系的沸点组成图，确定其恒沸点温度和恒沸组成。

六、思考题

1. 工作曲线的作用是什么？
2. 如何判断气、液两相是否处于平衡？
3. 测定溶液的沸点和气、液二相组成时，是否要把沸点仪每次都完全烘干？
4. 试分析产生实验误差的主要原因。

七、实验注意事项

1. 电热丝一定要被测液体浸没，否则通电加热时可能会引起有机液体燃烧。
2. 加热功率不能太大，电热丝上有小气泡逸出即可。
3. 温度传感器不要直接碰到电热丝。
4. 一定要使体系达到平衡，即温度读数稳定后再读数。
5. 停止加热后，沸点仪冷却降温后再取样，取样速度与测试速度均尽量快。
6. 沸点仪等实验器具不能用水洗，取样的长滴管要确定是干燥的。

八、进一步扩展设计性实验思维

可采用恒压装置控制外压，测定不同外压下的沸点；也可使用不同互溶体系如乙醇-环己烷、苯-甲苯。

相图表示在一定条件下，处于热力学平衡状态的物质系统中平衡相之间关系的图形。相图中每一点都反映一定条件下，某一成分的材料平衡状态下由什么样的相组成，各相的成分和含量。1927 年国际度量衡委员会选定水的冰点为热力学温标的基准点，定为 273.15K。但是水的冰点是在 1 大气压下被空气饱和的水的液-固平衡的温度。它受外界大气压或进行测量的地理位置的影响，并且与水被空气饱和的状况有关，因此科学界对它的重视性和精度提出过怀疑。1934 年，黄子卿精心设计了实验装置，严格处理水的三相点室；精选三相点室材料并严格清洗；水样严格纯化去 CO_2；测量三相点室水样的电导估算杂质对平衡温度的影响；并且对水面高度产生的附加压力的影响加以校正。他采用当时能达到的精确测温手段，并对体系采取严格的隔热、防辐射措施。他废寝忘食，从早上一进入实验室后，就整天不出来，经过一年多的反复测量，终于完成了一项重要的实验，即精测出水的三相点温度，为（0.00981±0.00005)℃。这是热力学上的重要数据，也是温度计量学方面的基础工作。后来，美国标准局曾组织人员重复实验，结果与黄子卿的测量结果一致。美国编辑的《世界名人录》列入了黄子卿的名字。1954 年，国际温标会议在巴黎召开，再次确认上述数据，并以此为准，确定绝对零度为－273.15℃。

我国著名实业家范旭东先生解决了我国食盐精制的问题，摘掉了外国人污蔑中国人“吃土”的帽子，被毛泽东同志称为“工业先导，功在中华”，食盐精制是运用物理化学中相图知识实现的。曾担任中国科学院福建物质结构研究所所长的梁敬魁先生长期在晶体结构化学、材料科学和固体物理三个学科的交叉领域从事基础和应用基础方面的研究工作，系统地测定了大量相图，被国内外相图汇编收集，并在中国推进了相图在单晶生长中的应用，做出了大量创新性的成果，是中国在这一领域的主要奠基人。

实验七 差热分析

一、目的和要求

1. 用差热分析仪对 $CuSO_4 \cdot 5H_2O$ 进行差热分析，并定性解释所得的差热谱图。

2. 掌握差热分析原理，了解差热分析仪的构造，学会操作差热分析仪。

二、实验原理

物质在加热或冷却过程中会发生熔化、凝固、晶体转变、分解、脱水等物理或化学的变化，伴随这些变化会发生吸热或放热效应。差热分析就是利用这一特点，通过测定样品与参比物的温度差对时间的函数关系，来鉴别物质或确定组成结构以及转化温度、热效应等物理化学性质。

在升温或降温时发生的相变过程，是一种物理变化，一般来说由固相转变为液相或气相的过程是吸热过程，而其相反的相变过程则为放热过程。在各种化学变化中，失水、还原、分解等反应一般为吸热过程，而水化、氧化和化合等反应则为放热过程。

差热分析时，试样 1 与参比物 2（如 α-Al_2O_3）分别放在两个坩埚中，然后同时放入电炉中加热升温，如图 2-7-1 所示。在升温过程中试样如没有热效应产生，则试样与参比物之间无温度差，ΔT 为零，在差热图中表现为水平线（基线）；而试样在某温度下发生变化有放热（吸热）效应时，试样侧温度上升速度加快（减慢），就产生温度差 ΔT，ΔT 线偏离基线，直到变化完成，温差消失又重回基线，如此形成一个峰、谷线段，称差热峰，见图 2-7-2 的峰形曲线。当试样发生物理化学变化而产生热效应时，两者就会产生温差，使 ΔT 峰的上、下朝向表示该过程的热效应的符号（放热、吸）；峰的面积可表示热效应的大小；峰的起始温度表示发生变化的温度；峰的数目表示该温度段内发生变化的次数。峰的宽度、高度以及对称性除了与测试条件有关，还跟试样变化过程的动力学因素有关。实际所得的差热图要比理想的差热图复杂得多。

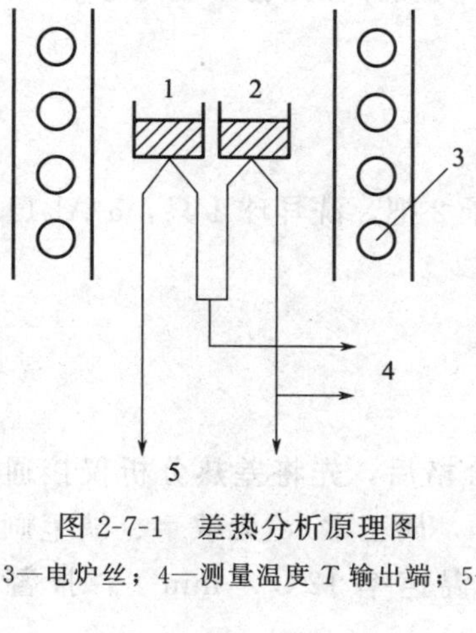

图 2-7-1 差热分析原理图

1—试样；2—参比物；3—电炉丝；4—测量温度 T 输出端；5—测量温差 ΔT 输出端

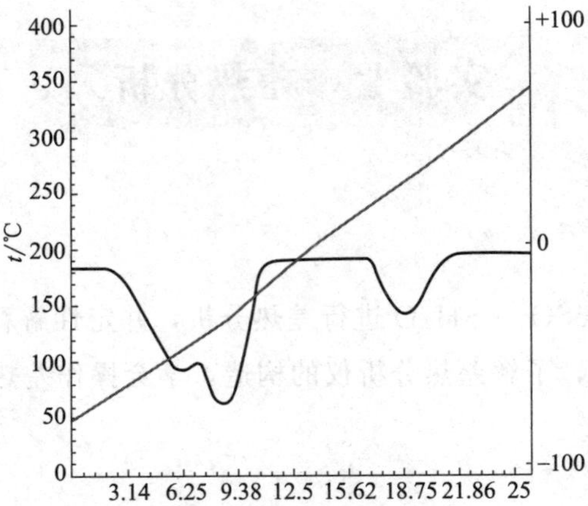

图 2-7-2　差热分析图

除了测定热效应外，差热图谱的特征峰还可以用以鉴别样品的种类，进行相定性分析、相定量分析，计算某些反应的活化能和反应级数等。

影响差热分析的几个主要因素：

1. 升温速率的选择：升温速率对测定结果影响较大，一般说来速率低时，基线漂移小，可以分辨靠得近的差热峰，因而分辨力高，但测定时间长。速率高时基线漂移较显著，分辨力下降，测定时间较短。一般选择每分钟升温 2～20℃。

2. 气氛及压力的选择；许多测定受炉中气氛及压力的影响很大。例如 NH_4ClO_4 在 N_2 气氛及真空时测得的差热曲线差别很大。而 N_2 压力不同也有影响，有些物质在空气中易被氧化，所以选择适当的气氛及压力也是使测定得到好的结果的一个方面。

3. 参比物的选择：作为参比物的材料必须满足在测定温度范围内，保持热稳定，一般用 α-Al_2O_3、MgO、煅烧过的 SiO_2 及金属镍等。应尽量采用与待测物比热、热导率及颗粒度相一致的物质，以提高准确性。

4. 样品处理：样品粒度大约 200 目，颗粒小可以改善导热条件，但太细可能破坏晶格或导致分解，样品量一般为 20mg，具体与热效应大小及峰间距有关。

样品可用参比物稀释，有时为使样品与参比物热性质相近，可在样品中掺入参比物（为试样量的 1～2 倍）。稀释剂的种类及稀释比也影响测定结果，同时样品装填状态（稀密）与某些测定有很大的关系。

三、仪器和试剂

ZCR 差热分析仪 1 台，镊子 2 把，洗耳球 1 只，α-Al_2O_3，$CuSO_4 \cdot 5H_2O$（AR）。

四、实验步骤

1. 设置工作仪器参数

（1）通电检查：外观检查合格后，先将差热分析仪接通电源，此时各显示器均有显示（图 2-7-3，其中某一位字符闪烁，属正常），无缺字、缺笔画等现象。如果某差热分析实验需控制电炉温度为 1100℃，升温速率 12℃ · min^{-1}，报警记录时间 45s，应按下述步骤进行。

(2) 接通电源后，T_O、T_S、T_G 三指示灯中只有当 T_G 指示灯亮时，参数设置的功能才起作用，否则需按 $T_O/T_S/T_G$ 键，直至 T_G 指示灯亮。

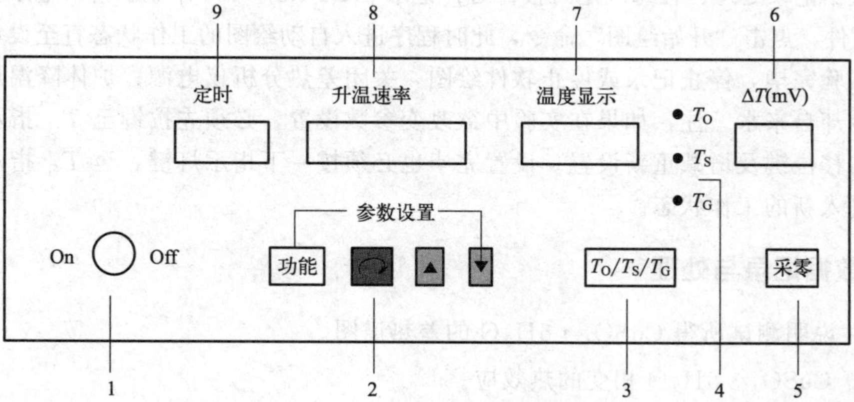

图 2-7-3　ZCR 差热分析仪操作面板图

1—总电源开关；2—参数设置键（定时、升温速率、差热分析炉最高炉温设置）；3—$T_O/T_S/T_G$ 温度显示键，T_O 为参比物温度，T_S 为加热炉温度，T_G 为设定差热分析最高控制温度；4—指示灯，T_O、T_S、T_G 仅其中某一指示灯亮时，显示对应的温度值；5—采零，清除 ΔT 的初始偏差；6—ΔT 显示温差；7—温度显示，℃；8—升温速率，℃ · min^{-1}；9—定时报警，s

(3) 按功能键，使定时显示器十位 LED 闪烁，用▲、▼键设定其值为 4，然后按移位键，定时显示器个位 LED 闪烁，用▲、▼键设定其值为 5，则报警记录时间 45s 设定完毕。

(4) 再按一下功能键，此时升温速率显示器十位 LED 闪烁，用▲、▼键设定其值为 1，然后按移位键，显示器个位 LED 闪烁，用▲、▼键设定其值为 2，此时显示器显示值为 12，即升温速率为 12℃ · min^{-1}。

(5) 再按一下功能键，此时 T_G 显示器千位 LED 闪烁，用▲、▼键设定其值为 1，按移位键，百位 LED 闪烁，用▲、▼键设定其值为 1，连续按两下键，此时显示器显示值为 1100，即最高炉温为 1100，若此时再按一下功能键，程序返回步骤（3），即可循环进行参数设定。

(6) 最后按 $T_O/T_S/T_G$ 键选择需观察控制的温度 T_S 或 T_G。此时无数码管闪烁，程序进入升温阶段。设置完毕。

2. 测量差热（DTA）

(1) 用配备的橡胶管将电炉冷却水接嘴与自来水（冷却液）相接。

(2) 用配备的数据线将差热分析仪与电脑相连接，如需打印也须将电脑与打印机连接。

(3) 试样（$CuSO_4 \cdot 5H_2O$）称重（约 6～10mg）后放入一只坩埚内，另一只坩埚内放入同样质量的参比物（α-Al_2O_3）。轻轻抬起炉体后，逆时针（90°）旋转炉体，露出样品托盘，分别用镊子将试样坩埚、参比物坩埚放在两只托盘上，以炉体正面为基准，左托盘放置 $CuSO_4 \cdot 5H_2O$、右托盘放置 α-Al_2O_3，顺时针（90°）转回炉体，当炉体定位杆对准定位孔时，向下轻轻放下炉体，旋紧炉体固定螺栓，打开冷却水。

(4) 接通差热分析仪电源，仪器进入准备工作状态，根据实验所需在差热分析仪前面板上进行参数设置，设置完毕，按一下 $T_O/T_S/T_G$ 键选择在实验过程中需观察控制的温度 T_S 或 T_G，装置进入升温工作状态。此时差热分析仪各显示窗口按设置显示各有关数据。

(5) 数据记录处理：在每次定时报警时，记录下 ΔT(mV)、T_O 显示窗口显示的示值，或打开微机软件，点击“开始绘图”命令，此时程序进入自动绘图的工作状态直至设定温度。

(6) 实验完毕，停止记录或停止软件绘图，关闭差热分析仪电源；炉体降温后，关闭差热分析炉冷却自来水。注：如果在实验中欲改变参数设置，必须先按键至 T_G 指示灯亮，再用功能键和移位键及增减重新设置。设置完毕也必须按一下指示灯键，至 T_G 指示灯亮，仪器又自动进入新的工作状态。

五、实验数据记录与处理

1. 定性说明测试所得 $CuSO_4 \cdot 5H_2O$ 的差热谱图。

2. 计算 $CuSO_4 \cdot 5H_2O$ 相变的热效应。

(1) 样品的热效应 ΔH

$$\Delta H = \frac{C}{m}\int_e^g \Delta T \mathrm{d}\tau$$

式中，m 为样品质量；ΔT 表示在差热峰中 τ 时刻试样与参比物的温差；e 为峰的起始时刻；g 为峰的终止时刻（图 2-7-2）；C 为热导率。

C 与仪器特性及测定条件有关，同一仪器测定条件不变时 C 则为常数，它可以用数学方法推导，但比较麻烦，本实验采用标定法，即称一定量已知热效应的物质，测得差热峰的面积就可以求得 C。本实验中已知纯锡的熔化热为 14.20mcal/mg，可由锡的差热峰面积求得 C 值。

(2) $\Delta H = \frac{C}{m}\int_e^g \Delta T \mathrm{d}\tau$ 即差热峰面积，求峰面积的方法有面积法、称重法等，目前多采用电脑软件进行计算。

从求得的 $CuSO_4 \cdot 5H_2O$ 样品差热峰的面积及 C 值，就能算出 $CuSO_4 \cdot 5H_2O$ 相变的热效应。

六、思考题

1. 差热分析与简单热分析有何异同？
2. 影响差热分析的主要因素有哪些？
3. 在实验中为什么要选择适当的样品量和适当的升温速率？
4. 测温热电偶插在试样中和插在参比物中，其升温曲线是否相同？

七、实验注意事项

1. 需研磨试样 $CuSO_4 \cdot 5H_2O$，使其粒度与参比物 α-Al_2O_3 相仿（过 200 目筛），并使两者在坩埚内填装的紧密程度基本一样，同时 $CuSO_4 \cdot 5H_2O$ 试样坩埚必须放在左托盘上，α-Al_2O_3 参比物坩埚必须放在右托盘上。

2. 必须先通冷却水，再接通电源，以免加热电炉损坏。

3. 用镊子取放坩埚要轻拿轻放，特别小心。不可把样品弄翻，样品不要撒入托盘内；托、放炉体时不得挤压、碰撞放坩埚的托架（该托架实际是测温探头，价格高，损坏无法修复)；炉管应调整在炉膛中心位置（炉管偏离炉膛中心可能影响炉子的加热线性)。

4. 实验完毕，坩埚不要遗弃，可反复使用。

八、进一步扩展设计性实验思维

用差热分析仪对 KNO_3、$BaCl_2 \cdot 2H_2O$ 及 Sn 等进行差热分析，并定性解释所得的差热谱图。

差热分析陶瓷原料，了解差热谱图对陶瓷烧成的指导作用。

实验八 二组分金属相图的绘制

一、目的和要求

1. 测定 Bi-Sn 合金的步冷曲线，绘制其相图并确定低共熔点及相应的组成。
2. 了解热分析法测量原理，了解固-液相图的基本特点。

二、实验原理

相图是用以研究体系的状态随浓度、温度、压力等变量改变而发生变化的图形，相图可以表示在指定条件下体系存在的相数和各相的组成。相图可以预测体系受热时的变化，得到广泛的研究和应用。蒸气压较小的凝聚体系又叫固-液平衡体系，常以温度-组成图来描述。凝聚体系含有固体与固体间完全互溶、部分互溶、完全不互溶三种情况，液体与液体间的完全互溶、部分互溶、完全不互溶三种情况。固体间能完全互溶成固溶体的，如 Cu-Ni、溴苯-氯苯；部分互溶的，如 Pb-Sn；而有的互溶度很小可以忽略，如很多有机化合物。本实验所研究的是液相完全互溶，而固相完全不互溶的体系，如图 2-8-1(b) 所示。

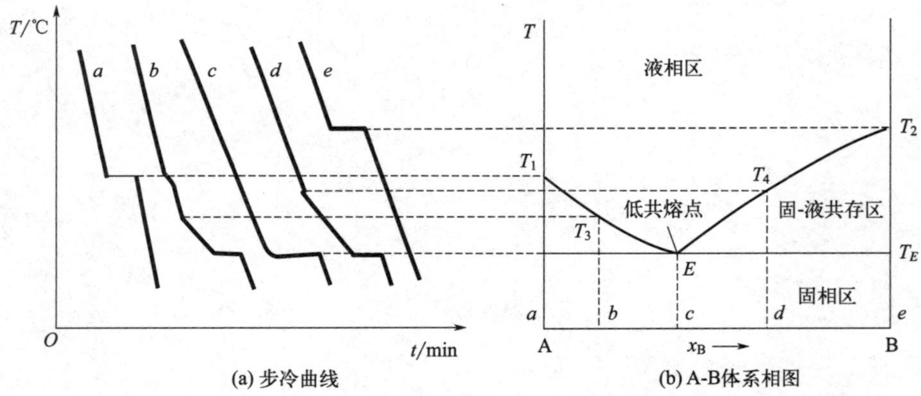

图 2-8-1 相图与步冷曲线

图 2-8-1(b) 中，T_1、T_2 点分别为纯 A、纯 B 两组分的熔点，ET_1、ET_2 线以上为液相区，水平线段表示 A、B 组分和液相共存的线；E 点为低共熔点，为三相点，有最低共熔物析出；水平线段以下为固相区。ET_2 线与水平线段包围的区域为纯 B（固）和液相共存的二相区；ET_1 线与水平线段包围的区域为纯 A（固）和液相共存的二相区。

固-液平衡相图可用热分析方法测定，即利用步冷曲线的形状来确定相图的相界，即将体系升温至熔融状态，然后在降温冷却过程中测定的温度随时间曲线。图 2-8-1(a) 对应于不同成分下的步冷曲线。

冷却速度取决于体系的热容、散热情况、体系和环境的温差、相变等因素。若冷却时体系的热容、自然散热或强制散热情况等基本相同，体系温度下降的速度可由式(2-8-1) 表示为：

$$-\frac{\mathrm{d}T}{\mathrm{d}t}=K(T_{体}-T_{环}) \qquad (2\text{-}8\text{-}1)$$

式中，T 表示体系温度；t 表示温度下降的时间；$T_{体}$ 和 $T_{环}$ 分别表示体系和环境的温度；K 为一个与热容、散热情况等有关的常数。

当体系逐渐冷却，($T_{体}-T_{环}$) 变小，因此温度下降速度逐渐变慢，成为一凹形曲线；而至凝固点时，固体与液体两相平衡，自由度为0，这阶段温度保持不变，不随时间变化，出现水平线段即平台；待体系全部凝结变为固体后，又和液体冷却情况一样，成凹形曲线，见图 2-8-1(a)。曲线 a、e 是组分为纯 A 和纯 B 的步冷曲线，它们分别由两段曲线及一水平线段组成，水平线段分别为 A、B 固体析出时的温度。曲线 c 为 A、B 组成恰好为低共熔体组成时的步冷曲线，它的形状与曲线 a、e 相似。水平线段的出现，是因为当到低共熔点 E (温度为 T_E) 时有 A、B 固体同时析出，这时 A、B 组分固体和液相三相共存，体系自由度为 0，温度保持不变，不随时间变化，曲线出现平台，待体系全部凝结变为固体后，温度才开始再下降。

曲线 b 和曲线 a 的不同之处在于，当温度冷却到 T_3 时曲线 b 有纯 A 相析出，此时液体成分沿液相线改变，同时放出凝固热，使体系冷却速度变慢，曲线陡度变缓，曲线在 T_3 处出现转折点，该曲线下半段呈凹状较深；当温度降至 T_E 时，出现三相共存，曲线出现平台。当液相完全消失后，温度又开始下降。而单一成分的曲线 a，只在凝固点温度时析出固体，其余温度无固体析出，无凝固放热补偿，温度按式(2-8-1) 的速度下降，曲线陡度比 b 大，下部分曲线段呈浅凹状（该实验，120℃时停止了测试，故凹状线难以观察到）。曲线 d 和曲线 e 的不同之处在于，当温度冷却到 T_4 时有纯 B 相析出，其余类似曲线 b 和曲线 a 的区别。

由此可知，对于组成一定的二组分低共熔体系，根据步冷曲线，可判断有固体出现时候的温度和最低共熔点温度，如果作出一系列组成不同体系的步冷曲线，从中找出各转折点温度及平台温度，即可根据吉布斯相律 $f^*=K(\text{组分数})-\Phi(\text{相数})+1$ 定出相界，连接图 2-8-1 中 a、b、c、d、e 组分下的 T_1、T_2、T_3、T_4、E 点，可以画出二组分体系最简单的相图(温度-组成图)。

三、仪器和试剂

KWL-Ⅱ金属相图实验装置 1 套，硬质样品试管 7 支，Bi(CP)，Sn(CP)，石墨粉。

四、实验步骤

1. 配制 Sn、Bi 组成不同的双组分体系试样（分别是：纯 Sn、15％Bi、30％Bi、50％Bi、60％Bi、85％Bi、纯 Bi)，混合均匀后分别倒入编号的硬质样品试管中，再倒入一薄层石墨粉，封盖试样。

2. 打开控温仪电源（图 2-8-2)，置数灯亮，此时温度显示Ⅰ、Ⅱ分别显示温度传感器Ⅰ、Ⅱ所测介质温度。

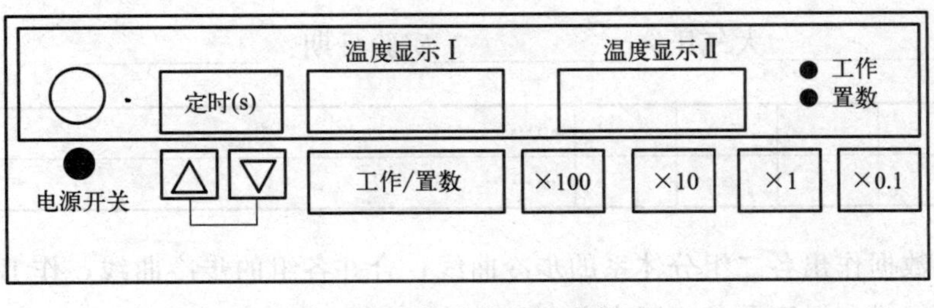

图 2-8-2 控温仪面板示意图

3. 打开电炉电源，如图 2-8-3 所示，将“冷风量调节”旋钮左旋到底，关闭冷风。

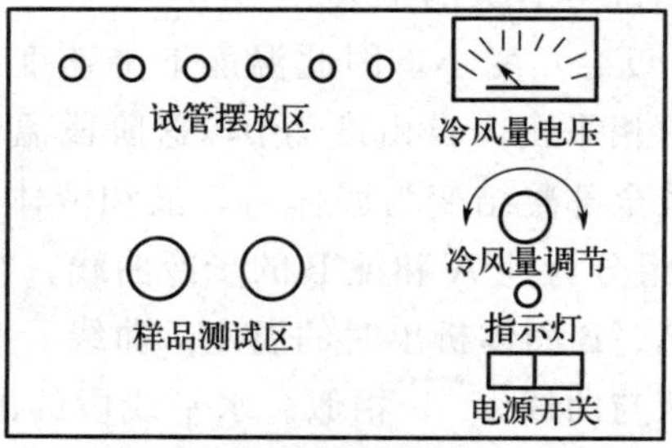

图 2-8-3　电炉面板示意图

4. 两份试样放入样品测试区，将温度传感器Ⅰ、Ⅱ分别插入样品测试区的样品管的试样中下部位。

5. 按控温仪工作/置数键，此时面板显示如下。

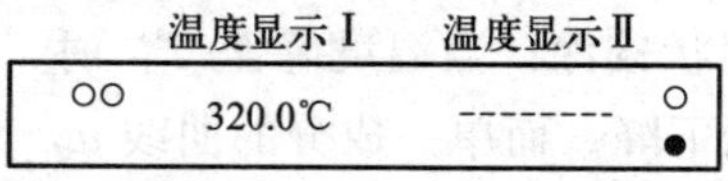

此时进入设置目标温度状态，依次按“×100”“×10”“×1”“×0.1”设置“温度显示Ⅰ”的百位、十位、个位及小数点位的数字，每按动一次，显示数码按 0～9 依次递增，直至调整到所需“设定温度”的数值。设置所需目标温度为 300℃，目标温度由温度显示Ⅰ窗口显示。设置定时时间，按定时增、减键设置所需间隔的定时时间，有效设置范围：10～99s。时间递减至零时，蜂鸣器鸣响，鸣响时间为 2s。设置所需记录温度时间间隔为 60s。

6. 按控温仪工作/置数键，“工作”指示灯亮，仪器进入对电炉加热控温状态。当温度达到目标温度时，应恒温一段时间（10min 左右），待样品完全熔化后，将控温仪工作/置数键置于“置数”状态，设备停止加热，样品进入冷却状态，旋转“冷风量调节”旋钮，降温速率一般以 5～8℃ · min^{-1} 范围为佳，此时可每 60s 记录两份样品的实时温度。

7. 当两份样品低于温度 120℃时结束测试，用钳子取出样品管，两份样品放入试管摆放区冷却。

8. 将待测的另两份样品分别放入左右两个样品测试区，再按上述过程进行加热、冷却和测定。

9. 所有样品（纯 Sn、15%Bi、30%Bi、50%Bi、60%Bi、85%Bi、纯 Bi）测试完毕后，顺时针调节“冷风量调节”旋钮至最大，加快炉体降温，待炉体降至室温时，关闭所有设备电源。

五、实验数据记录与处理

室温：＿＿＿＿＿＿大气压：＿＿＿＿＿＿实验日期：＿＿＿＿＿＿

温度/℃				………
时间/s				………

根据以上数据作出各二组分体系的步冷曲线；合并各组的步冷曲线，作 Bi-Sn 相图，指出最低共熔点组成、温度及各相区含义。

六、思考题

1. 实验样品管中为何加入石墨？

2. 在实验中为什么要选择适当的样品量和适当的升温速率？根据各条步冷曲线实验结果，讨论降温速率控制是否得当。

3. 二组分金属相图各相区的相律是多少？

4. 为什么不同组分的步冷曲线上，最低共熔点的水平线段长度不同？

七、实验注意事项

1. 按程序降低加热电压，防止余热过多，停止加热后，温度还持续上升。如温度过高，取出样品管对炉口扇风降低温度。

2. 试样熔融后一定要搅拌均匀，这样数据才准确。如搅拌后温度过低，可再加热。搅拌时动作要轻，防止烫伤。

3. Sn 的熔点 232.0℃，Bi 的熔点 271.4℃。

八、进一步扩展设计性实验思维

二元金属相图实验还可采用 Sn-Pb、Cd-Bi、Pb-Zn 等体系。

由明代宋应星编著的被称为“中国 17 世纪的工艺百科全书”的《天工开物》记载，在公元前 2000 年左右的商周时期就出现了以铜-锡合金为主要成分的青铜器，实际上就是利用了铜-锡合金可以极大地降低铜熔点的特性（铜的熔点 1038.4℃，锡的熔点 232.0℃）。青铜是金属冶炼史上最早的合金，在纯铜中加入锡或铅的合金有特殊的重要性和历史意义，与纯铜相比，青铜强度高且熔点低，铸造性好，耐磨且化学性质稳定。青铜器是我国宝贵的物质文化遗产，是古代劳动人民在长期的劳动和生产实践中的智慧结晶。

B. 电化学实验

实验九 电导法测定弱电解质的电离常数及难溶盐溶解度

一、目的和要求

1. 测定醋酸的电离常数。
2. 测定硫酸钙的溶解度。
3. 掌握电导率仪测定溶液电导率的方法。

二、实验原理

电解质溶液是靠正、负离子的迁移来传递电流的，在弱电解质溶液中，只有已电离的那部分离子才能承担传递电量的任务。在无限稀释的溶液中可以认为弱电解质已经全部电离，此时离子间相互影响可以忽略不计。每一种离子都是独立运动的，与其他离子的性质无关，则此时溶液的摩尔电导率可看作独立的正、负离子摩尔电导率之和。

$$\Lambda_m^\infty=\lambda_{m,+}^\infty+\lambda_{m,-}^\infty \tag{2-9-1}$$

式中，Λ_m^∞ 为无限稀释溶液的摩尔电导率；$\lambda_{m,+}^\infty$、$\lambda_{m,-}^\infty$ 为无限稀释溶液中正、负离子的摩尔电导率。

而一定浓度下的摩尔电导率 Λ_m 与 Λ_m^∞ 是有差别的，这由两个因素造成，一是电解质没有完全解离，二是离子间存在相互作用力。所以，Λ_m 通常称为表观摩尔电导率。

$$\frac{\Lambda_m}{\Lambda_m^\infty}=\alpha\frac{(U_+ +U_-)}{(U_+^\infty+U_-^\infty)} \tag{2-9-2}$$

式中，α 为电离度；U_+、U_- 分别为正、负离子的离子迁移率（离子淌度）；U_+^∞、U_-^∞ 分别为无限稀释溶液中正、负离子的离子迁移率（离子淌度）。

假定离子淌度随浓度的变化忽略不计，即 $U_+=U_+^\infty$，$U_-=U_-^\infty$。

式(2-9-2) 变为

$$\frac{\Lambda_m}{\Lambda_m^\infty}=\alpha \tag{2-9-3}$$

在一定的温度下，HAc 在水中电离达平衡时，其电离常数 K_c 和 HAc 起始浓度 c 及电离度 α 之间存在着如下关系：

	HAc	→	H^+	+	Ac^-
起始电离时	c		0		0
电离平衡时	$c(1-\alpha)$		$c\alpha$		$c\alpha$

$$K_c=\frac{\alpha^2c^2}{(1-\alpha)c}=\frac{\alpha^2c}{1-\alpha} \tag{2-9-4}$$

将式(2-9-3)代入式(2-9-4)得：
$$K_c=\frac{c\Lambda_m^2}{\Lambda_m^{\infty}(\Lambda_m^{\infty}-\Lambda_m)} \tag{2-9-5}$$

即
$$c\Lambda_m=\Lambda_m^{\infty 2}K_c\frac{1}{\Lambda_m}-\Lambda_m^{\infty}K_c \tag{2-9-6}$$

由式(2-9-6)可以看出，若测定一系列不同浓度的 HAc 溶液的摩尔电导率，以 $c\Lambda_m$ 对 $1/\Lambda_m$ 作图应得一直线，其斜率为 $\Lambda_m^{\infty 2}K_c$，如果 Λ_m^{∞} 的数值已知，即可求得 K_c（奥斯特瓦尔德稀释定律）。

可由物理化学教材查出 λ_{m,H^+}^{∞} 与 $\lambda_{m,AC^-}^{\infty}$ 根据式(2-9-1)加和得到 $\Lambda_{m,HAc}^{\infty}$。而浓度 c 时摩尔电导率 $\Lambda_{m,HAc}$ 的数值由实验测定。

本实验使用的是电导率仪，它只能测定溶液的电导率 κ，κ 与摩尔电导率 Λ_m 的关系为：
$$\Lambda_m=\kappa\frac{1000}{c} \tag{2-9-7}$$

式中，c 为浓度，$mol \cdot L^{-1}$；κ 为电导率，$S \cdot m^{-1}$；Λ_m 为摩尔电导率，$S \cdot m^2 \cdot mol^{-1}$。

因此用电导率仪测定溶液某浓度下的电导率 κ，就可求出其相应的摩尔电导率 Λ_m。

用电导法还可测定难溶盐的溶解度，如测定 $CaSO_4$ 的溶解度。首先测定 $CaSO_4$ 饱和溶液的电导率，因溶液极稀，必须用溶液的电导率 $\kappa_{溶液}$ 减去水的电导率 κ_{H_2O}，即难溶盐的电导率 κ_{CaSO_4} 为：
$$\kappa_{CaSO_4}=\kappa_{溶液}-\kappa_{H_2O} \tag{2-9-8}$$

由式(2-9-7)，则：
$$\Lambda_{CaSO_4}=\kappa_{CaSO_4}\frac{1000}{c} \tag{2-9-9}$$

式中，c 是该难溶盐 $CaSO_4$ 的溶解度，$mol \cdot L^{-1}$。由于溶液极稀，Λ_m 可视为 Λ_m^{∞}，因此：
$$c=\kappa_{CaSO_4}\frac{1000}{\Lambda_{m,CaSO_4}^{\infty}} \tag{2-9-10}$$

$CaSO_4$ 的极限摩尔电导率 $\Lambda_{m,CaSO_4}^{\infty}$：可由物理化学教材查出 $\frac{1}{2}\lambda_{m,Ca^{2+}}^{\infty}$ 和 $\frac{1}{2}\lambda_{m,SO_4^{2-}}^{\infty}$，然后根据离子独立迁移定律相加而得。由于温度对溶液的电导有影响，本实验应在恒温下测定。

三、仪器和试剂

SLDS-Ⅱ电导率仪 1 台，超级恒温槽 1 台，烧杯（100mL）1 个，移液管（20mL）2 支，锥形瓶（250mL）2 个，锥形瓶（50mL）3 个，HAc（0.1000mol/L 溶液），$CaSO_4$（AR）。

四、实验步骤

1. 电导率仪的调整

（1）仪器操作的界面如图 2-9-1 所示。

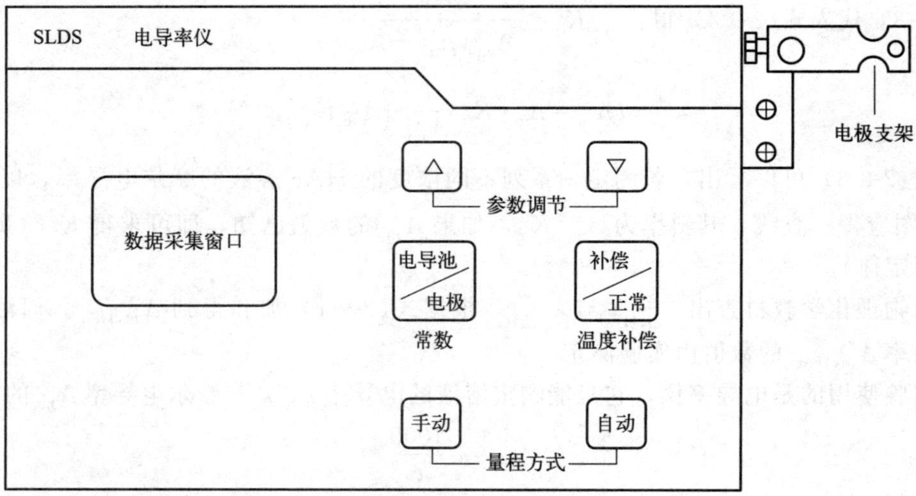

图 2-9-1　电导率仪面板示意图

(2) 将电极插头插入电极插座（插头、插座上的定位销对准后，按下插头顶部即可），并将电极置于被测溶液中，接通仪器电源，让仪器预热15min。注意，仪器安装时电极上的编号和仪器上的编号要相对应。

(3) 仪器开机后进入的界面如下。

157.1		μS·cm
25.0	℃	正常
1.025	1	
测量		自动

界面上对应的数值表示如下："157.1"为电导率测量值；"25.0"为标准温度值；"正常"为无补偿；"1.025"为电导池常数；"1"为电极常数；"测量 自动"为自动选择量程测量数据。

如测量溶液实时温度下的电导率，则无需温度补偿，仪器将自动测量出溶液相对应的电导率。当需测量标准温度（25.0℃）下溶液的电导率，可使用温度补偿功能。操作步骤如下：a. 用温度计测出被测液的温度；b. 按"补偿/正常"键，使数据采集窗口显示"温补"，此时按▲、▼键进行温度补偿输入，设置实时温度。

(4) 校准。同时长按"补偿/正常"键和"手动"键，数据采集窗口转换到校准状态，等数值稳定后，再按"电导池/电极"键，切换到"MS"校准状态，等数值稳定后，再按"电导池/电极"键，切换到"US"校准状态，等数值稳定后，关闭电源开关，再重新开机，校正完毕。

(5) 电导池/电极常数的修改。如需修改电导池常数，长按"电导池/电极"键，再按▲、▼键进行修改。如需修改电极常数，再按下"电导池/电极"键，再按▲、▼键进行修改。

(6) 数据修改完成后再按"电导池/电极"键，使数据采集窗口转换到测量状态，此时就可以进行测量了。

2. 弱电解质电离常数的测定

（1）调节恒温槽温度至（25±0.3）℃（或高于室温3～5℃），并将装有120～130mL去离子水的容量瓶和装有准确40.00mL的0.100mol·L^{-1} HAc溶液的锥形瓶置于恒温槽内恒温10min。

（2）测定HAc溶液的电导率：将铂黑电极用去离子水淋洗，再用滤纸吸干电极上的水（切勿触及铂黑，以防改变电极的常数）。将铂黑电极插入盛有40mL 0.100mol·L^{-1} HAc溶液的锥形瓶中，测定0.100mol·L^{-1} HAc溶液的电导率，然后用移液管从锥形瓶中吸取20mL的HAc溶液弃去，加入20mL已恒温的去离子水，搅拌后测其电导率值。用此法再稀释四次，共测得六种浓度HAc溶液的电导率。

3. 难溶盐溶解度的测定

（1）测定$CaSO_4$饱和水溶液的电导率：将约1g $CaSO_4$固体放入100mL烧杯中，加入约80mL的去离子水，摇动并加热至沸。倒掉清液，以除去$CaSO_4$所含的可溶性杂质。按同法重复两次。再加入约80mL去离子水，加热至沸使之充分溶解，冷至室温后放入恒温槽中，恒温15～20min使固体沉到瓶底后，将上层溶液倒入干燥的锥形瓶中，恒温后测其电导率值。下层固体$CaSO_4$再加入40mL去离子水。重复以上操作，直至数据一致。

（2）测定去离子水的电导率：用一干净的锥形瓶，取约40mL已恒温的去离子水，测其电导率值。

五、实验数据记录与处理

室温：__________ 大气压：__________ 实验日期：__________

1. HAc电离常数的测定

将所测HAc溶液的数据填入下表：

HAc溶液稀释比例	1	1/2	1/4	1/8	1/16	1/32
$\kappa/(S\cdot m^{-1})$						
$\Lambda_m/(S\cdot m^2\cdot mol^{-1})$						
$1/\Lambda_m/(S\cdot m^{-2}\cdot mol)$						
$c\Lambda_m/(L^{-1}\cdot S\cdot m^2)$						

根据式(2-9-6)以$c\Lambda_m$对$1/\Lambda_m$作图，并根据所得直线的斜率及查阅$\Lambda^{\infty}_{m,HAc}$相关数据，求测定温度时HAc的电离常数K_c。

2. $CaSO_4$溶解度的测定

（1）根据物理化学数据计算$\Lambda^{\infty}_{CaSO_4}$。

（2）测定去离子水的电导率。

测定次数	1	2	3	平均
水的电导率$\kappa_{水}/(S\cdot m^{-1})$				

（3）测定$CaSO_4$饱和水溶液的电导率。

测定次数	1	2	3	平均
$CaSO_4$ 溶液的电导率 $\kappa_{溶液}/(S \cdot m^{-1})$				

(4) 由式(2-9-8)、式(2-9-10) 计算 25℃时 $CaSO_4$ 的溶解度 $c(mol \cdot L^{-1})$。

六、思考题

1. 高浓度 HAc 能否用此法求电离常数?
2. 实验为什么要在恒温槽下进行?
3. $CaSO_4$ 为何要多次加热至沸并丢去上层清液?
4. 为何要用铂黑电极?
5. 简述电导率定义。

七、实验注意事项

1. 铂黑电极要浸没在液面以下。
2. 恒温后再测定 $CaSO_4$ 溶液电导率。
3. 每次测定前要校正电导率仪。

八、进一步扩展设计性实验思维

无限稀释强电解质溶液摩尔电导的测定。

溶液电导的测定在化学领域应用广泛，如弱电解质的电离度、电离平衡常数及微溶盐的溶解度等。其中非常重要的一个广泛日常应用即检验水的纯度。普通蒸馏水的电导率约为 $1.0\times10^{-5} S \cdot m^{-1}$，如果水受到污染，溶液中的离子数增多，会导致水的电导率增大。

实验十　电极材料电化学性能的综合测定

实验十-1　原电池电动势的测定

一、目的和要求

1. 测定 Cu-Zn 电池的电动势和 Cu、Zn 电极的电极电位。
2. 了解可逆电池、可逆电极和盐桥等概念。
3. 掌握一些电极的制备和处理方法。
4. 掌握电位差计的测量原理和使用方法。

二、实验原理

电池由正、负两极组成，电池在放电过程中，正极起还原反应，负极起氧化反应。电池内部还可能发生其他反应（如离子迁移），电池反应是电极中所有反应的总和。

电池除可以用来作为电源外，还可用它来研究构成此电池的化学反应的热力学性质。通过可逆电池电动势的测定可以求得平衡常数、活度系数、溶解度、络合物稳定常数、溶液中离子活度，以及通过测定电池电动势的温度系数而求得有关反应的热力学函数等。实验中常用的 pH 计、离子活度计、自动电位滴定计等进行电势测定是实际应用的常见例子。

从化学热力学可知，在恒温、恒压、可逆条件下，电池反应有以下关系：

$$\Delta G = -nFE \tag{2-10-1}$$

式中，ΔG 是电池反应的自由能的增量；F 是法拉第常数（等于 96500 库仑）；n 是电池反应中电子转移的物质的量（即各电极反应的电子得失数）；E 是电池的电动势。

所以测出该电池的电动势 E 后，便可求出 ΔG，通过 ΔG 又可求出其他热力学函数。但必须注意，只有在恒温、恒压、可逆条件下，且非膨胀功只有电功的情况下式(2-10-1) 才能成立。这就首先要求电池反应本身是可逆的，即要求电池的电极反应是可逆的，并且不存在任何不可逆的液接界。另外，电池还必须在可逆的情况下工作，即放电和充电过程都必须在准平衡状态下进行，此时只有无限小的电流通过电池。为了使电池反应在接近热力学可逆条件下进行，所以不能用伏特表来测量，而要用对消法的电位差计测量电动势。其测量原理是在待测电池上并联一个大小相等、方向相反的外加电势差，这样待测电池中就没有电流通过，外加电势差的大小就等于待测的电动势。原理如图 2-10-1 所示。

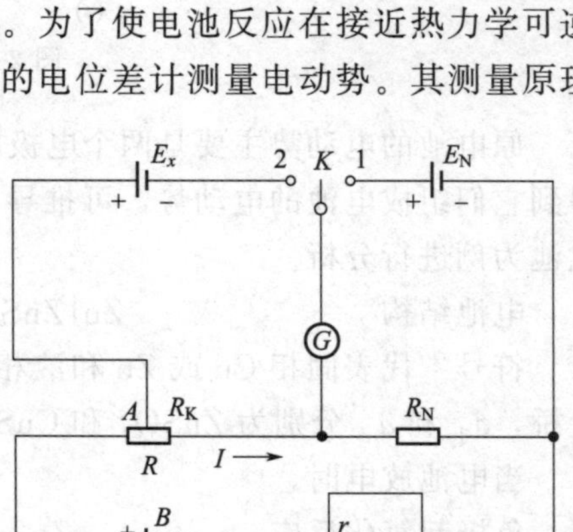

图 2-10-1　对消法原理电路图

如图 2-10-1 所示，B 是提供电流的工作电源；E_N 是标准电池，电动势是准确已知的；E_x 是待测电池；G 是检流计，检测电流通过与否，作示零仪表；R_N 是标准电池的补偿电阻，其大小根据工作电流来选择；R_K 是被测电池电动势的补偿电阻，它是由已知阻值的各进位盘电阻所组成，可以调节 R_K 的值，使其电压降与 E_x 相补偿；r 是调节工作电流的变阻器；K 是转换开关。

测量时，先将转换开关 K 合在 1 位置上，调节变阻器 r，使检流计 G 指示为零，这时：

$$E_N = IR_N$$

式中，I 是流过 B、R、R_N 和 r 回路的电流。工作电流调节好以后，将转换开关 K 合在 2 位置上，移动滑线电阻触头 A，再次使检流计 G 指示为零，这时 $E_x = IR_K$ 因此得：

$$E_x = \frac{E_N}{R_N} R_K \tag{2-10-2}$$

所以，当标准电池电动势 E_N 和标准电池的补偿电阻 R_N 的数值确定时，只要正确读出 R_K 值，就能测出未知电池的电动势 E_x。用对消法测定电动势的优点是：①完全对消，检流计为零时，测量线路与被测量线路之间无电流通过，测量线路不被测量电路消耗能量，这样测量线路的电动势不会因为接入电位差计而发生任何改变，可准确测量电动势；②不需要测出线路中电流的大小，只要在线路电流恒定下，测出 R_N、R_K 即可。本实验的数字电位差综合测试仪就是按照对消法原理制造的。

另外，当两种电极与不同电解质溶液接触时，在不同溶质界面或两种溶质相同而浓度不同的溶液界面上存在电势差，属于热力学不可逆过程，所以必须尽量避免液接电势。因此，在用电化学方法研究化学反应的热力学性质所设计的电池时，应尽量避免出现液接界，在精确度要求不高的测量中，出现液接电位时，常用“盐桥”来减小。盐桥是指由正负离子迁移数比较接近的盐类溶液所构成的桥，用来连接原来产生显著液接电位的两种液体，从而使其彼此不直接接触，如图 2-10-2(a)、图 2-10-2(b) 所示。常用的盐桥有 KCl（$3mol \cdot L^{-1}$ 或饱和溶液）、KNO_3、NH_4NO_3 等。

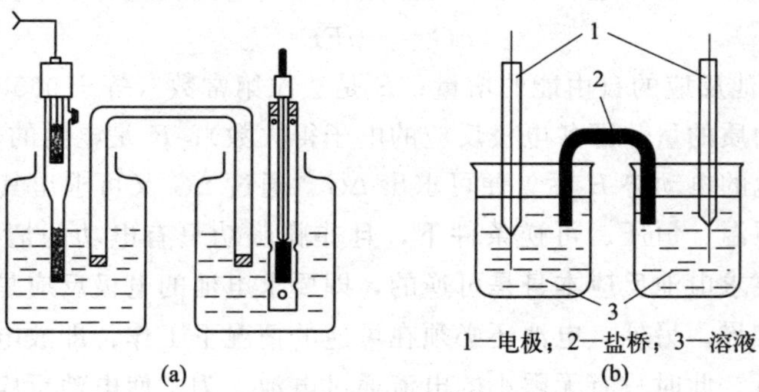

图 2-10-2　两种盐桥的示意图

原电池的电动势主要是两个电极电位的代数和，如果能测知两个电极的电位，就可计算得到它们组成电池的电动势，可推导出电池的电动势以及电极电位的表达式，下面以铜-锌电池为例进行分析。

电池结构　　$Zn|ZnSO_4(a_1) \| CuSO_4(a_2)|Cu$

符号 | 代表固相 Cu 或 Zn 和液相 $CuSO_4$ 或 $ZnSO_4$ 两相界面；‖ 代表连接两个液相的盐桥，a_1 和 a_2 分别为 $ZnSO_4$ 和 $CuSO_4$ 的离子活度。

当电池放电时，

负极起氧化反应：　　$Zn \longrightarrow Zn^{2+}(a_{Zn^{2+}}) + 2e^-$

正极起还原反应：　　$Cu^{2+}(a_{Cu^{2+}}) + 2e^- \longrightarrow Cu$

总电极反应： $Zn+Cu^{2+}(a_{Cu^{2+}})\longrightarrow Zn^{2+}(a_{Zn^{2+}})+Cu$

根据化学反应等温式，自由能变化 ΔG 为：

$$\Delta G=\Delta G^{\ominus}+RT\ln\frac{a_{Zn^{2+}}a_{Cu}}{a_{Cu^{2+}}a_{Zn}} \quad (2\text{-}10\text{-}3)$$

式中，$\Delta G^{\ominus}$ 为标准状态下的自由能的变化；T 为温度；R 为气体常数。

纯固体的离子活度等于 1，即：

$$a_{Zn}=a_{Cu}=1 \quad (2\text{-}10\text{-}4)$$

式(2-10-3) 变为

$$\Delta G=\Delta G^{\ominus}+RT\ln\frac{a_{Zn^{2+}}}{a_{Cu^{2+}}} \quad (2\text{-}10\text{-}5)$$

由式(2-10-1) $\Delta G=-nFE$，则标准状态下，$\Delta G^{\ominus}=-nFE^{\ominus}$，代入式(2-10-5)，得电池的电动势与活度的关系式(能斯特方程)：

$$E=E^{\ominus}-\frac{RT}{2F}\ln\frac{a_{Zn^{2+}}}{a_{Cu^{2+}}} \quad (2\text{-}10\text{-}6)$$

式中，$E^{\ominus}$ 为溶液中锌离子的活度 $a_{Zn^{2+}}$ 和铜离子的活度 $a_{Cu^{2+}}$ 均等于 1 时电池的电动势。

电池的反应由两个电极反应组成，因此电动势也可以表示为两个电极电位之差。若设正极的电位为 φ_+，负极的电位为 φ_-，则：

$$E=\varphi_+-\varphi_- \quad (2\text{-}10\text{-}7)$$

根据能斯特方程，对铜-锌电池而言，其正、负极的电极电势分别为：

$$\varphi_+=\varphi^{\ominus}_{Cu^{2+}}-\frac{RT}{2F}\ln\frac{a_{Cu}}{a_{Cu^{2+}}} \quad (2\text{-}10\text{-}8)$$

$$\varphi_-=\varphi^{\ominus}_{Zn^{2+}}-\frac{RT}{2F}\ln\frac{a_{Zn}}{a_{Zn^{2+}}} \quad (2\text{-}10\text{-}9)$$

式中，$\varphi^{\ominus}_{Cu^{2+}}$、$\varphi^{\ominus}_{Zn^{2+}}$ 为该电极的标准电极电位，此时温度处于 25℃，Cu^{2+} 的活度 $a_{Cu^{2+}}=1$，Zn^{2+} 的活度 $a_{Zn^{2+}}=1$。根据式(2-10-4)，式(2-10-8)、式(2-10-9) 变为：

$$\varphi_{Cu^{2+}}=\varphi^{\ominus}_{Cu^{2+}}-\frac{RT}{2F}\ln\frac{1}{a_{Cu^{2+}}} \quad (2\text{-}10\text{-}10)$$

$$\varphi_{Zn^{2+}}=\varphi^{\ominus}_{Zn^{2+}}-\frac{RT}{2F}\ln\frac{1}{a_{Zn^{2+}}} \quad (2\text{-}10\text{-}11)$$

在电化学中，电极电位的绝对值至今还无法测定，而是以某一电极电位作为零标准，然后将其他的电极与其组成电池，测定其间的电动势，则该电动势就是该被测电极的电极电位。被测电极在电池中的正、负极性可由它与零标准电极的还原电位比较而确定。通常将氢电极在氢气压力为 1 大气压、溶液中 a_{H^+} 为 1 时的电极电位规定为零（称为标准氢电极），然后与其他被测电极进行比较。

由于氢电极使用不方便，一般常取另外一些制备工艺简单、易于复制、电位稳定的电极作为参比电极来代替氢电极，常用的有甘汞电极、氯化银电极等，这些电极与标准氢电极比较而得到的电位已精确测出。

本实验中要求制备锌电极、铜电极，将它们组成电池，测量其电动势；再用饱和甘汞电极作为参比电极与这两个电极分别组成电池，测量电动势；获得其电极电位。

三、仪器和试剂

SDC-Ⅱ数字电位差综合测试仪1台，饱和甘汞电极1支，电镀装置1套，锌电极1支，铜电极2支，U形玻璃管1支，磨砂纸1张，烧杯（50mL）4只，玻璃棒1支，$ZnSO_4$溶液（0.1000mol·L^{-1}），$CuSO_4$溶液（0.1000mol·L^{-1}），$CuSO_4$溶液（0.01000mol·L^{-1}），饱和KCl或KNO_3溶液，稀硫酸（6mol·L^{-1}），稀硝酸（6mol·L^{-1}），硫酸亚汞（0.025mol·L^{-1}），铜棒或铜片（镀铜用的阳极）1只，琼脂，滤纸。

四、实验步骤

1. 电极制备

（1）锌电极

用磨砂纸打磨和用6mol·L^{-1}稀硫酸浸洗锌片以除去表面上的氧化层，然后用水洗涤，再用蒸馏水淋洗，然后浸入0.025mol·L^{-1}硝酸亚汞溶液中15～20s，取出后用滤纸擦拭锌片，使锌片表面有一层均匀锌-汞齐，再用蒸馏水淋洗（汞有毒，用过的滤纸应投入指定的有盖的广口瓶中，瓶中应有水淹没滤纸，不要随便乱丢），把处理好的锌片插入清洁的电极管内并塞紧，将电极管的虹吸管管口插入盛有0.1000mol·L^{-1} $ZnSO_4$溶液的小烧杯中，用针管或吸气球自支管抽气，将溶液吸入电极管高出电极约1cm，停止抽气，旋紧活夹，装配成锌电极，电极的虹吸管（包括管口）不可有气泡，也不能漏液。

（2）铜电极

将铜片用磨砂纸打磨后，在约6mol·L^{-1}的稀硝酸溶液内浸洗，除去氧化层和杂物，然后取出用蒸馏水冲洗，将铜片置于电镀烧杯中作阴极，进行电镀，电流密度以控制在20mA·cm^{-2}为宜，其电镀装置如图2-10-3所示。电镀半小时，使铜电极表面有一层均匀新鲜铜，再取出。装配铜电极的方法与锌电极相同。

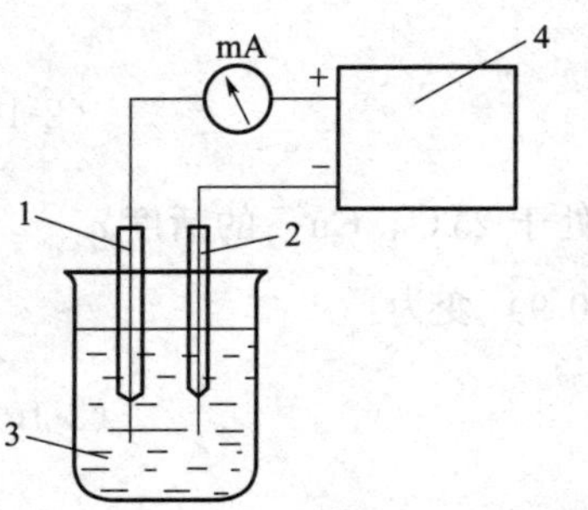

图2-10-3 制备铜电极的电镀装置

1—铜棒；2—铜片；3—镀铜溶液；4—直流电源

（3）盐桥的制备

室温下，在30mL饱和氯化钾或硝酸钾的水溶液中加入约0.5～1g的琼脂，加热使其完全溶解，稍冷倒入U形玻璃管中（注意：两端要尽量倒满，中间不能有气泡），完全冷却凝固后，即可使用。不用时，应将盐桥两端浸入饱和氯化钾或硝酸钾溶液中保存。

（4）电池的组合

再将上面制备的锌电极和铜电极以盐桥连接起来，即得Cu-Zn电池装置，如图2-10-2所示。

2. 采用数字电位差综合测试仪测定电池的电动势

（1）以内标为基准进行测量

1）校验

① 将“测量选择”置于“内标”。

② 将电阻箱“10^0”旋钮置于“1”，“补偿”旋钮逆时针旋转到底，电阻箱其他旋钮均置于“0”，此时，“电位指标”显示“1.00000”V，若显示小于“1.00000”V，可调节补偿电位器以显示“1.00000”V，若显示大于“1.00000”V，应适当减小“$10^0 \sim 10^{-4}$”旋钮，使显示小于“1.00000”V，再调节补偿电位器以达到“1.00000”V。

③ 待“检零指示”显示数值稳定后，按一下“采零”键，此时，“检零指示”显示为“0000”。

2）测量

① 将“测量选择”置于“测量”。

② 用测试线将被测电动势电池（如 Cu-Zn 电池）按“＋”“－”极性与“测量插孔”连接。

③ 调节电阻箱“$10^0 \sim 10^{-4}$”5 个旋钮，使“检零指示”显示数值为负且绝对值最小。

④ 调节“补偿旋钮”，使“检零指示”显示为“0000”，此时，“电位显示”数值即被测电动势的值。

⑤ 重复上述步骤 1）和 2），记录第二、第三次数据。

3）注意

① 测量过程中，若“检零指示”显示溢出符号“OU. L”，说明“电位指示”显示的数值与被测电动势值相差过大，需要快速调电阻箱 10^0、10^{-1} 旋钮，使有电位显示。

② 调节电阻箱 10^{-4} 旋钮后，若一直稍有误差，检零指示不能为 0，可调节“补偿”电位器以使检零指示为 0，可读出电动势的对应值。

（2）以外标为基准进行测量

1）校验

① 将已知电动势的标准电池按“＋”“－”极性与“外标插孔”连接。

② 将“测量选择”置于“外标”。

③ 调节电阻箱“$10^0 \sim 10^{-4}$”5 个旋钮和“补偿”旋钮，使“电位指示”显示的数值与外标电池数值相同。

④ 待“检零指示”数值稳定后，按一下“采零”键，此时，“检零指示”显示为“0000”。

2）测量

① 拔出“外标插孔”的测试线，再用测试线将被测电动势电池（如 Cu-Zn 电池）按“＋”“－”极性接入“测量插孔”。

② 将“测量选择”置于“测量”。

③ 调节电阻箱“$10^0 \sim 10^{-4}$5 个旋钮，使“检零指示”显示数值为负且绝对值最小。

④ 调节“补偿旋纽”，使“检零指示”为“0000”，此时，“电位显示”数值即被测电动势的值。

⑤ 重复上述步骤 1）和 2），记录第二、第三次数据。

3. 分别测量下列各电池的电动势

$$Zn \mid ZnSO_4(0.1000mol \cdot L^{-1}) \parallel CuSO_4(0.1000mol \cdot L^{-1}) \mid Cu(A)$$

$$Cu \mid CuSO_4(0.01000mol \cdot L^{-1}) \parallel CuSO_4(0.1000mol \cdot L^{-1}) \mid Cu(B)$$

$$Zn \mid ZnSO_4(0.1000mol \cdot L^{-1}) \parallel KCl(\text{饱和}) \mid Hg_2Cl_2 \mid Hg(C)$$

$$Hg \mid Hg_2Cl_2 \mid KCl(饱和) \parallel CuSO_4(0.1000mol \cdot L^{-1}) \mid Cu(D)$$

4. 实验完毕

首先关闭电源开关（OFF），拆除线路，将饱和甘汞电极放回饱和 KCl 溶液中保存，实验用 KCl、$CuSO_4$、$ZnSO_4$ 等溶液倒入回收瓶，清洗电极并用滤纸擦干，放回盒内，清洗烧杯及盐桥，整理仪器及桌面。

五、实验数据记录与处理

1. 按饱和甘汞电极的电极电位温度校正公式 E(饱和甘汞, V)=[0.2410−7.6×10^{-4}(t/℃−25)]，计算实验时室温下的饱和甘汞电极的电极电位。

2. 从手册中查 $\varphi^{\ominus}_{Cu^{2+}}$、$\varphi^{\ominus}_{Zn^{2+}}$ 标准电极电位，按式(2-10-7)、式(2-10-10)、式(2-10-11)计算 A、B 电池电动势的理论值。计算时，溶液的浓度要用活度表示，如 $a_{Zn^{2+}}=\gamma_{\pm}c_{Zn^{2+}}$，$a_{Cu^{2+}}=\gamma_{\pm}c_{Cu^{2+}}$，$\gamma_{\pm}$ 是离子的平均离子活度系数，浓度、温度、离子种类不同，$\gamma_{\pm}$ 的数值不同，见表 2-10-1。

表 2-10-1 离子平均活度系数 $\gamma_{\pm}$（25℃）

电解质	$0.1000mol \cdot L^{-1}$	$0.01000mol \cdot L^{-1}$
$CuSO_4$	0.16	0.40
$ZnSO_4$	0.15	0.387

将计算得到的理论值与实验值比较，结果填入下表中。

原电池	$E_{实验值}$				$E_{理论值}$	误差/%
	1	2	3	平均值		
(A)						
(B)						

3. 根据 C、D 电池电动势的实验值 $E_{实验值}$，分别计算出锌的电极电位和铜的电极电位以及它们的标准电极电位，并与手册中查的标准电极电位进行比较，结果填入下表。

原电池	$E_{实验值}$				$\varphi^{\ominus}_{Zn^{2+}实验值}$	$\varphi^{\ominus}_{Zn^{2+}文献值}$	$\varphi^{\ominus}_{Cu^{2+}实验值}$	$\varphi^{\ominus}_{Cu^{2+}文献值}$	误差/%
	1	2	3	平均值					
(C)									
(D)									

六、思考题

1. 如果电池的极性接反了会有什么后果？

2. 工作电池、标准电池和被测电池中任何一个没有接通又会有什么后果？

3. 写电池符号时，将 Zn 电极与饱和甘汞电极写在左边，即：

$$Hg \mid Hg_2Cl_2 \mid KCl(饱和) \parallel CuSO_4(0.1000mol \cdot L^{-1}) \mid Cu$$

为什么要这样？不这样是否可以？

4. 对消法测电动势的基本原理是什么？为什么用伏特表或万用表不能准确测定电池电

动势？

5. 测电动势为什么采用盐桥？如何选用盐桥以适应不同体系？

6. 为什么测量时，使“检零指示”到“0000”的调节速度要尽量快？

七、实验注意事项

1. 测定时按下“采零”键后要马上松开，即间断而短促。

2. 在接线时，应注意极性，绝对不允许将电池短路。

八、进一步扩展设计性实验思维

电势滴定法测定含 Cl^-、Br^- 和 I^- 三种离子混合液的浓度。不同 $CuSO_4$ 溶液中铜的电极电势测定，设计提示：测出 $1.0mol \cdot L^{-1}$、$0.1mol \cdot L^{-1}$、$0.01mol \cdot L^{-1}$ 的 $CuSO_4$ 溶液的 Cu 电极电势。

2019 年诺贝尔化学奖授予了约翰·古迪纳夫、斯坦利·惠廷厄姆和吉野彰三位科学家，以表彰他们在锂离子电池领域作出的重要贡献。锂电诺贝尔奖的授予是对锂离子电池的发展所给予的高度肯定，锂离子电池在人们工作生活中发挥着不可替代的作用，手机、数码相机、笔记本电脑、人造器官等可移动便携电子设备离不开它，越来越普及的新能源汽车离不开它，未来人工智能时代更需要锂离子电池的助推和牵引。

实验十-2 化学电池温度系数的测定

一、目的和要求

1. 测定化学电池在不同温度下的电动势，计算电池反应的热力学函数 ΔG、ΔH 和 ΔS。

2. 掌握电位差计的测量原理和使用方法。

二、实验原理

电池除可用来作为电源外，还可用来研究构成此电池的化学反应的热力学性质。从化学热力学可知，在恒温、恒压、可逆条件下，电池反应有如式(2-10-1) 所示的关系：

$$\Delta G=-nFE$$

根据吉布斯-亥姆霍兹（Gibbs-Helmholtz）公式，ΔG、反应热 ΔH、熵变 ΔS 和温度 T 的关系为：

$$\Delta G-\Delta H=-T\Delta S=T\left(\frac{\partial \Delta G}{\partial T}\right)_p \tag{2-10-12}$$

将式(2-10-1) 代入式(2-10-12) 可得：

$$\Delta H=-nFE+nFT\left(\frac{\partial E}{\partial T}\right)_p \tag{2-10-13}$$

$$\Delta S=-\left(\frac{\partial \Delta G}{\partial T}\right)_p=nF\left(\frac{\partial E}{\partial T}\right)_p \tag{2-10-14}$$

因此，在恒压下（一般在常压下），测量一定温度 T 时的电池电动势 E，即可求得电池反应的 ΔG。测定不同温度下的电动势，最后以电动势对温度作图，即可从曲线上求得电池的温度系数$\left(\frac{\partial E}{\partial T}\right)_p$。利用式(2-10-13)和式(2-10-14)，即可得到电池反应的ΔH和ΔS。

如果电池反应中反应物和生成物的活度均为1，温度为298K，则所测定的电动势和热力学函数即标准状态下的$E^{\ominus}_{298}$、$\Delta G^{\ominus}_{298}$、$\Delta H^{\ominus}_{298}$和$\Delta S^{\ominus}_{298}$。

例如：电池结构 Ag | AgCl | KCl(饱和) | Hg_2Cl_2 | Hg

在放电时，左边为负极，发生氧化反应

$$Ag+Cl^- \longrightarrow AgCl+e^-$$

电极电势为：$\varphi_{Ag/Ag^+}=\varphi^{\ominus}_{Ag/Ag^+}-\frac{RT}{F}\ln a_{Cl^-}$

右边正极，发生还原反应 $\frac{1}{2}Hg_2Cl_2+e^- \longrightarrow Hg+Cl^-$

电极电势为：$\varphi_{Hg/Hg_2^{2+}}=\varphi^{\ominus}_{Hg/Hg_2^{2+}}-\frac{RT}{F}\ln a_{Cl^-}$

总电极反应 $$Ag+\frac{1}{2}Hg_2Cl_2 \longrightarrow AgCl+Hg$$

$$E=\varphi_+-\varphi_-=\varphi_{Hg/Hg_2^{2+}}-\varphi_{Ag/Ag^+}=\varphi^{\ominus}_{Hg/Hg_2^{2+}}-\varphi^{\ominus}_{Ag/Ag^+}=E^{\ominus} \quad (2\text{-}10\text{-}15)$$

由此可知，如果在298K测定电池电动势，即可求得$E^{\ominus}$，由式(2-10-1)求得$\Delta G^{\ominus}_{298}$。

根据不同温度下测得的电动势，绘制E-T曲线，并通过作切线斜率求取20℃、30℃、40℃和50℃四个温度下E和$\left(\frac{\partial E}{\partial T}\right)_T$，进而算出$\Delta H^{\ominus}_{298}$和$\Delta S^{\ominus}_{298}$。

三、仪器和试剂

数字电位差综合测试仪1套，恒温槽1台，温度计1支，烧杯（50mL）3只，甘汞电极1支，铂丝3根，HCl溶液（0.1mol·L^{-1}），氯化钾溶液（0.1mol·L^{-1}），氯化银稀盐酸溶液，$AgNO_3$(AR)，$K_2S_2O_5$(AR)，$Na_2S_2O_3$(AR)。

四、实验步骤

1. 银-氯化银电极的制备

将一支表面经过处理的铂丝电极作阴极，把经金相砂纸打磨光洁的银丝电极作阳极，置于镀银液中，如图2-10-3所示连接电镀线路，控制电流为5mA左右，电镀60min，铂电极表面镀一层白色紧密的银层，取出电极洗净，然后以此电极为阳极，另选一支铂丝为阴极，在0.1mol·L^{-1} HCl溶液中进行电解（装置如上），电流也控制为5mA左右，通电20min左右后在银电极（在铂电极表面镀了银的电极）表面形成Ag-AgCl镀层（紫褐色）。电镀制备完成的Ag-AgCl电极不用时置于含有少量AgCl沉淀的稀HCl溶液中，并于暗处保存。

镀银液的配制。分别将35～45g $AgNO_3$、35～45g $K_2S_2O_5$、200～250g $Na_2S_2O_3$溶于300mL蒸馏水中。然后，混合$AgNO_3$和$K_2S_2O_5$溶液，并不断搅拌使生成白色的焦亚硫酸银沉淀，再加入$Na_2S_2O_3$溶液，并不断搅拌至沉淀全部溶解，加水至1000mL，新鲜配制的镀银液略显黄色，或有少量浑浊和沉淀，静置数日，经过过滤即可得到非常稳定的澄清镀银液。

2. 电池组合与电动势的测定

将上述制备的 Ag-AgCl 电极与甘汞电极组合成电池。

$$Ag \mid AgCl \mid KCl(饱和) \mid Hg_2Cl_2 \mid Hg$$

将组合电池置于恒温槽中，用数字电位差综合测试仪测定电动势 E。恒温温度根据室温情况可选 20℃、25℃、30℃、35℃、40℃、45℃和 50℃，测定不同温度下的电动势 E。

五、实验数据记录与处理

1. 根据不同温度下测得的电动势，绘制 E-T 曲线，并通过作切线斜率求取 20℃、25℃、30℃、35℃、40℃、45℃和 50℃中四到七个温度下 E 和 $\left(\frac{\partial E}{\partial T}\right)_T$。

2. 根据式(2-10-1)、式(2-10-13) 和式(2-10-14) 计算各温度下的 ΔG、ΔH 和 ΔS。

六、思考题

1. 本实验中，如果采用 $0.1mol \cdot L^{-1}$ 或 $2.0mol \cdot L^{-1}$ 的 KCl 溶液，对电池电动势测量是否有影响？为什么？

2. 如何用测得的电动势数据来计算电池反应的平衡常数？

3. 用测电动势的方法求热力学函数有何优越性？

七、实验注意事项

1. 制备电极时，注意打磨力度。

2. 实验温度要根据实验时的温度进行选择。

3. 改变测试温度，刚开始时电池电动势值不太稳定，需要等待一段时间，并隔一段时间测一次，直至测定值稳定。

4. 在 Ag 电极的电镀过程中，电流密度要尽可能小，适当延长电镀时间，在 Ag 电极外电镀一层均匀致密的 AgCl，电镀结果的好坏影响实验数据的准确性和电极的使用寿命。

八、进一步扩展设计性实验思维

可以设计锌-铅电池：

$Zn(Hg) \mid ZnSO_4 \mid PbSO_4 \mid Pb(Hg)(6\%Zn) \mid 0.02mol \cdot L^{-1} \mid$ 悬浮液 $\mid (6\%Hg)$

该电池是一个无迁移电池，不存在液体接界电势，因而可以准确测其电动势。

设计电池，测定组成电池的电动势，可以求热力学函数、反应平衡常数、电解质溶液的平均活度因子、难溶盐的活度积、细胞膜电势等。

实验十-3 金属极化曲线的测定

一、目的和要求

1. 掌握测定金属钝化曲线的准稳态法，测定金属铁在硫酸溶液中的极化曲线及其维钝电流值。

2. 学会处理电极表面，了解电极表面状态对极化曲线测量的影响。

二、实验原理

在研究可逆电池的电动势和电池反应时，电极上几乎没有电流通过，每个电极或电池反应都是在无限接近平衡状态下进行的，因此电极反应是可逆的。但当有电流通过电池时，则电极的平衡状态被破坏，此时，电极反应处于不可逆状态，随着电极上电流密度的增加，电极反应的不可逆程度也随之加大。

如某金属 M 浸在其盐溶液中，发生如下电极反应：$M = M^{n+} + ne^-$，对于可逆电极，当正、逆方向反应速率相等时，电极反应达平衡，所建立的电极电势即平衡电势，以 φ_e 表示。

当有外电流通过电极时，电极反应的平衡被打破，使电极电势偏离了原来平衡电极电势，且随电流增加，电极电势偏离平衡电极电势的程度也在增加，这种现象称为电极的极化，用 φ 表示有电流通过时的电极电势。在一定电流密度下，实际电极电势偏离平衡电极电势的程度称为极化电势 η，$\eta = |\varphi - \varphi_e|$。

电极的极化电势是电流密度的函数，对电解池而言，阳极极化时，$\varphi - \varphi_e > 0$，阴极极化时，$\varphi - \varphi_e < 0$，电极电势与电流密度的关系曲线称为极化曲线。阳极极化曲线电极电势从平衡电极电势开始，随着电极电流的增加而增加；阴极极化曲线电极电势从平衡电极电势开始，随着电极电流的增加而减少。极化曲线的测绘，可使人们对于电极的极化过程与金属的腐蚀保护等加深认识和理解。

如金属铁在 H_2SO_4 溶液中，将不断被溶解，同时产生 H_2：

$$Fe + 2H^+ \longrightarrow Fe^{2+} + H_2 \uparrow \tag{2-10-16}$$

Fe/H_2SO_4 体系是一个二重电极，即在 Fe/H_2SO_4 界面上同时进行两个电极反应：

$$Fe \longrightarrow Fe^{2+} + 2e^- \tag{2-10-17}$$

$$2H^+ + 2e^- \longrightarrow H_2 \uparrow \tag{2-10-18}$$

反应式(2-10-17) 及反应式(2-10-18) 称为共轭反应，正是由于式(2-10-18) 反应的存在，式(2-10-16) 反应才能不断进行，这就是铁在酸性介质中腐蚀的主要原因。

当电极不与外电路接通时，其净电流 $I_{总}$ 为零。在稳定状态下，铁溶解的阳极电流 $I(Fe)$ 和 H^+ 还原出 H_2 的阴极电流 $I(H)$，在数值上相等但符号相反，即：

$$I_{总} = I(Fe) + I(H) = 0 \tag{2-10-19}$$

$I(Fe)$ 表示流过 Fe 电极的电流，它的大小反映了 Fe 在 H_2SO_4 溶液中的溶解速率。而维持 $I(Fe)$、$I(H)$ 相等的电势称为 Fe/H_2SO_4 体系的自腐蚀电位 ε_{cor}。

图 2-10-4 是 Fe 在 H_2SO_4 中的阳极极化和阴极极化曲线图，当对电极进行阳极极化（即加更大正电势）时，式(2-10-18) 反应被抑制，式(2-10-17) 反应加快，此时，电化学过程以 Fe 的溶解为主要倾向。

测定对应的极化电势和极化电流，就可以得到对应的 Fe/H_2SO_4 体系的阳极极化曲线 *rba*，由于式(2-10-17) 反应是由扩散步骤所控制，所以符合塔菲尔（Tafel）的半对数关系，即：

$$\eta(Fe) = a(Fe) + b(Fe)\lg i(Fe) \tag{2-10-20}$$

式中，η 为 Fe 电极的过电位；i 为电流密度；a 为电流密度在 $1A/cm^2$ 时的过电位；b 为直线的斜率，称为塔菲尔（Tafel）斜率。Tafel 斜率与 Fe 电极的表面状态、温度、溶液浓度有关。

当对电极进行阴极极化，即加更负的电势时，式(2-10-17) 反应被抑制，电化学过程以式(2-10-18) 反应为主要倾向，同理，可获得阴极极化曲线 *rdc*。由于 H^+ 在 Fe 电极上还原出 H_2 的过程也是由扩散步骤所控制，故阴极极化曲线也符合塔菲尔（Tafel）的半对数关系，即：

$$\eta(\mathrm{H})=a(\mathrm{H})+b(\mathrm{H})\lg i(\mathrm{H}) \tag{2-10-21}$$

当把阳极极化曲线 *abr* 的直线部分 *ab* 和阴极极化曲线 *cdr* 的直线部分 *cd* 外延，在理论上交于一点 *Z*，则 *Z* 点的纵坐标就是 $\lg i_{cor}$，即自腐蚀电流密度 i_{cor} 的对数，而 *Z* 点的横坐标则表示自腐蚀电位 ε_{cor} 的大小。

当阳极极化进一步加强时，铁的阳极溶解进一步加快，极化电流迅速增大，如图 2-10-5 所示，*abc* 线段对应活性溶解区，Fe 进行正常阳极溶解，阳极极化电位的改变引起阳极极化电流密度的变化符合塔菲尔（Tafel）半对数关系。从 *c* 点到 *d* 点的范围称为钝化过渡区，*c* 点的电流密度为致钝电流密度，*c* 点的电位为致钝电位，当极化电位超过 ε_p 时，*i*(Fe) 从 *c* 点很快下降到 *d* 点，虽然不断增加极化电势，但 lg*i*(Fe) 一直维持在一个很小的数值，如图 2-10-5 中 *de* 段所示，从 *d* 点到 *e* 点的范围称钝化区，ε_p 称维钝电势，i_p 称为维钝电流密度；直到极化电位超过 *e* 点时，lg*i*(Fe) 才重新开始增加，如 *ef* 线段所示，此时 Fe 电极上开始析氧或产生高价金属离子，从 *e* 点到 *f* 点称为过钝化区。

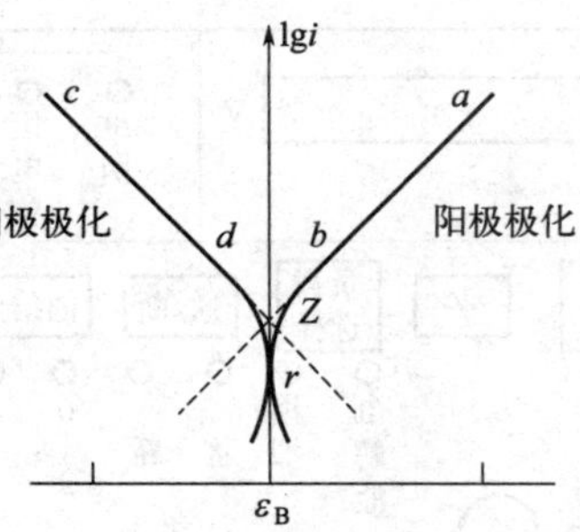

图 2-10-4　Fe 的极化曲线图

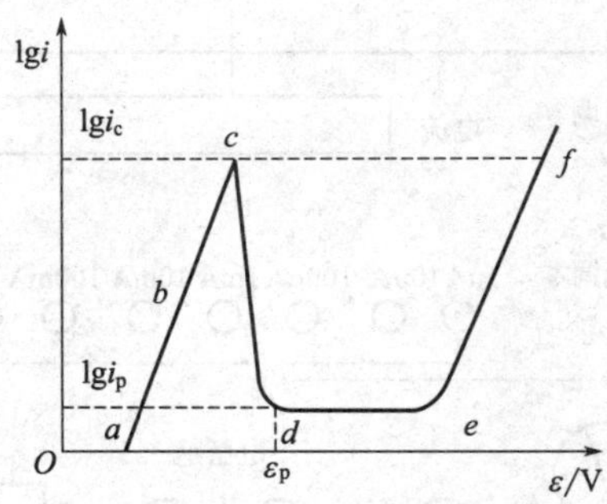

图 2-10-5　Fe 的钝化曲线图

铁的钝化现象可作如下解释，如图 2-10-5 所示，Fe 的钝化曲线中 *ab* 段是 Fe 的正常溶解曲线，此时铁处在活化状态，*bc* 段出现极限电流密度 $\lg i_c$，其是由 Fe 大量快速溶解所致，当进一步极化时，Fe^{2+} 与溶液中 SO_4^{2-} 形成 $FeSO_4$ 沉淀层，阻滞了阳极反应。由于 H^+ 不易达到 $FeSO_4$ 层内部，Fe 表面的 pH 增加；在电势超过 0.6V 时，Fe_2O_3 开始在 Fe 表面生成，形成了致密的氧化膜，极大地阻滞了 Fe 的溶解，因而出现了钝化现象。由于 Fe_2O_3 在高电势范围内能够稳定存在，故铁能保持在钝化状态，直到电势超过 O_2/H_2O 体系的平衡电势（+1.23V）相当多时（+1.6V），才开始产生氧气，电流重新增加。

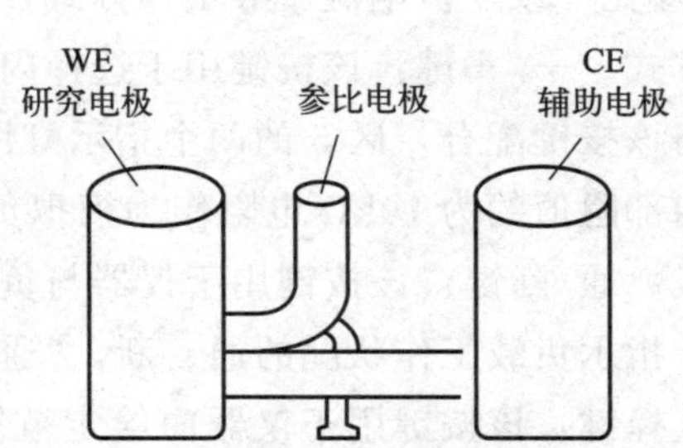

图 2-10-6　极化曲线测定装置

研究金属的极化（钝化）过程，需要测定极化（钝化）曲线，通常用恒电位法。如图 2-10-6 所示，将被研究金属（例如铁、镍、铬等）或其合金置于硫酸或硫酸盐溶液中，即研究电极（WE），它与辅助电极（铂电极 CE）组成一个电解池（研究电极与辅助电极形成的极化回路），测量极化电流的大小；同时它又与参比电极（硫酸亚汞电极）组成原电池，形成电位测量回路。

通过恒电位仪在研究电极 Fe 与参比硫酸亚汞电极之间给定一个恒定电位后，测量研究电极与工作电极组成回路的电流，获得流经研究电极的电流密度 i，然后以不同的给定电位对相应 $\lg i$ 作图，得到如图 2-10-5 所示金属极化（钝化）曲线，获得维钝电流密度及维钝电位。

三、仪器和试剂

HDY-Ⅱ型数字式恒电位仪 1 套，电解池 1 个，Pt 电极（对电极）1 个，用 $1\mathrm{mol\cdot L^{-1}}$ 硫酸作电极液的 217 型甘汞电极（参比电极）1 个，直径 9mm 的不锈钢电极（研究电极）1 个，金相砂纸，氨水（AR），丙酮（AR），碳酸氢铵溶液（AR），去离子水。

四、实验步骤

1. 将不锈钢电极表面用金相砂纸磨亮，随后用丙酮、去离子水洗净并测量其表面积。

2. 掌握 HDY-Ⅱ型数字式恒电位仪各旋钮、开关的作用，图 2-10-7 为恒电位仪面板功能图。

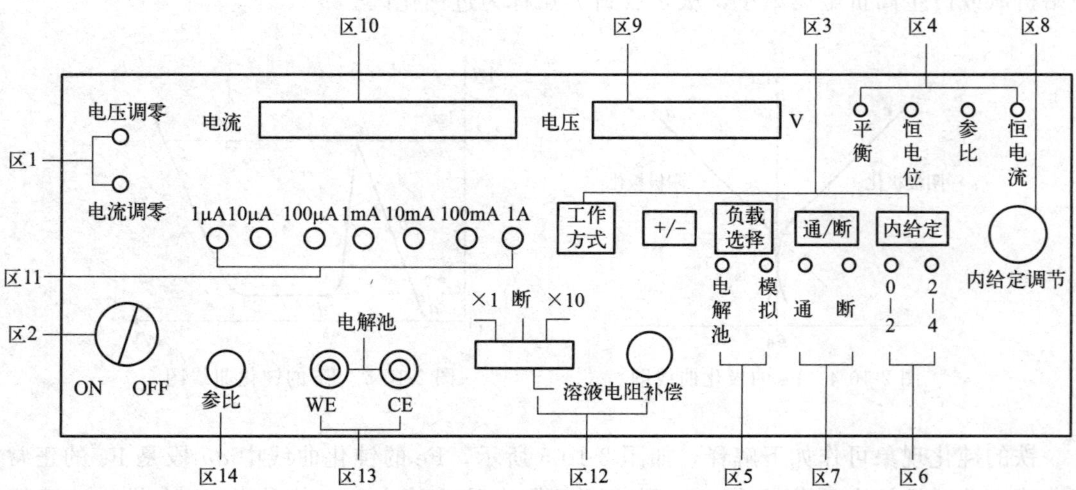

图 2-10-7 恒电位仪面板功能图

根据不同作用分为 14 个区，区 1 用于仪器系统调零，有“电压调零”和“电流调零”。区 2 为电源开关。区 3 是仪器功能控制按键区，有如下五个功能键。

工作方式键：该按键为仪器工作方式选择键，由该键可顺序循环选择“平衡”“恒电位”“参比”或“恒电流”等工作方式，与该按键配合，区 4 的四个指示灯用于指示相应的工作方式。+/−键：该按键用于选择内给定的正、负极性。负载选择键：该按键用于负载选择，与该按键配合，区 5 的两个指示灯用于指示所选择的负载状态，“模拟”状态时，选择仪器内部阻值约为 10kΩ 电阻作为模拟负载，“电解池”状态时，选择仪器外部的电解池作为负载。通/断键：该按键用于仪器与负载的通、断控制，与该按键配合，区 7 的两个指示灯用于指示负载工作状况的通、断，“通”时仪器与负载接通，“断”时仪器与负载断开。内给定选择键：该按键用于仪器内给定范围的选择，“恒电位”工作方式时，通过该按键可选择 0～1.9999V 或 2～4V 内给定恒电位范围；“恒电流”工作方式时，只能选择 0～1.9999V 的内给定恒电位范围。与该按键配合，区 6 的两个指示灯用于指示所选择的内给定范围。

区 8 为内给定调节电位器旋钮，可以调节研究电极与参比电极之间的电位。区 9 为电压值显示区，“恒电位”工作方式时，显示恒电位值；“恒电流”工作方式时，显示槽电压值。区 10 为电流值显示区，“恒电位”工作方式时，可通过区 11 的电流量程选择键来选择合适的显示单位，若在某一电流量程下出现显示溢出，数码管各位将全零“00000”闪烁显示，以示警示，此时可在区 11 顺次向右选择较大的电流量程挡；“恒电流”工作方式时，区 10 的显示值为仪器提供的恒电流值，该方式下，在区 11 选择的电流量程越大，仪器提供的极化电流也越大，若过大的极化电流造成区 9 电压显示溢出（数码管各位全零“0000”闪烁显示），可在区 11 顺次向左选择较小的电流量程挡。区 11 为电流量程选择区，由七挡按键开关组成，分别为“1μA”“10μA”“100μA”“1mA”“10mA”“100mA”和“1A”。实际电流值为区 10 数据乘以所选择挡位的量程值。区 12 为溶液电阻补偿区，由控制开关和电位器（10kΩ）组成，控制开关分“×1”“断”和“×10”三挡。“×10”挡时补偿溶液电阻是“×1”挡的十倍，“断”时则溶液反应回路中无补偿电阻。区 13 为电解池电极引线插座，“WE”插孔接研究电极引线，“CE”插孔接辅助电极引线。区 14 为参比输入端。

3. 开机前的准备，区 8 的调节旋钮左旋到底；区 11 电流量程选择“1mA”按键按下；区 12 溶液电阻补偿控制开关置于“断”；连接仪器参比探头和电解池电极引线，区 4 的“恒电位”工作方式指示灯亮；区 5“模拟”负载指示灯亮；区 6“0～2”指示灯亮；区 7 负载工作状况的“断”指示灯亮。根据具体所做实验选择好合适的电流量程（如用恒电势法测定极化曲线，可将电流量程先置于“100mA”挡），内给定旋钮左旋到底。

4. 在电解池内倒入约 70mL 的饱和碳酸氢铵溶液：浓氨水为 1∶1 的溶液，按图 2-10-6 组装实验设备，碳钢电极平面靠近毛细管口。

5. 接通电源开关，通过“工作方式”按键选择“参比”工作方式；“负载选择”为电解池，“通/断”置“通”，此时仪器电压显示的值为自然电位（应大于 0.8V，否则应重新处理电极）。

6. “通/断”置“断”，“工作方式”选择为“恒电位”，“负载选择”为“模拟”，接通负载，再按“通/断”置“通”，调节内给定使电压显示为自然电压。

7. “负载选择”为电解池，间隔 20mV 往小的方向调节区 8 的内给定旋钮，等电流稳定后，记录不同内给定的电位值和相应的电流值。

8. 当调到零时，微调内给定，使得有少许电压值显示，按“+/−”使显示为“−”值，再以 20mV 为间隔调节内给定直到约 −1.2V 为止，记录相应的电流值。

9. 将内给定左旋到底，关闭电源，将电极取出用水洗净。

10. 拆除三电极上的连接导线并测量 Fe 电极的表面积，洗净电解池。

五、实验数据记录与处理

温度：______ 大气压：______ Fe 电极表面积：______ 实验时间：______

给定电压 ε/V							
测定电流 I/A							

1. 计算电流密度 i。

2. 以 $\lg i$ 为纵坐标，以给定电压为横坐标，绘出碳钢在碳酸氢铵溶液中的极化-钝化曲线。

3. 求出实验条件下碳钢电极的致钝电位、致钝电流密度、维钝电位、维钝电流密度，根据实验现象判断碳钢电极表面的氧析出电位。

六、思考题

1. 金属钝化的基本原理是什么？

2. 测定极化曲线，为何需要三个电极？参比电极与辅助电极各起什么作用？

3. 试说明实验所得金属钝化曲线各转折点的意义。

4. 是否可用恒电流法绘制金属钝化曲线？

5. 极化曲线测定装置中参比电极与工作电极之间用毛细管盐桥连接，该毛细管又称为鲁金毛细管，它的作用是什么？为什么研究电极表面要非常接近盐桥尖端？

七、实验注意事项

工作电极表面要新鲜，并要防止电极背面密封胶脱落。

八、进一步扩展设计性实验思维

处于钝化状态的金属溶解速度是很小的。在金属的防腐蚀方面以及作为电镀的不溶性阳极时，金属的钝化正是人们所需要的，例如，将待保护的金属作阳极，先使其在致钝电流密度下表面处于钝化状态，然后用很小的维钝电流密度使金属保持在钝化状态，从而使其腐蚀速度大大降低，达到保护金属的目的，但是，在化学电源、电冶金和电镀中作为可溶性阳极时，金属的钝化就非常有害。

金属的钝化，除取决于金属本身性质以外，还与腐蚀介质的组成和实验条件有关，例如，在酸性溶液和中性溶液中金属一般较易钝化；卤素离子 Cl^- 往往能大大延缓或防止钝化；氧化性离子，如 CrO_4^-，可促进金属钝化，在低温下钝化较易形成，加强搅拌可阻碍钝化，等等。

极化曲线测定除应用于金属防腐蚀外，在电镀中也有重要应用，一般凡能增加阴极极化的因素，都可提高电镀层的致密性与光亮度。为此，通过测定不同条件的阴极极化曲线，可以选择理想的镀液组成、pH 以及电镀温度等工艺条件。

利用电化学知识可以开发金属防腐方法，例如，舰船在海上航行时，舰船壳体、推进器、内舱、冷凝器和海水管路系统等部位都会发生腐蚀。舰船腐蚀的原因比较复杂，多种不同腐蚀形态共存。其中最主要的原因是海水的含盐度高（一般在 33%～37%），舰船的金属材料与海水接触时，会形成无数个微小原电池而引起舰船的金属腐蚀。腐蚀的后果是严重的，受到海水及海面盐雾的侵蚀后，舰艇的甲板及舰体，每年需涂几次涂料进行防护，既增加了维修工作量，降低了航率，又造成了巨大的经济损失，严重地影响日常使用率。因此，采用外加电流阴极保护有效地防止海洋环境下的舰船腐蚀破坏，外加电流阴极保护由连接外部直流电源的阳极直接向被保护的舰船施加阴极电流，不间断地提供电子，进而在金属表面富集电子，并通过控制舰船船体电位或电流密度，使船体发生阴极极化，达到减少甚至完全抑制船体水下部位金属腐蚀的目的，使船壳免遭腐蚀，可以有效防止舰船浸水部分的电化学腐蚀，延长其使用寿命。

实验十一 离子迁移数的测定

一、目的和要求

1. 采用希托夫法测定 H^+、Cu^{2+} 的迁移数。

2. 掌握测定离子迁移数的原理和方法及库仑计的使用。

二、实验原理

当电流通过电解池时，在两电极上发生氧化还原反应，反应物质的量与通过电量的关系服从法拉第定律。同时，电解池中溶液的阳离子和阴离子分别向阴极与阳极迁移。假若两种离子传递的电量分别为 q_+ 和 q_-，则通过的总电量 Q 为：

$$Q=q_++q_-$$

每种离子传递的电量与总电量之比，称为离子迁移数。阴、阳离子的迁移数 t_- 和 t_+ 分别为：

$$t_-=\frac{q_-}{Q},t_+=\frac{q_+}{Q} \tag{2-11-1}$$

且 $$t_-+t_+=1 \tag{2-11-2}$$

在包含数种阴、阳离子的混合电解质溶液中，t_- 和 t_+ 分别为所有阴、阳离子迁移数的总和。一旦增加某种离子的浓度，则该离子传递电量的比例增加，离子迁移数也相应增加。对仅含一种电解质的溶液，浓度改变使离子间的引力场改变，离子迁移数也会改变，变化的大小与正负则因物质不同而异。

温度改变，迁移数也会发生变化，一般温度升高时 t_+ 和 t_- 的差值减小。

测定离子迁移数对了解离子的性质很有重要意义。测迁移数的方法有界面移动法和希托夫（Hittorf）法。本实验采用希托夫法。

电解某电解质溶液时，由于两种离子运动速率不同，它们分别向两极迁移的物质的量就不同，因而输送的电量也不同，同时两极附近溶液浓度改变也不同。

例如，两个金属电极 M，浸在含电解质 MA 的溶液中。设 M^+ 和 A^- 的迁移数分别为 t_+ 和 t_-。设想两极间可以分成三个区域：阴极区、阳极区和中间区，如图 2-11-1 所示。

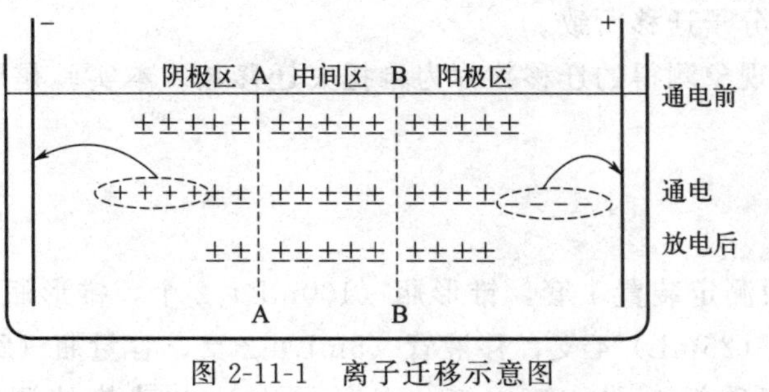

图 2-11-1 离子迁移示意图

简便起见，假定 1-1 价电解质 MA 的物质的量为 5mol 的离子对，通过总电量为 4F（法拉第）时，通电电解后，阴、阳两极区浓度都减小，中间区不变。阴极区有 4mol 阳离子发生还原反应，同时阳极区有 4mol 阴离子发生氧化反应。在溶液中，离子也同时发生迁移，阴、阳离子“搬运”电荷的数量因它们的离子淌度不同而不同，并假设阴离子淌度为阳离子的 3 倍。则通电电解后，从阴极区移出 3mol 阴离子到阳极区，从阳极区移出 1mol 阳离子到阴极区；这样阳极区就剩下 4mol 离子对，而阴极区只剩下 2mol 离子对。通过溶液的总电量 Q 为阴、阳离子迁移电量的总和，即 4F 电子电量。阴极区物质的量减小的数值等于迁移出阴离子的物质的量，即等于阴离子“搬运”的电量 3F。同样，阳极区浓度的减少在数值上等于迁出的阳离子的物质的量，即阳离子“搬运”的电量 1F。

根据定义，某离子的迁移数就是该离子输送的电量与通过的总电量之比。而离子输送的电量，又等于同一电极区减少的物质的量。通过的总电量又等于库仑计中沉积物质的物质的量。因此，迁移数即可通过下式算出：

$$t_{-}=\frac{\text{减少的阴离子物质的量}}{\text{库仑计中沉积物质的物质的量}}$$

$$t_{+}=\frac{\text{减少的阳离子物质的量}}{\text{库仑计中沉积物质的物质的量}}$$

如果电极反应只是离子放电，在中间区浓度不变的条件下，分析通电前原始溶液及通电后的阳极区溶液的浓度（mol/g 溶剂），比较通电前、后同等质量溶剂中所含的 MA 的物质的量，其差值即阳极区 MA 减少的物质的量；而总电量可由串联在电路中的电流计或库仑计获得，阴、阳离子迁移数即可由此求出。

在迁移管中，两电极均为铜电极，将其放入 $CuSO_4$ 溶液。通电时，溶液中的 Cu^{2+} 在阴极上还原；而在阳极，是金属铜氧化溶解生成 Cu^{2+}，所以，通电时阳极区有 Cu^{2+} 迁出，还有 Cu 生成 Cu^{2+}，因而通电电解后，对于阳极有：

$$n_{\text{迁}}=n_{\text{原}}+n_{\text{电}}-n_{\text{后}} \tag{2-11-3}$$

离子迁移数为：

$$t_{Cu^{2+}}=\frac{n_{\text{迁}}}{n_{\text{电}}},t_{SO_4^{2-}}=1-t_{Cu^{2+}} \tag{2-11-4}$$

式中，$n_{\text{迁}}$ 为通电电解后 Cu^{2+} 迁出阳极区的物质的量；$n_{\text{原}}$ 为通电电解前阳极区 Cu^{2+} 的物质的量；$n_{\text{后}}$ 为通电电解后阳极区 Cu^{2+} 的物质的量；$n_{\text{电}}$ 为通电电解后阳极区 Cu 电极溶解生成 Cu^{2+} 的物质的量，等于铜库仑计上析出铜的物质的量。

必须注意，希托夫法测迁移数时至少包含了以下两个假定。

(1) 电的输送者只是电解质的离子，而溶液（水）不导电。这和实际情况较接近。

(2) 离子不水化。否则，离子带水一起运动，而阴、阳离子带水不一定相同，则极区浓度改变，部分是由水分子迁移所致。

这种不考虑水合现象测得的迁移数称为希托夫迁移数。本实验是用希托夫法测 Cu^{2+} 及 SO_4^{2-} 的迁移数。

三、仪器和试剂

LQY 离子迁移数测定装置 1 套，锥形瓶（100mL）2 个，锥形瓶（25mL）4 个，酸式滴定管 1 支，移液管（25mL）4 支，移液管（5mL）2 支，容量瓶（250mL）1 只，容量瓶（100mL）2 只，金相砂纸 1 张，镀铜液（参见原电池电动势的测定），$CuSO_4\cdot 5H_2O$（AR），浓硫酸（AR），无水乙醇（AR），HNO_3（$1mol\cdot L^{-1}$），10%KI 溶液，硫代硫酸钠（AR），乙二胺四乙酸二钠（EDTA，AR），醋酸（$1mol \cdot L^{-1}$）。

四、实验步骤

1. 铜库仑计的铜片阴极镀铜。实验前将铜电极用金相砂纸打磨光亮，再用 $1mol \cdot L^{-1}$ HNO_3 溶液稍微浸洗一下，以除去表面的氧化层，然后用蒸馏水冲洗。在铜电量计中加入镀铜液（镀铜液：100mL 水中含 15g $CuSO_4 \cdot 5H_2O$、5mL 浓 H_2SO_4、5mL 乙醇），安装好铜片电极，两块阳极、一块阴极（实验前，打磨铜阴极，用稀硝酸浸洗，用蒸馏水冲洗），连接电源后，在 5mA 电流下电镀 1h。取出铜阴极，将铜阴极用无水乙醇淋洗一下，用热空气将其吹干（温度不能太高），在天平上称重得 m_1，然后重新安装入库仑计中。

2. 洗净迁移管，注意检查迁移管活塞是否漏水。用 $CuSO_4 \cdot 5H_2O$ 配制的 $0.05mol \cdot L^{-1}$ $CuSO_4$ 溶液荡洗 3 次迁移管，然后在迁移管中充满该溶液，迁移管中不应有气泡。按图 2-11-2 接好测量线路。

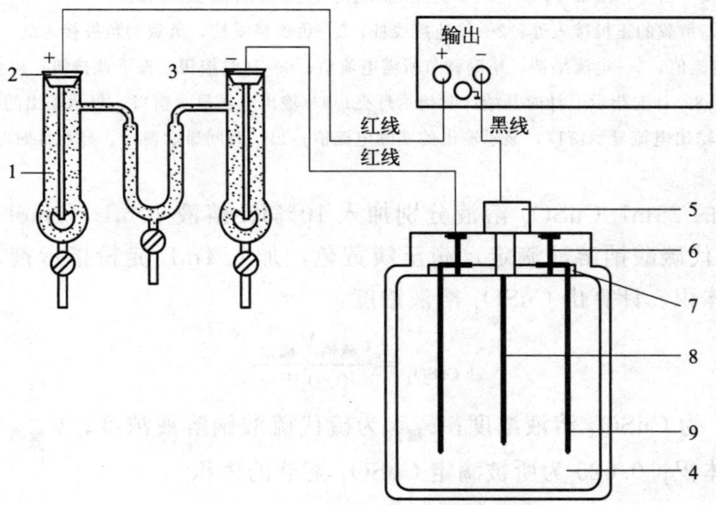

图 2-11-2　LQY 离子迁移数测定装置

1—Hb 迁移管；2—阳极；3—阴极；4—铜库仑计；5—阴极插座；6—阳极插座；7—电极固定板；8—阴极铜片；9—阳极铜片

3. 接通电源，通过调节图 2-11-3 电流输出旋钮使电流在 18mA 左右，按下计时按钮，通电 90min。通电电解过程中要避免振动、摇晃等会引起各管中溶液混合的行为。

4. 电解结束后切断电源，将迁移管阳极管上的电极轻微松动一下，打开阳极管底部活塞，将阳极区溶液放入已知质量的、干燥的 100mL 锥形瓶中称重（准确至 0.01g），注意不要使中间管中的溶液一起流出，称重得电解后整个阳极区 $CuSO_4$ 溶液的质量 $W_{阳}$。

5. 取出库仑计中的铜阴极，用蒸馏水冲洗后，用无水乙醇淋洗，再用热空气将其吹干，然后称重得 m_2。

6. 从存放阳极区溶液的锥形瓶中准确移取 25mL 阳极区溶液于另一已知质量的、干燥的 100mL 锥形瓶中，在电子天平上准确称重，得电解后阳极区 25mL $CuSO_4$ 溶液的质量 $W_{阳,25mL}$。另取 25mL 原 $0.05mol \cdot L^{-1}$ $CuSO_4$ 溶液，准确称其质量 $W_{原,25mL}$；再取 25mL 通电后中间区 $CuSO_4$ 溶液，准确称其质量 $W_{中,25mL}$。

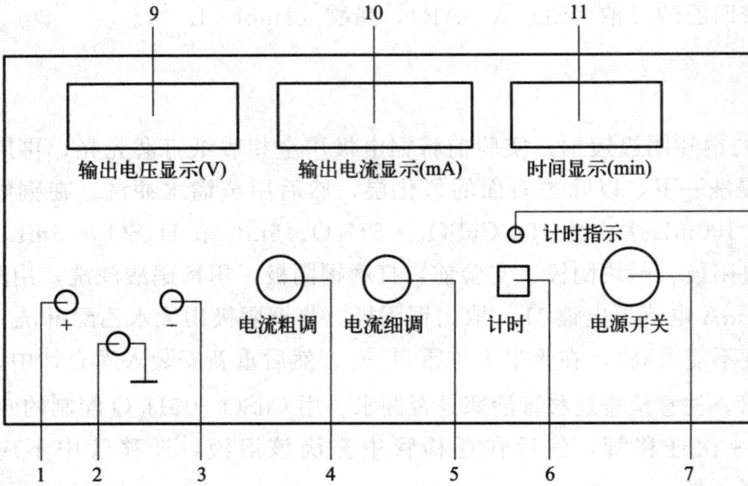

图 2-11-3 离子迁移数测定电流输出面板示意图

1—正极接线柱，负载的正极接入处；2—接地接线柱；3—负极接线柱，负载的负极接入处；4—电流粗调，粗略调节所需电流值；5—电流细调，精确调节所需电流值；6—计时按钮，按下此按钮，停止或开始计时；7—电源开关；8—计时指示，计时开始计时指示灯亮；9—输出电压显示窗口，显示输出的实际电压值；10—输出电流显示窗口，显示输出的实际电流值；11—时间显示窗口，显示计时时间

7. 将以上取的 25mL $CuSO_4$ 溶液分别加入 10%KI 溶液 10mL、1mol·L^{-1} 醋酸溶液 10mL，用标准硫代硫酸钠溶液滴定，滴至淡黄色，加入 1mL 淀粉指示剂，再滴至紫色消失，记下滴定的体积。计算出 $CuSO_4$ 溶液浓度：

$$c_{CuSO_4}=\frac{c_{硫钠}V_{硫钠}}{0.025} \tag{2-11-5}$$

式中，c_{CuSO_4} 为 $CuSO_4$ 溶液浓度；$c_{硫钠}$ 为硫代硫酸钠溶液浓度；$V_{硫钠}$ 为滴定时所用硫代硫酸钠溶液的体积；0.025 为所被滴定 $CuSO_4$ 溶液的体积。

滴定反应如下：

$$2Cu^{2+}+4I^{-} = 2CuI+I_2$$

$$2Na_2S_2O_3+I_2 = Na_2S_4O_6+2NaI$$

若原 0.05mol·L^{-1} $CuSO_4$ 溶液与中间区 $CuSO_4$ 溶液测定浓度的偏差大于 3%，则说明中间区溶液已经与阳极区溶液发生返混，应重新进行测定。

五、实验数据记录与处理

温度：＿＿＿＿＿＿ 大气压：＿＿＿＿＿＿ 迁移前铜阴极重（g）：＿＿＿＿

迁移后铜阴极重（g）：＿＿＿ 锥形瓶质量（g）：1# ＿＿＿ 2# ＿＿＿ 3# ＿＿＿ 4# ＿＿＿

阳极区溶液＋锥形瓶质量（g）：＿＿＿ 阳极区 25mL 溶液＋锥形瓶质量（g）：＿＿＿

滴定所用硫代硫酸钠溶液的体积（cm^3）：1# ＿＿＿＿ 2# ＿＿＿＿ 3# ＿＿＿＿

1. 由库仑计中铜阴极在通电电解前后的质量差，计算迁移管阳极区 Cu 溶解成 Cu^{2+} 的物质的量：

$$n_{电}=\frac{m_2-m_1}{M_{Cu}} \tag{2-11-6}$$

式中，$M_{Cu}=63.546g·mol^{-1}$，为溶出铜的摩尔质量。

2. 由滴定法测定通电电解后迁移管阳极区溶液的浓度 $c_{阳}$ ($mol \cdot L^{-1}$)，计算 25mL 阳极区溶液中的 $CuSO_4$ 物质的量。

$$n_{25mL,阳} = 0.025c_{阳} \tag{2-11-7}$$

由式(2-11-7)，再根据通电电解后整个阳极区溶液质量 $W_{阳}$ 和 25mL 阳极区溶液质量 $W_{25mL,阳}$，换算出通电电解后迁移管阳极区溶液中 $CuSO_4$ 的物质的量。

$$n_{后} = \frac{W_{阳}}{W_{阳,25mL}} n_{25mL,阳} \tag{2-11-8}$$

就可以计算出整个阳极区中溶剂——水的质量 $W_{水}$：

$$W_{水} = W_{阳} - n_{后} M_{CuSO_4} \tag{2-11-9}$$

式中，$M_{CuSO_4} = 159.6086g \cdot mol^{-1}$，是硫酸铜的摩尔质量。

3. 由滴定法测定通电电解前原 $CuSO_4$ 溶液浓度和通电电解后 25mL 中间区 $CuSO_4$ 溶液浓度，如两者浓度差别不大，则取两者的平均值作为通电电解前溶液中的 $CuSO_4$ 溶液浓度 $c_{原}$，再取电解前 25mL 溶液质量 $W_{25mL,原}$，由此可计算出电解前每克溶剂水中 $CuSO_4$ 的物质的量 $n'_{原,25mL}$：

$$n'_{原,25mL} = \frac{0.025c_{原}}{W_{25mL,原} - 0.025c_{原} M_{CuSO_4}} \tag{2-11-10}$$

由式(2-11-9)、式(2-11-10) 得出通电电解前迁移管阳极区溶液中 $CuSO_4$ 的物质的量：

$$n_{原,25mL} = n'_{原,25mL} \cdot W_{水} \tag{2-11-11}$$

4. 将式(2-11-6)、式(2-11-8)、式(2-11-11) 数据代入式(2-11-3)、式(2-11-4) 算出 Cu^{2+} 和 SO_4^{2-} 的离子迁移数。

六、思考题

1. 在希托夫法中，若通电前后中间区浓度改变，为什么要重做实验？
2. 如果迁移管中有气泡，对实验有何影响？
3. 通过库仑计的电流密度为什么不能太大或太小？

七、实验注意事项

1. 迁移管要洗净、干燥以免其他离子干扰，以及确保各区电解前浓度一致。
2. 实验过程中凡是引起迁移管各区溶液扩散、搅动、对流的因素都必须避免。

八、进一步扩展设计性实验思维

本实验也可通过测定阴极区通电前后 $CuSO_4$ 的物质的量的变化来计算迁移数。

本实验也可采用界面移动法测定离子迁移数。在垂直安置的有刻度的玻璃管中，根据玻璃管的横截面积、通电时间内溶液界面移动的距离及通过该电解池的电量就可计算出离子的迁移数。

精确测出水的三相点温度的我国物理化学家和化学教育家黄子卿先生最初从事电化学研究，他通过实验，考察了界面移动法测定电解质溶液中离子迁移数时振动、热效应、界面可见性条件以及界面调节因素诸方面对实验测定的影响，改进了此方法的实验装置，提高了实验测定的准确度，并拓宽了此方法的应用范围。

C. 化学动力学实验

实验十二 一级反应——蔗糖的转化

一、目的和要求

1. 测定蔗糖转化的反应速率常数和半衰期；
2. 了解该反应的反应物浓度与旋光度之间的关系；
3. 掌握旋光仪的使用方法。

二、实验原理

反应速率与反应物浓度的一次方成正比的反应为一级反应。

在 H^+ 催化作用下，蔗糖转化的反应方程式为：

$$C_{12}H_{22}O_{11}(\text{蔗糖})+H_2O\xrightarrow{H^+}C_6H_{12}O_6(\text{葡萄糖})+C_6H_{12}O_6(\text{果糖})$$

由于蔗糖液较稀，水是大量，视水的浓度不变，该反应速率只与蔗糖浓度 c 有关，视为一级反应（假一级反应或准一级反应），表示为：

$$V=-\frac{dc}{dt}=kc \tag{2-12-1}$$

式中，V 为反应速率；t 为反应时间；k 为反应速率常数；c 为蔗糖的物质的量浓度。

蔗糖从反应初始浓度 c_0 到浓度 c_t，时间从 0 到 t，由式(2-12-1) 定积分：

$$\ln\frac{c_t}{c_0}=-kt \tag{2-12-2}$$

当 $c_t=\frac{1}{2}c_0$ 时，由式(2-12-2) 可得反应的半衰期 $t_{1/2}$：

$$t_{1/2}=\frac{\ln 2}{k}=\frac{0.693}{k} \tag{2-12-3}$$

所以，为了求得反应速率常数 k 与半衰期 $t_{1/2}$，就先要测量不同时间 t 的蔗糖浓度 c_t。

普通光的光波可在各个不同平面上振动，只在一个平面上振动的光叫做平面偏振光。如果一束偏振光通过某体系可使偏振光偏振面发生旋转，这种能旋转偏振光偏振面的性质叫做旋光性，具有旋光性的物质叫做旋光物质。偏振光偏振面旋转的角度称为旋光度，以 α 表示。蔗糖、葡萄糖能使偏振光的振动面按顺时针方向旋转＋66.6°与＋52.5°，为右旋物质，旋光度为正值。果糖能使偏振光的振动面按逆时针方向旋转－91.9°，为左旋物质，旋光度为负值。由于生成物中果糖的左旋角比葡萄糖的右旋角大，因此随着反应的进行，右旋角不断减小。反应至某一瞬间时，体系旋光度恰好经过零点，然后变成左旋，直至蔗糖完全转化为葡萄糖与果糖，这时左旋角达到最大。

由于旋光度与溶液中所含物质的旋光能力、溶剂性质、溶液的浓度及厚度、光源波长以及温度等有关，因此，为了量度各种物质的旋光能力，就提出了“比旋光度”的概念。其定义式为：

$$[\alpha]_\lambda^T=\alpha l^{-1}c_B^{-1} \tag{2-12-4}$$

式中，$[\alpha]_\lambda^T$ 为物质 B 的比旋光度；T 为反应时的温度；λ 为所用光源的波长，一般用钠光的 D 线，其波长为 589.4nm；α 为测得的旋光度；l 为溶液的厚度，即旋光管的长度；c_B 为旋光物质 B 的浓度，由式(2-12-4) 得：

$$\alpha=[\alpha]_\lambda^T lc_B \tag{2-12-5}$$

当温度、波长及溶剂一定时，各种旋光物质的 $[\alpha]_\lambda^T$ 为一定值。如以水为溶剂时，蔗糖的 $[\alpha]_D^{20}=+66.6°$，葡萄糖的 $[\alpha]_D^{20}=+52.5°$，果糖的 $[\alpha]_D^{20}=-91.9°$。由式(2-12-5) 可知，当比旋光度、旋光管的长度一定时，溶液的旋光度 α 与旋光物质 B 的浓度 c_B 成正比关系，即

$$\alpha=k_B c_B \tag{2-12-6}$$

式中，k_B 为 B 物质的比例常数，$k_B=l[\alpha]_\lambda^T$。

设系统的起始旋光度为 α_0，反应时间 t 时的旋光度为 α_t，反应终了 t_∞ 时的旋光度为 α_∞，由该反应式：

$$C_{12}H_{22}O_{11}(蔗)+H_2O \xrightarrow{H^+} C_6H_{12}O_6(葡)+C_6H_{12}O_6(果)$$

$t=0$ 时浓度	c_0	0	0	α_0
t 时浓度	c_t	c_0-c_t	c_0-c_t	α_t
t_∞ 终了浓度	0	c_0	c_0	α_∞

依据式(2-12-6) 可得：

反应开始 $t=0$ 时
$$\alpha_0=k_{蔗}c_0 \tag{2-12-7}$$

反应进行到 t 时
$$\alpha_t=k_{蔗}c_t+(k_{葡}+k_{果})\times(c_0-c_t) \tag{2-12-8}$$

反应到终了 t_∞ 时
$$\alpha_\infty=(k_{葡}+k_{果})c_0 \tag{2-12-9}$$

将式(2-12-7)、式(2-12-8)、式(2-12-9) 联立求解得：

$$c_0=(\alpha_0-\alpha_\infty)\{k_{蔗}-(k_{葡}+k_{果})\}^{-1} \tag{2-12-10}$$

$$c_t=(\alpha_t-\alpha_\infty)\{k_{蔗}-(k_{葡}+k_{果})\}^{-1} \tag{2-12-11}$$

将式(2-12-10)、式(2-12-11) 代入式(2-12-2) 整理后得：

$$\ln(\alpha_t-\alpha_\infty)=-kt+b \tag{2-12-12}$$

式中，b 为积分常数。

以 $\ln(\alpha_t-\alpha_\infty)$ 对 t 作图，得一直线，从直线斜率求得反应速率常数 k 及 $t_{1/2}$。

三、仪器和试剂

WZZ-2A 数显自动旋光仪 1 台，超级恒温槽 1 台，秒表 1 个，电子天平 1 台，容量瓶（50mL）1 个，移液管（25mL）2 支，洗耳球 1 个，洗瓶（500mL）1 个，锥形瓶（250mL）2 个，HCl 溶液（2.0mol·L^{-1}），蔗糖（AR）。

四、实验步骤

1. 调节恒温槽温度

将恒温槽温度调节到 25℃±0.1℃。

2. 溶液的制备及恒温保持

用电子天平称取 15g 蔗糖⟶溶解⟶移入 50mL 容量瓶，定容到刻度线，摇匀，准确

取出 25mL 溶液注入锥形瓶内。

另取出 25mL HCl（$2mol \cdot L^{-1}$）注入另一锥形瓶内，将上述两个锥形瓶一起放入恒温槽进行恒温处理。

3. 旋光度的测定过程

（1）校正旋光仪零点

按下操作键盘的光源开关，使钠光灯点亮，预热 15min（图 2-12-1 为旋光仪面板）。然后，按下操作键盘的测量键，机器处于自动平衡状态，再按测量键 1～2 次，然后按操作键盘的清零按钮清零。

将装有蒸馏水的旋光管放入样品室（两端应无气泡），盖上箱盖，按下操作键盘的测量键，待数稳定后，按操作键盘的清零按钮清零。旋光管透光面两端的雾状水滴应用软布揩干。旋光管安放时应注意标记的位置和方向。

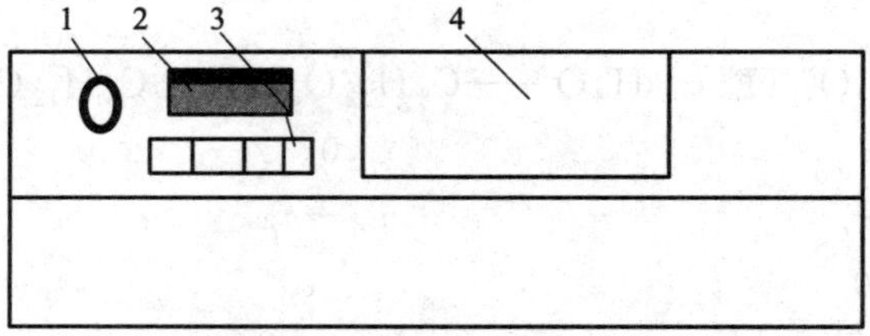

图 2-12-1 旋光仪面板图

1—指示灯；2—显示窗；3—操作键盘；4—样品管窗

（2）测定蔗糖转化过程的旋光度

a. 测 α_t。装有蔗糖、HCl 溶液的两锥形瓶恒温 10min 后，将它们混合（将 HCl 溶液倒入蔗糖液），并同时按下秒表开始计时。用少许混合液洗涤旋光管 2 次后，注满旋光管（应无气泡），按相同的位置和方向放入样品室内，盖好箱盖。仪器读数窗将显示出该样品的旋光度。读记 α_t（要求迅速、准确）。在反应的 60min 内，每隔 5min 按下操作键盘的测量键记一次读数，60min 后，隔 10min 测一次，直至测到旋光度为负值，将旋光管反应溶液倒出待用。

b. 测 α_∞。在测定 α_t 数据期间，将剩余的混合液置于 50～60℃水浴中加热 30min 以上（加快反应，使之尽量反应完全），再在恒温槽内恒温至少 10min，再倒入先前测 α_t 的旋光管中，按下操作键盘的测量键测其旋光度，即 α_∞。然后，关闭电源，清洗旋光管，擦干净样品室。

五、实验数据记录与处理

实验温度：______ 蔗糖液浓度：______ HCl 浓度：$2mol \cdot L^{-1}$ 反应终点 α_∞ =______

时间 t/min	5	10	15	20	25	30	35	40	45
$\alpha_t/(°)$									
$(\alpha_t-\alpha_\infty)/(°)$									
$\ln[(\alpha_t-\alpha_\infty)/(°)]$									

续表

时间 t/min	50	55	60	70	80	90	100	110	……
α_t/(°)									
$(\alpha_t-\alpha_\infty)$/(°)									
$\ln[(\alpha_t-\alpha_\infty)/(°)]$									

1. 以 t 为横坐，$\ln(\alpha_t-\alpha_\infty)$ 为纵坐标作图。

2. 求反应速率常数 k 与半衰期 $t_{1/2}$。

六、思考题

1. 蔗糖转化速率和哪些因素有关?

2. 蔗糖转化的实验中求解速度常数 k 时，所测旋光度 α_t 是否需要经仪器零点校正？为什么?

3. 蔗糖转化的实验中反应开始的时间记录得晚了一些是否会影响速率常数 k 值的测定?为什么?

4. 配制蔗糖溶液时称量不够准确，对测量结果是否有影响?

5. 配制盐酸溶液浓度不够准确，对测量结果是否有影响?

七、实验注意事项

1. 混合液酸度较大，应防止对仪器的腐蚀，实验完毕立刻清洁。

2. 旋光管光路中不能有气泡。

3. 旋光管管盖只要旋至不漏水即可。过紧了，会造成旋钮损坏，或因玻片受力产生压力而致使有一定的假旋光。

4. 蔗糖在配制溶液前，需先经 100℃烘干。

八、进一步扩展设计性实验思维

了解不同酸度对水解速率的影响，酸度多大时，水解速率不为一级反应，即 k 与 H^+ 的浓度不一定成正比。

蔗糖水解反应加入同一浓度下的不同酸，如 HCl、HNO_3、H_2SO_4、HAc、$ClCH_2COOH$，因 H^+ 的活度不同，蔗糖水解反应速率也不同，故由水解反应速率之比求出两酸中 H^+ 的活度比。如果知道其中一个活度，则可以求得另一个活度。

该实验通过探测反应体系某一物理性质的变化，来间接获取反应体系某物质的浓度。这是一类以物质的某些物理或物理化学性质（光、电、热、磁等）为基础，并借助于专项的仪器，对反应体系进行定性、定量、结构和动态分析的方法，这类方法是现代仪器分析的基础。

实验十三 H_2O_2 分解速率常数的测定

一、目的和要求

1. 掌握量气法测定反应级数的方法。
2. 掌握测定 H_2O_2 分解速率常数和半衰期的方法。

二、实验原理

H_2O_2 分解的化学反应式：

$$H_2O_2 \longrightarrow H_2O + \frac{1}{2}O_2 \tag{2-13-1}$$

H_2O_2 在 KI 作用下的催化分解按下列步骤进行：

$$KI + H_2O_2 \longrightarrow KIO + H_2O(\text{慢}) \tag{2-13-2}$$

$$KIO \longrightarrow KI + \frac{1}{2}O_2(\text{快}) \tag{2-13-3}$$

故整个反应速度取决于式(2-13-2)，其速率方程式表达为：

$$-\frac{dc_{H_2O_2}}{dt} = k'c_{KI}c_{H_2O_2} \tag{2-13-4}$$

又因为 KI 不断再生，即 c_{KI} 保持不变，式(2-13-4) 简化为：

$$-\frac{dc_{H_2O_2}}{dt} = kc_{H_2O_2} \qquad (k = k'c_{KI})$$

将上式定积分，反应浓度从 c_0 到 c_t，时间从 0 到 t，得：

$$\ln\frac{c_t}{c_0} = -kt \tag{2-13-5}$$

式中，c_t 为反应到 t 时刻 H_2O_2 的浓度；c_0 为 H_2O_2 初始浓度；k 为表观反应速率常数。

作 $\ln\frac{c_t}{c_0}$-t 图，可得一直线，其斜率即 $(-k)$，从而求得反应速率常数。该实验采用量气法，即通过测量由生成 O_2 引起的体系压力变化求取 c_t，进而求出 k。

理想气体状态方程为：

$$pV = nRT$$

式中，p 为气体压力；V 为气体体积；T 为体系温度；n 为气体物质的物质的量；R 为气体常数。

本实验测定反应体系的压力，在保证体系密闭、体积 V 恒定、温度 T 不变时，体系反应 t 时产生的 O_2 气体，使整个反应密闭体系的压力为 p_t，则消耗的 H_2O_2 物质的量 n'_t 为：

$$n'_t = 2\frac{p_tV}{RT}$$

消耗的 H_2O_2 浓度： $$c_t'=n_t'/V_{反}=2\frac{p_tV}{RTV_{反}} \tag{2-13-6}$$

式中，$V_{反}$为反应体系溶液的体积。

反应进行完全后，整个反应密闭体系 O_2 气体的压力 P_∞ 与反应初始 H_2O_2 物质的量 n_0 有如下关系： $$n_0=2\frac{p_\infty V}{RT}$$

即反应初始 H_2O_2 浓度： $$c_0=n_0/V_{反}=2\frac{p_\infty V}{RTV_{反}} \tag{2-13-7}$$

式(2-13-7) 减式(2-13-6) 为反应 t 时体系 H_2O_2 的浓度 c_t：

$$c_t=c_0-c_t'=2(p_\infty-p_t)\frac{V}{RTV_{反}} \tag{2-13-8}$$

将式(2-13-7)、式(2-13-8) 代入式(2-13-5) 得：

$$\ln\frac{c_t}{c_0}=\ln\frac{p_\infty-p_t}{p_\infty}=-kt$$

即 $$\ln(p_\infty-p_t)=-kt+\ln p_\infty \tag{2-13-9}$$

以 $\ln(p_\infty-p_t)$ 对 t 作图得一直线，由直线的斜率 m，便可求出 k（$m=-k=-k'c_{KI}$），由式(2-13-5) 可得反应的半衰期 $t_{1/2}$：

$$t_{1/2}=\frac{\ln 2}{k}=\frac{0.693}{k} \tag{2-13-10}$$

三、仪器和试剂

SLGF-Ⅱ过氧化氢分解反应实验装置 1 套，移液管（10mL）2 支，试管（20mL）2 支，移液管（5mL）1 支，量筒（20mL）1 个，KI 溶液（0.2mol·L^{-1}），秒表 1 块，H_2O_2 溶液（10%，现用现配）。

四、实验步骤

1. 用乳胶管将反应器上方压力测试口与仪器压力接口相连接。

2. 将反应器固定在恒温槽内（内含搅拌子）。

3. 向恒温槽内加水，直至淹没反应器。将恒温槽内冷凝管接口与外接冷却液相连（一般接自来水即可）。

4. 打开仪器电源，此时仪器处于置数状态，将搅拌选择开关置于手动，调节好搅拌速度，再置于自动状态，此时搅拌停止（图 2-13-1）。

5. 用移液管吸取 10mL 浓度为 10% 的 H_2O_2 缓慢放入反应器中，将约 15mL 浓度为 0.2mol·L^{-1} KI 溶液放入样品管中，并插入恒温槽边沿圆孔中恒温。将恒温槽设定到一定温度（一般设定温度大于环境温度 2～3℃），按 8“工作/置数”键，将恒温槽置于“工作”状态，恒温槽开始加热。按 6“定时/置数”键，设置好定时时间（如 1min），此时仍应处于置数状态，定时器不工作。

6. 当恒温槽温度达到设定温度，并恒温稳定一段时间后，旋开反应器盖子，用移液管吸取 10mL 已恒温好的 KI，将移液管下端尽可能靠近 H_2O_2 液面，缓慢放入反应器中，以

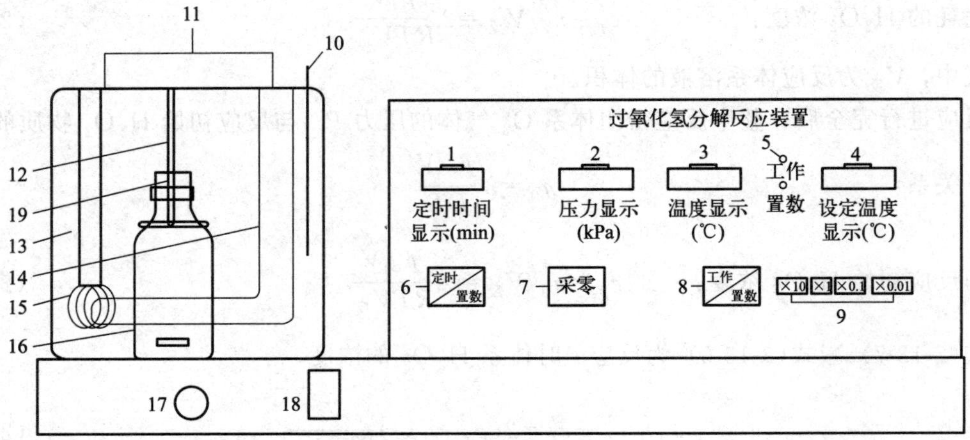

图 2-13-1 SLGF-Ⅱ过氧化氢分解反应实验装置图

1—定时时间显示窗口；2—压力显示窗口；3—温度显示窗口；4—设定温度显示窗口；5—工作、置数指示灯；6—定时/置数转换按键；7—采零键，扣除仪表的零压力值（即零点漂移）；8—工作/置数转换按键；9—温度设置增、减键；10—温度传感器；11—电机盒；12—反应器压力接口；13—反应器；14—玻璃水槽；15—冷凝管；16—加热器；17—搅拌器；18—搅拌速率旋钮；19—手动/自动搅拌选择开关

避免 KI 溶液冲入 H_2O_2 溶液中加快反应。立即旋紧盖子（切记不得漏气），此时将压力示置采零（即把反应前体系压力看成零），并迅速将 6“定时/置数”置于“定时”状态，此时搅拌自动开启，定时器工作。当蜂鸣器鸣响，说明定时已到，记下此时体系压力值 p_t 并连续记录，每 1min 记录一次。

7. 当连续记录约 25min 后，停止记录，也可根据需要延长记录时间。

8. p_∞的测量。

（1）停止记录数据，按“工作/置数”键，将恒温槽置于“置数”状态，将温度设定到 55℃，再按“工作/置数”键，将恒温槽置于“工作”状态，恒温 10min 左右，让 H_2O_2 完全分解。

（2）按“工作/置数”键，将恒温槽置于“置数”状态，将温度设置为系统测定时的初始温度。

（3）接通冷却水，让水温降至设定温度下约 2℃时关闭冷却水，按“工作/置数”键，将恒温槽置于“工作”状态，恒温至初始设定温度，当压力值基本稳定后，读取压力值，即为 p_∞。

9. 再取 10mL H_2O_2 与 5mL KI 的反应液，重复上述过程。

五、实验数据记录与处理

室温：____ 实验气压：____ KI 浓度：0.2mol · L^{-1} H_2O_2 浓度：____ p_∞：____

	Ⅰ	Ⅱ
$V_{H_2O_2}$	10mL	10mL
V_{KI}	10mL	5mL
混合液中 $c_{KI}/(mol \cdot L^{-1})$		

续表

	t/min	p_t/kPa	$\ln(p_\infty - p_t)$	t/min	p_t/kPa	$\ln(p_\infty - p_t)$
数据记录						

以 $\ln(p_\infty - p_t)$ 为纵坐标，时间 t 为横坐标作图，从所得直线取两点 $A(x_1, y_1)$ 和 $B(x_2, y_2)$，求斜率 m。

$$\text{斜率}\ m=\frac{y_2-y_1}{x_2-x_1}$$

由斜率求出速率常数 k 值，$m=-k$，再由公式 $k=k'c_{\mathrm{KI}}$ 求 k' 值。

六、思考题

1. 反应速率常数与哪些因素有关？
2. 为什么要保持系统不漏气？
3. 为什么测 p_∞ 要降温到初始设定温度？是否可以不降温就读取数据？
4. 催化剂 KI 的浓度与表观反应速率常数的关系如何？

七、实验注意事项

1. 由于反应初期，体系还没稳定，所以起始 5～6 个数据可予以舍弃，以获得更准确的数据。

2. 反应前要检查体系密闭性，H_2O_2 与 KI 不要接触。

3. 数据记录时，每次读取的压力值 p_t 所对应的时间 $t=n\Delta t$，Δt 为定时时间，n 为读取 p_t 时定时循环次数。

4. 读取 p_∞ 时，也可在初始温度下继续反应，直至反应完毕，即压力值基本不变时，读取压力值为 p_∞，但所花费时间比较长。

八、进一步扩展设计性实验思维

如再设定另一个温度测定可求反应的平均活化能：

$$\ln\frac{k_2}{k_1}=\frac{E}{R}\left(\frac{T_2-T_1}{T_1\times T_2}\right)$$

式中，k_1、k_2 分别为温度 T_1、T_2 时测得的反应速率常数；R 为气体常数；E 为反应的平均活化能。

本实验也可以在保持相同压力下，测量不同时刻反应生成氧气的体积，求反应速率常数 k。

实验十四 二级反应——乙酸乙酯的皂化

一、目的和要求

1. 用电导法测定乙酸乙酯皂化反应速率常数，了解反应活化能的测定方法。
2. 了解二级反应的特点，学会用图解法求取二级反应的速率常数。

二、实验原理

乙酸乙酯皂化反应为二级反应：

$$CH_3COOC_2H_5+NaOH \longrightarrow CH_3COONa+C_2H_5OH \tag{2-14-1}$$

$t=0$ 时	c_1	c_2	0	0
t 时	c_1-x	c_2-x	x	x
$t\longrightarrow\infty$时	0	0	c	c

式中，x 为生成物乙酸钠的浓度；c_1、c_2 分别为乙酸乙酯与氢氧化钠的初始浓度。

则二级反应速率方程为：
$$\frac{dx}{dt}=k(c_1-x)(c_2-x) \tag{2-14-2}$$

式中，k 为反应速率常数。

当乙酸乙酯与氢氧化钠的初始浓度相等且均为 c 时：

$$\frac{dx}{dt}=k(c-x)^2 \tag{2-14-3}$$

定积分，浓度从 c 到 $c-x$，时间从 0 到 t 得：

$$\frac{x}{c(c-x)}=kt \tag{2-14-4}$$

如果可以测出不同时间的生成物浓度 x，就可以作 $\frac{x}{c-x}$-t 图，可得一直线，其斜率即 $m=ck$，从而求得反应速率常数 k。

反应的离子方程式表达为：

$$CH_3COOC_2H_5+Na^+ +OH^- \longrightarrow CH_3COO^- +Na^+ +C_2H_5OH$$

乙酸乙酯与氢氧化钠的初始浓度相等均为 c 时，反应在稀溶液中进行，假定 NaAc 全部电离，该体系中起导电作用的有 Na^+、OH^-、CH_3COO^-，随着反应的进行，离子浓度不断变化，$[OH^-]\downarrow$，$[Ac^-]$(CH_3COO^-)$\uparrow$，$[Na^+]$ 不变。而 OH^- 的摩尔电导≫Ac^- 的摩尔电导，故体系的总电导率 $\kappa_{总}$ 呈下降态势。在一定范围内可以认为体系电导值的减少与 NaAc 浓度 x 的增加成正比。

故反应进行到某一时刻 t 时：

$$x=B(\kappa_0-\kappa_t) \tag{2-14-5}$$

式中，x 为生成 NaAc 的浓度；B 为比例常数；κ_0 为反应体系起始的电导率；κ_t 为反应到某时刻 t 时的电导率。

反应 $t=\infty$时，可认为乙酸乙酯与氢氧化钠全部转化为乙酸钠和乙醇，此时有：

$$c=B(\kappa_0-\kappa_\infty) \tag{2-14-6}$$

式中，c 为 NaAc 的浓度，数值与反应起始浓度一致；κ_∞为反应体系反应终了时的电导率。

将式(2-14-5)、式(2-14-6) 代入式(2-14-4) 整理后得：

$$\frac{\kappa_0-\kappa_t}{\kappa_t-\kappa_\infty}=ckt \tag{2-14-7}$$

测量出体系反应起始的电导率 κ_0，反应进行到 t 时的电导率 κ_t，反应终了时的电导率 κ_∞。以 $\frac{\kappa_0-\kappa_t}{\kappa_t-\kappa_\infty}$ 对 t 作图，应得一直线，其斜率 $m=ck$，进而求出反应速率常数 k 值。

三、仪器和试剂

ZHFY 乙酸乙酯皂化反应实验装置 1 套，停表 1 只，双管电导池 1 套，电子天平 1 台，移液管（10mL）2 支，碘量瓶（100mL）4 只，锥形瓶 4 只，碱式滴定管 1 支，容量瓶（25mL）3 个，$CH_3COOC_2H_5$ 溶液（新鲜配制），CH_3COONa 溶液（新鲜配制），邻苯二甲酸氢钾（AR），NaOH 溶液（约 0.02mol·L^{-1}，新鲜配制），酚酞指示剂。

四、实验步骤

1. 接通仪器电源，将电极插头插入电极插座（插头、插座上的定位销对准后，按下插头顶部即可），并将电极置于蒸馏水中，仪器处于测量状态，预热 15min。仪器面板图见图 2-14-1。

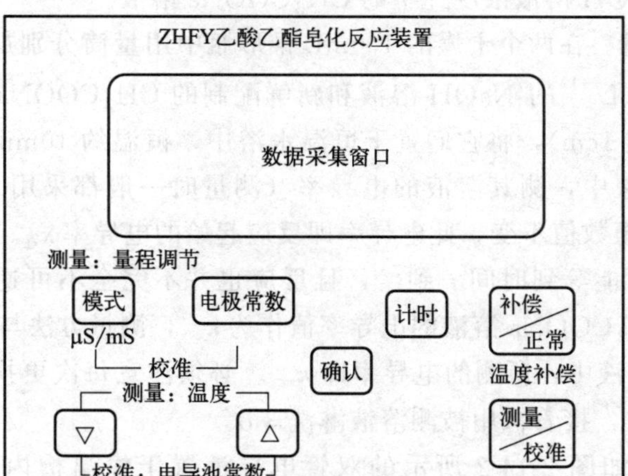

图 2-14-1 ZHFY 乙酸乙酯皂化反应实验装置面板示意图

2. 仪器开机后的界面如下：

0.166		2mS·cm
25.0	℃	正常
1.025	1	
测量	00.0	min

图中界面上对应的数值表示如下：“0.166” 为测量的电导率值；“2mS·cm” 为量程挡位；“25.0℃” 为标准温度值；“正常” 为无补偿；“1.025” 为电极的电导池常数；“1” 为电

极常数；“测量”为仪器处于测量状态；“00.0min”为计时时间，如需切换量程按“模式”键（温度补偿、电极常数修改与实验九同）。

3. 启动恒温槽，调节恒温槽至所要求的温度（一般高于室温 2～3℃）。

4. 约 0.02mol·L^{-1} NaOH 溶液的标定。准确称取 0.1～0.15g 已在 105～110℃烘过 1h 的邻苯二甲酸氢钾，放入 250mL 的锥形瓶中用 20mL 水溶解，加入两滴酚酞指示剂，用约 0.02mol·L^{-1} NaOH 溶液滴定至呈微红色且半分钟内不褪色，即为终点。记下消耗体积，由式(2-14-8) 算出约 0.02mol·L^{-1} NaOH 的准确浓度。平行测定两次，取其平均值。由该溶液配制在 0.01mol·L^{-1} 附近，有准确浓度值的 NaOH 溶液。

$$(cV)_{\text{NaOH}}=\left(\frac{W}{M}\right)_{\text{邻苯二甲酸氢}}\times 1000 \tag{2-14-8}$$

式中，c 为 NaOH 的浓度；V 为滴定消耗的 NaOH 体积；W 为称取邻苯二甲酸氢钾的质量；M 为邻苯二甲酸氢钾的摩尔质量，204.22g·mol^{-1}。

5. 配制乙酸乙酯溶液。用容量瓶配制浓度与上述标定约 0.02mol·L^{-1} NaOH 浓度一致的乙酸乙酯溶液 50mL，根据式(2-14-9) 计算乙酸乙酯的用量：

$$cV=\frac{\rho V_{\text{纯}}}{M}\times 1000 \tag{2-14-9}$$

式中，c 为需配制的乙酸乙酯浓度，与所标定 NaOH 的浓度一致；V 为需配制的乙酸乙酯体积，即 50mL；ρ 为乙酸乙酯的密度，0.90g·cm^{-3}；M 为乙酸乙酯的摩尔质量，88.10g·mol^{-1}；$V_{\text{纯}}$ 为所需纯乙酸乙酯的体积。

注意：为了防止乙酸乙酯挥发，可先向容量瓶注入约 30mL 水，再加纯乙酸乙酯。

6. 配制所标定 NaOH 溶液浓度一半的 CH_3COONa 溶液。

7. κ_0 和 κ_∞ 的测量。在两个干燥的 100mL 锥形瓶中用量筒分别加入约 40mL 新鲜配制所标定的约 0.01mol·L^{-1} 的 NaOH 溶液和新鲜配制的 CH_3COONa 溶液（加入量，估计能浸没铂黑电极并超出 1cm），将它们置于恒温水浴中，恒温约 10min。将电导率仪电极放入已恒温的 NaOH 溶液中，测其溶液的电导率（测量时一般都采用自动选择量程），每隔 2min 读一次数据，直至数值不变，此电导率即反应起始的电导率 κ_0。

实验测定中，不可能等到时间 t 到∞，且反应也并不完全不可逆，故通常以与所标定 NaOH 浓度一半的 CH_3COONa 溶液的电导率值作为 κ_∞，测量方法与 κ_0 相同，电极放入已恒温的 CH_3COONa 溶液中，所测的电导率即 κ_∞。必须注意每次更换测量溶液时，都要先用蒸馏水淋洗电极 3 次，接着再用被测溶液淋洗 3 次。

8. κ_t 的测量。将如图 2-14-2 所示的双管电导池置于恒温槽内，然后用移液管吸取 10mL 已标定的新鲜配制的约 0.02mol·L^{-1} 的 NaOH 溶液注入 a 管中；用另一支移液管吸取 10mL 新鲜配制与已标定 NaOH 溶液浓度相同的 $CH_3COOC_2H_5$ 溶液注入 b 管中，塞上橡皮塞，恒温 10min 之后，用洗耳球通过 b 管上口将 $CH_3COOC_2H_5$ 溶液压入 a 管（注意，不要用力过猛），使其和 NaOH 溶液混合进行反应。当溶液压入一半时，开始记录反应时间。反复压几次，使溶液混合均匀，开始测量其电导率值，以后，每隔 2min 读一次数据，直至电导率数值变化不大时，可停止测量。

测量结束后，倾去反应液，洗净电导池，将铂黑电极浸入电极储存瓶中。

9. 反应活化能的测定。按上述操作步骤和计算方法，测定另一温度下的反应速率常数 k 值，用阿仑尼乌斯（Arrhenius）公式，计算反应活化能。

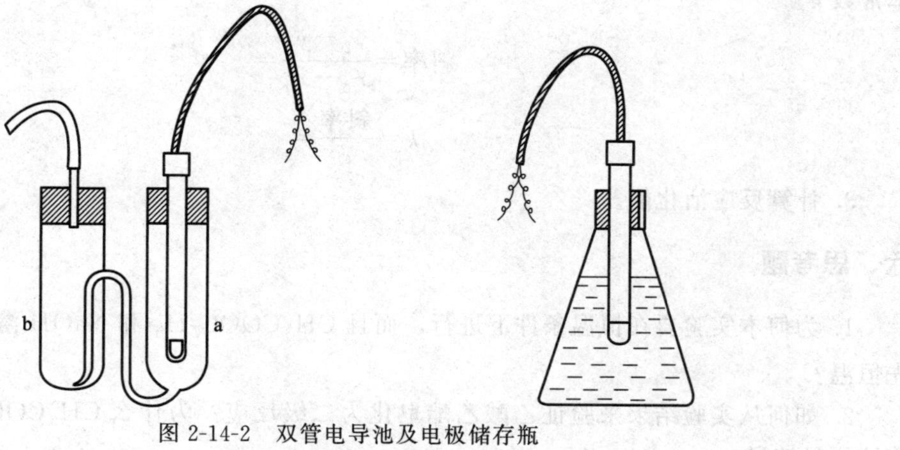

图 2-14-2 双管电导池及电极储存瓶

$$\ln\frac{k_2}{k_1}=\frac{E}{R}\left(\frac{T_2-T_1}{T_1T_2}\right) \tag{2-14-10}$$

式中，k_1、k_2 分别为温度 T_1、T_2 时测得的反应速率常数；R 为气体常数；E 为反应的活化能。

五、实验数据记录与处理

1. 测试数据及计算后结果填入下面 2 个表。

室温：____℃　大气压：____ kPa　NaOH 浓度：____　NaAc 浓度：____

电导率	1	2	3	平均值
$\kappa_0/(S\cdot m^{-1})$				
$\kappa_\infty/(S\cdot m^{-1})$				

加入 a 管 NaOH 的浓度：________　加入 b 管 $CH_3COOC_2H_5$ 的浓度：________

时间/min	2	4	6	8	10	12	14	16	18	20
$\kappa_t/(S\cdot m^{-1})$										
$(\kappa_0-\kappa_t)/(S\cdot m^{-1})$										
$(\kappa_t-\kappa_\infty)/(S\cdot m^{-1})$										
$\frac{\kappa_0-\kappa_t}{\kappa_t-\kappa_\infty}$										
时间/min	22	…								
$\kappa_t/(S\cdot m^{-1})$										
$(\kappa_0-\kappa_t)/(S\cdot m^{-1})$										
$(\kappa_t-\kappa_\infty)/(S\cdot m^{-1})$										
$\frac{\kappa_0-\kappa_t}{\kappa_t-\kappa_\infty}$										

2. 以 $\frac{\kappa_0-\kappa_t}{\kappa_t-\kappa_\infty}$ 对 t 作图，取 $A(x_1,y_1)$ 和 $B(x_2,y_2)$ 计算斜率，从直线斜率计算反应速

率常数 k。

$$斜率=\frac{y_2-y_1}{x_2-x_1}=$$

$$k=\frac{斜率}{c}=$$

3. 计算反应活化能。

六、思考题

1. 为何本实验要在恒温条件下进行，而且 $CH_3COOC_2H_5$ 和 NaOH 溶液混合前还要预先恒温？

2. 如何从实验结果来验证乙酸乙酯皂化为二级反应？为什么 $CH_3COOC_2H_5$ 和 NaOH 溶液要足够稀？

3. 为什么反应起始 $CH_3COOC_2H_5$ 和 NaOH 溶液浓度要相同，如果不同，如何计算 k 值？

4. 配制稀释两倍的 NaOH 溶液的目的是什么？

5. 计算反应速率常数 k，需要由直线斜率除以浓度 c，c 取多少？

七、实验注意事项

1. 反应起始 $CH_3COOC_2H_5$ 和 NaOH 溶液浓度要准确相等。

2. 将乙酸乙酯压到 NaOH 中时，不要有漏气现象，橡皮塞塞紧，一压过去即按表计时。

3. 本实验所用的电导水（蒸馏水）需事先煮沸，待冷却后使用，以免溶有的 CO_2 使 NaOH 溶液浓度发生变化。

4. $CH_3COOC_2H_5$ 溶液须使用时临时配制，因该稀溶液会缓慢水解（$CH_3COOC_2H_5+H_2O═══CH_3COOH+C_2H_5OH$），影响 $CH_3COOC_2H_5$ 的浓度，且水解产物 CH_3COOH 又会部分消耗 NaOH。在配制溶液时，因 $CH_3COOC_2H_5$ 易挥发，称量时可预先在称量瓶中放入少量已煮过的电导水，且动作要迅速。

5. 不可用纸擦拭电导电极上的铂黑，清洗电极时不要碰到铂黑。电极不用时要浸泡在 KCl 溶液中。在反应过程中不得触动电极。

6. 该反应为吸热反应，混合后体系温度降低，所以在混合后，几分钟内所测溶液的电导率偏低，因此最好等待四分多钟后，开始记录电导率，否则作图为一抛物线，而非直线。

八、进一步扩展设计性实验思维

该反应进行过程中，OH^- 浓度逐渐减小，CH_3COO^- 浓度逐渐增大，故反应体系的 pH 是逐步减小的，因此，也可以通过测定体系的 pH 变化来求解反应速率常数。

该反应如果反应物浓度不等，由式(2-14-2) 得：

$$\int_0^x \frac{dx}{(c_1-x)\times(c_2-x)}=\int_0^t k\,dt$$

积分后：$\ln\frac{(c_1-x)}{(c_2-x)}=(c_1-c_2)kt+\ln\frac{c_1}{c_2}$

由 $\ln\frac{(c_1-x)}{(c_2-x)}$ 对 t 作图得一直线，求斜率可得速率常数 k。

求反应速率常数，首先需要测定反应不同时间的反应物或生成物浓度，测定浓度的方法很多，有化学分析法及物理化学分析法两类。化学分析法是在一定时间取出一部分试样，使用骤冷或取出催化剂等方法使反应停止，然后进行分析，直接求出浓度。这种方法设备简单，但是时间长，比较麻烦。物理化学分析法有旋光、折光、电导等方法，根据不同情况采用不同仪器。这些方法的优点是实验时间短，速度快，可不中断反应，还可以采用自动化装置，不断开发新的分析方法是今后发展的方向。

实验十五 联机测定 B-Z 化学振荡反应

一、目的和要求

1. 了解 Belousov-Zhabotinskii 反应（简称 B-Z 反应）的基本原理。
2. 掌握一般的化学振荡反应研究方法，初步认识体系的非平衡非线性行为。

二、实验原理

自然科学领域中普遍存在非平衡非线性的问题。这一新兴的研究领域受到了重视，人们正在进行大量的研究工作。体系在远离平衡态下，由于本身的非线性动力学机制而产生宏观时空有序结构，普利高津（Prigogine）等人称其为耗散结构（dissipative structure）。最经典的耗散结构是 B-Z 体系的时空有序结构，B-Z 体系是指由溴酸盐、有机物在酸性介质中，在金属离子催化剂催化下构成的体系，体系中的某物质的浓度随时间（或空间）发生周期性的变化，为化学振荡反应。它是由苏联科学家 Belousov（别诺索夫）发现，后经柴波廷斯基（Zhabotinskii）发展而得名。

1972 年，弗尔德（R. J. Field）、克罗斯（E. Koros）、诺伊斯（R. M. Noyes）等人通过实验对 B-Z 振荡反应作出了解释，被称为 FKN 机理。反应体系中存在着两个受溴离子浓度控制的过程 A 和 B；当 Br^- 浓度高于临界（crit.）浓度 Br^-_{crit} 时，发生 A 过程，当 Br^- 浓度低于 Br^-_{crit} 时，发生 B 过程。也就是说：Br^- 浓度起着开关作用，它控制着 A 到 B 过程，再由 B 过程到 A 过程的转变。在 A 过程，由于化学反应 Br^- 浓度降低，当 Br^- 浓度低于 Br^-_{crit} 时，发生 B 过程。在 B 过程中，Br^- 再生，Br^- 浓度增加，当 Br^- 浓度达到 Br^-_{crit} 时，发生 A 过程。这样，体系就在 A 过程、B 过程间往复振荡。下面以 BrO_3^--Ce^{3+}-MA（丙二酸）-H_2SO_4 体系为例说明。

A 过程，当 Br^- 浓度足够高时，BrO_3^- 通过下式被还原为 Br_2，Br_2 可使丙二酸溴化：

$$BrO_3^- + Br^- + 2H^+ \longrightarrow HBrO_2 + HBrO \qquad (2\text{-}15\text{-}1)$$

$$HBrO_2 + Br^- + H^+ \longrightarrow 2HBrO \qquad (2\text{-}15\text{-}2)$$

$$HBrO + Br^- + H^+ \longrightarrow Br_2 + H_2O \qquad (2\text{-}15\text{-}3)$$

B 过程，当 Br^- 浓度较低时，Ce^{3+} 通过下列反应被氧化：

$$BrO_3^- + HBrO_2 + H^+ \longrightarrow 2BrO_2 + H_2O \qquad (2\text{-}15\text{-}4)$$

$$BrO_2 + Ce^{3+} + H^+ \longrightarrow HBrO_2 + Ce^{4+} \qquad (2\text{-}15\text{-}5)$$

$$2HBrO_2 \longrightarrow BrO_3^- + HBrO + H^+ \qquad (2\text{-}15\text{-}6)$$

C 过程：$Br_2 + CH_2(COOH)_2 \longrightarrow BrCH(COOH)_2 + Br^- + H^+$ (2-15-7)

$$4Ce^{4+} + BrCH(COOH)_2 + H_2O + HBrO \longrightarrow 2Br^- + 4Ce^{3+} + 3CO_2 + 6H^+ \qquad (2\text{-}15\text{-}8)$$

A 过程消耗 Br^-，产生能进一步反应的 $HBrO_2$，HBrO 为中间产物。B 过程是一个自催化过程，在 Br^- 消耗到一定程度（临界浓度）后，$HBrO_2$ 才按式(2-15-5)、式(2-15-6)进行反应，并不断加速，同时 Ce^{3+} 被氧化为 Ce^{4+}，$HBrO_2$ 的累积还受式(2-15-7) 歧化反应的制约。C 过程中 $BrCH(COOH)_2$ 与 Ce^{4+} 反应生成 Br^-，Ce^{4+} 被还原为 Ce^{3+}。C 过程对于化学振荡非常重要，如果只有 A、B 过程就是一般的催化反应，进行一次就结束了，正是 C 过程的存在，以丙二酸的消耗为代价，放出 CO_2，重新得到 Br^- 和 Ce^{3+}，反应得以再次启动，形成周期性的振荡反应，Br^-、Ce^{3+} 和 Ce^{4+} 浓度随时间周期性振荡变化。由于 Ce^{3+} 为无色，Ce^{4+} 为黄色，所以反应液在无色与黄色之间变化。随着反应的进行，丙二酸的不断消耗，BrO_3^- 的浓度逐渐减少，CO_2 气体不断放出，体系能量与物质逐渐消耗，如果不补充新的原料则最终会导致振荡结束。

该反应体系的总反应为：

$$2BrO_3^- + 3H^+ + 5CH_2(COOH)_2 \longrightarrow 3BrCH(COOH)_2 + 4CO_2 + 5H_2O + 2HCOOH \tag{2-15-9}$$

振荡反应的控制离子为 Br^-。由此可见，产生化学振荡需满足以下条件：①体系必须开放，消耗外界有效物质与能量的过程，使体系产生和获得持续的振荡、形成和维持有序；②体系要远离平衡态，体系远离平衡时才具有足够的反应推动力，非平衡态才有可能失去稳定性，从无序自发地转化为有序，形成耗散结构；③体系必须存在双稳态，即在同样的外界条件下，体系必须能在两个不同的稳定状态下存在，系统处于稳定状态，是指所有外部参数都达到恒定值，并且在参数发生微小变化（例如滴入一滴酸）后仍能恢复原状态而不转变成一个新的状态；④体系必须有某些非线性动力学过程，自催化式的反应；反应产物之所以能加速反应，是因为其为自催化反应，如过程 A 的产物 $HBrO_2$，同时又是反应物；这是一种自我复制、自我放大的变化机制。

化学振荡体系的振荡现象可以通过多种方法观察到，如观察溶液的颜色的变化，测定吸光度随时间的变化，测定电势随时间的变化等。本实验以铂电极为导电电极，与溶液中 Ce^{3+}/Ce^{4+} 组成氧化还原电极，以参比电极饱和甘汞电极作为对电极组成原电池，则：

$$\phi_{\left(\frac{Ce^{3+}}{Ce^{4+}}\right)} = \phi^{\ominus} - \frac{RT}{2F}\ln\frac{Ce^{3+}}{Ce^{4+}} \tag{2-15-10}$$

$$E = \phi_{Ce^{3+}/Ce^{4+}} - \phi_{甘汞} \tag{2-15-11}$$

通过测定电极上电势与时间的变化（E-t 曲线）来观察 B-Z 反应的振荡现象（图 2-15-1），得到诱导期 $t_{诱}$ 和振荡周期 t_1、t_2 等。

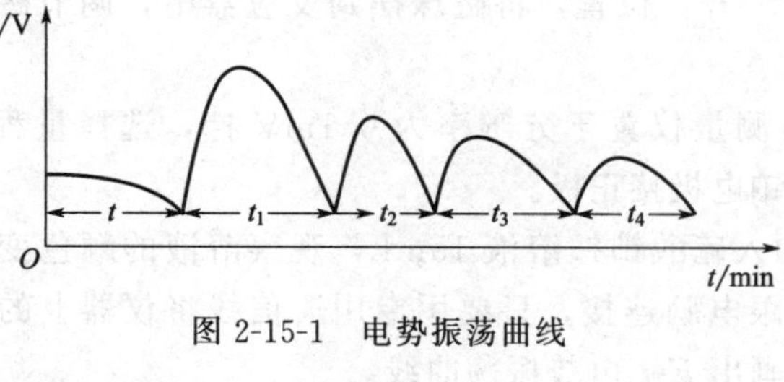

图 2-15-1　电势振荡曲线

按 FKN 机理，根据阿仑尼乌斯公式可得：

$$\ln(1/t_{诱}) = \ln A - E_{诱}/RT \tag{2-15-12}$$

$$\ln(1/t_{振}) = \ln B - E_{振}/RT \tag{2-15-13}$$

如果测定不同温度下的振荡周期并近似忽略温度对活化能的影响，则可以估算 C 过程式(2-15-8) 反应的诱导与振荡表观活化能 $E_{诱}$ 与 $E_{振}$。另外，随反应的进行，有机物浓度逐渐减少，振荡周期逐渐增大，最终停止振荡，反应终止。

三、仪器和试剂

B-Z 振荡实验装置 1 套，超级恒温槽 1 台，217 型甘汞电极 1 支，移液管（10mL）4 支，试剂瓶（250mL）4 个，丙二酸（AR），硫酸（AR），溴酸钾（GR），硫酸铈铵溶液（$0.004mol \cdot L^{-1}$）。

四、实验步骤

1. 为了防止参比电极中离子对实验的干扰，以及溶液对参比电极的干扰，所用的饱和甘汞电极与溶液之间必须用 $1mol \cdot L^{-1}$ H_2SO_4 盐桥隔离。

2. 按图 2-15-2 连接好仪器，接通恒温槽电源，将温度调节至（25±0.1)℃（或需要的设定温度），待温度稳定后接通循环水。

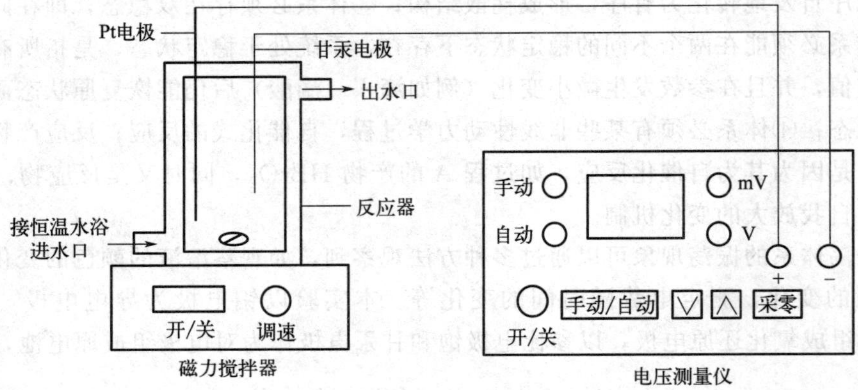

图 2-15-2　B-Z 反应实验装置图

3. 配制 $0.5mol \cdot L^{-1}$ 丙二酸 250mL、$0.25mol \cdot L^{-1}$ 溴酸钾 250mL、$3.00mol \cdot L^{-1}$ 硫酸 250mL。在 $0.2mol \cdot L^{-1}$ 硫酸介质中配制 $4\times10^{-3} mol \cdot L^{-1}$ 的硫酸铈铵 250mL。

4. 在反应器中加入已配好的丙二酸溶液、溴酸钾溶液、硫酸溶液各 15mL。同时将硫酸铈铵溶液也放入超级恒温水浴中恒温。

5. 将电源开关置于“开”位置，将磁珠摆到反应器中，调节磁力搅拌器“调速”旋钮调节至合适的速度。

6. 将数字直流电压测量仪置于分辨率为 0.1mV 挡，选择量程 2V 挡位，且为手动状态，甘汞电极接负极，铂电极接正极。

7. 恒温 10min 后加入硫酸铈铵溶液 15mL，观察溶液的颜色变化，同时开始计时并记录相应的变化电势。若跟电脑连接，只要用专用通信线将仪器上的串行口与电脑串行口相接，采用相应软件就可画出 E-t 电势振荡曲线。

8. 电势变化首次到最低时，记为时间 $t_{诱}$，振荡开始后每个周期依次定义为 t_1、t_2、t_3……

9. 用上述方法将温度设置为 30℃、35℃、40℃、45℃、50℃，重复实验。

五、实验数据记录与处理

室温：________大气压：________实验时间：________

T/K	$t_{诱}$	t_1	t_2	$\ln(1/t_{诱})$	$\ln(1/t_1)$	$1/T$
323						
328						
333						
338						
343						
348						

1. 从各温度的 E-t 电势振荡曲线（图 2-15-1）得到诱导期 $t_{诱}$ 和周期 t_1、t_2，填入表中。

2. 根据 $t_{诱}$，第一、第二振荡周期 t_1、t_2 与温度 T 的数据，作 $\ln(1/t_{诱})$-$1/T$ 和 $\ln(1/t_{振})$-$1/T$ 图，由直线的斜率求出表观活化能 $E_{诱}$ 与 $E_{振}$。

六、思考题

1. 观察电势曲线与颜色和电势值的对应关系，分析 Pt 电极记录的电势。曲线主要反映哪个电对电势的变化？试说明理由。

2. 影响诱导期的主要因素有哪些？

3. 不同温度下的每组实验，为什么要尽量保持磁力搅拌的转速一致？

4. 分析周期（t_1）随温度的变化。

七、实验注意事项

1. 实验中溴酸钾试剂纯度要求高，为 GR；其余为 AR。

2. 配制硫酸铈铵溶液时，一定要在 0.2mol·L^{-1} 硫酸介质中配制，防止发生水解呈混浊。

3. 反应器应清洁干净，转子位置和速度都必须加以控制。

八、进一步扩展设计性实验思维

对于化学反应，通常是研究其平衡态线性特性，如酸碱电离平衡、沉淀溶解平衡、氧化还原平衡和配合平衡等四大平衡。化学平衡理论认为，反应后各生成物分子无序地均匀混杂着，达到一种极限状态，该状态不随时空变化的特性，是由熵增原理决定的。在一种开放的、远离平衡的非线性反应系统，可以在特定的动力学条件下失去稳定性，从而自发产生某种时空有序的状态，呈现出类似于生命特征的自组织现象。如：早在 20 世纪，人们将碘化钾溶液加到含有硝酸银的胶体介质中就发现了所得到的碘化银沉淀会形成一圈圈规则间隔的环，这是一种周期沉淀现象。1873 年李普曼报道了汞心实验：把汞放在玻璃杯中央，汞附近置一铁钉，再把硫酸和重铬酸钾溶液注入杯中，就会发现汞球像心脏一样周期跳动；1921 年布雷发现在碘酸-碘水催化双氧水分解反应实验时，可以看到该分解反应中氧的生成速率和溶液中的碘的浓度都呈周期变化的现象。但是，由于受到传统的经典热力学限制以及当时科学技术的局限，这些现象并不能被人们解释。20 世纪 60 年代末提出的耗散理论，研究了从混沌向有序转化的机理和规律，并随着化学动力学理论及非线性科学的发展，人们才得以正确解释上述周期振荡现象。

一种新的理论的诞生往往需经几年或几十年的努力和检验，FKN 机理也不例外。非线性动力学控制的化学振荡体系具有典型的非线性动力学特征，振荡反应体系表现出来的非线性动力学行为和自然界中的一些复杂行为使生物体系的行为尤为相似，利用振荡体系进行信息处理、生物行为的模拟、仿生器的制备等具有非常重要的意义。

D. 表面化学实验

实验十六 比表面积的测定——溶液吸附法

一、目的和要求

1. 了解溶液吸附法测定比表面积的原理。
2. 掌握朗缪尔单分子层吸附理论及测定比表面积的溶液吸附法。

二、实验原理

比表面积是1g固体物质所具有的表面总面积。比表面积是粉末多孔性物质的一个重要特征参数，对吸附、多相催化和表面反应特别重要。在催化、色谱、环保、纺织等许多生产和科研部门有着广泛的应用。

水溶性染料的吸附已应用于测定固体的比表面积。在所有的染料中亚甲基蓝具有最大的吸附倾向，可被大多数固体物质所吸附。本实验中利用亚甲基蓝染料吸附法测定微球硅胶的比表面积。研究表明，在一定的浓度范围内，大多数固体对亚甲基蓝是单分子层吸附，即符合朗缪尔吸附模型（图 2-16-1）。但当原始溶液的浓度过高时，会出现多分子层吸附；而如果原始溶液的浓度过低，吸附就不能达到平衡。因此，原始溶液的浓度应选择在适当的范围。

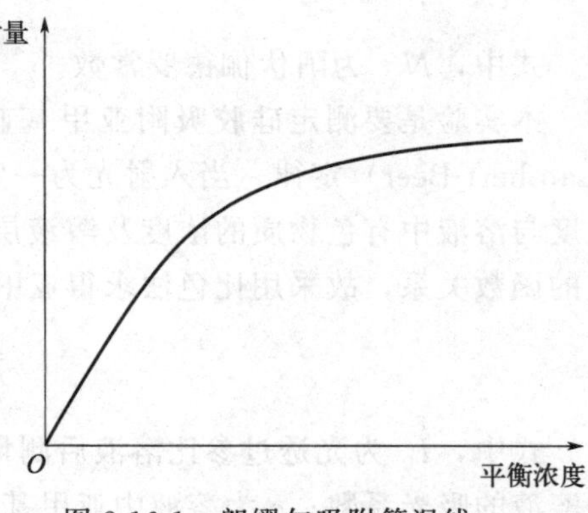

图 2-16-1 朗缪尔吸附等温线

亚甲基蓝具有以下矩形平面结构：

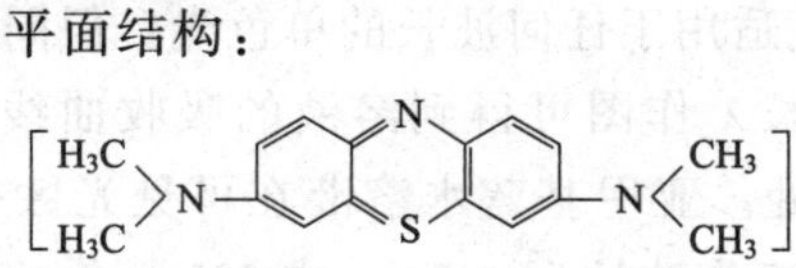

亚甲基蓝阳离子的大小为 $(1.70\times0.76\times0.325)\text{nm}^3$。亚甲基蓝分子的吸附有三种倾向。平面吸附投影面积为 1.35nm^2，侧面吸附投影面积为 0.75nm^2，端基吸附投影面积为 0.395nm^2。对于硅胶，亚甲基蓝可能不是平面吸附而是端基吸附，亚甲基蓝分子覆盖的面积 σ_A 可按端基吸附投影面积 0.395nm^2 计算。

根据朗缪尔吸附理论假设，固体表面是均匀的，吸附是单分子层吸附，吸附剂一旦被吸附质分子覆盖就不能再吸附；在吸附达到平衡时，吸附与脱附建立动态平衡；固体吸附剂吸附染料吸附质分子时，吸附速率与固体空白表面成正比，脱附速率与覆盖度成正比。

设固体吸附剂表面的吸附位总数为 N，覆盖度为 θ，吸附溶液中吸附质浓度为 c，根据上述假定有：

吸附速率： $$r_{吸}=k_1N(1-\theta)c \quad (k_1\text{ 为吸附速率常数}) \tag{2-16-1}$$

脱附速率：　　　　　$r_{脱}=k_{-1}N\theta$　（k_{-1} 为脱附速率常数）　　　　(2-16-2)

当达到吸附平衡时 $r_{吸}=r_{脱}$，可以得到：

$$\theta=\frac{K_{吸}c}{1+K_{吸}c} \tag{2-16-3}$$

式中，$K_{吸}=k_1/k_{-1}$ 为吸附平衡常数，其值取决于吸附剂和吸附质的性质及温度。$K_{吸}$ 越大，固体对吸附质的吸附能力越强。

以 Γ 表示浓度 c 时平衡吸附量，以 Γ_∞ 表示固体表面全部吸附位被吸附质占据时单分子层的吸附量，即饱和吸附量（1g 固体吸附剂对吸附质的饱和吸附量），则覆盖度 $\theta=\Gamma/\Gamma_\infty$。代入式(2-16-3) 可得：

$$\Gamma=\Gamma_\infty\frac{K_{吸}c}{1+K_{吸}c} \tag{2-16-4}$$

整理式(2-16-4) 可得：

$$\frac{c}{\Gamma}=\frac{1}{\Gamma_\infty K_{吸}}+\frac{c}{\Gamma_\infty} \tag{2-16-5}$$

作 $\frac{c}{\Gamma}$-c 图，直线斜率的倒数即 Γ_∞，再结合截距值便可以求得 $K_{吸}$。如果每个吸附质分子在吸附剂上所占面积为 σ_A，则可以求得吸附剂比表面积 S：

$$S=\Gamma_\infty N_A\sigma_A \tag{2-16-6}$$

式中，N_A 为阿伏伽德罗常数。

本实验是要测定硅胶吸附亚甲基蓝平衡后，溶液中亚甲基蓝的浓度 c。根据朗伯-比尔(Lambert-Beer) 定律，当入射光为一定波长的单色光时，在一定的浓度范围内，溶液的吸光度与溶液中有色物质的浓度及溶液层的厚度成正比，即吸光度 A 的变化与溶液浓度有一定的函数关系，故采用比色法求得亚甲基蓝的浓度 c。

$$A=\lg\frac{I_0}{I}=KcL \tag{2-16-7}$$

式中，I_0 为光透过参比溶液后测量的光强度；I 为光透过被测试样后测量的光强度；K 为溶液的吸光系数；c 为溶液中亚甲基蓝的浓度；L 为溶液液层厚度。

一般来说，光的吸收定律能适用于任何波长的单色光，但同一种溶液在不同波长所测的吸光度不同。把吸光度 A 对波长 λ 作图可得到溶液的吸收曲线。为了提高测量的灵敏度，工作波长一般选择在 A 值最大处。亚甲基蓝水溶液在可见光区一般有两个吸收峰（445nm 和 665nm），分光光度计选用的工作波长为 445nm 或 665nm，由式(2-16-7) 变换得：

$$c=\frac{A}{KL} \tag{2-16-8}$$

同一溶液 K 不变，同一比色皿的 L 一样，故通过测定吸附平衡后溶液的吸光度 A，从绘制的标准工作曲线上，可以求出亚甲基蓝吸附平衡后的浓度 c。

测定固体比表面积的方法很多，常用的有 BET 低温吸附法、电子显微镜法和气相色谱法。这些方法都需要复杂的装置或较长的实验时间，而用溶液吸附法测比表面积仪器简单，操作方便，还可同时测定许多个样品，因此，也常被采用。但溶液吸附法测定的结果有一定的相对误差。其主要原因在于：吸附时非球形吸附质在各种吸附剂表面的取向都不一样，因此每个吸附质分子的投影面积相差甚远。所以，溶液吸附法测得的数值应用其他方法校正。然而，溶液吸附法常可用来测定大量同类样品的表面积相对值，溶液吸附法测定的误差一般在 10%左右。

三、仪器和试剂

722 型分光光度计 1 台，康氏振荡机 1 台，容量瓶（100mL）11 个，容量瓶（250mL）1 个，碘量瓶（100mL）5 只，洗耳球 1 个，移液管（50mL、25mL）各 1 支，刻度吸管（10mL）1 支，亚甲基蓝储备液（$0.5g \cdot L^{-1}$），微球硅胶。

四、实验步骤

1. 比表面积的测定

（1）配制浓度为 $0.05g \cdot L^{-1}$ 的亚甲基蓝溶液，准确用刻度吸管吸取浓度为 $0.5g \cdot L^{-1}$ 亚甲基蓝储备液 25mL 到 250mL 容量瓶中，用水稀释至刻度线，配制成浓度为 0.05g/L^{-1} 的亚甲基蓝溶液，摇匀。

（2）用移液管分别吸取浓度为 $0.05g \cdot L^{-1}$ 的亚甲基蓝溶液 50mL、40mL、30mL、20mL、10mL，分别置于标有 1、2、3、4、5 标号的 5 个碘量瓶中，再用移液管分别吸取蒸馏水 0mL、10mL、20mL、30mL、40mL，加入到标有 1、2、3、4、5 标号的 5 个碘量瓶中，再准确称量 5 份约 50mg 的硅胶，分别加入到这 5 个碘量瓶中，加盖后振荡 0.5h，就可吸取碘量瓶上层溶液 25mL（不要吸取上硅胶）分别移入 5 个 100mL 容量瓶中，用水稀释至刻度线，摇匀，在分光光度计（吸收波长设置为 445nm 或 655nm）上测其吸光度 $A_1 \sim A_5$。

2. 标准工作曲线的绘制

用刻度吸管吸取浓度为 $0.5g \cdot L^{-1}$ 的亚甲基蓝储备液 1mL、2mL、3mL、4mL、5mL、6mL 于 6 个 100mL 容量瓶中，用蒸馏水稀释至刻度线，摇匀后所得标准溶液的浓度分别为：$0.005g \cdot L^{-1}$、$0.01g \cdot L^{-1}$、$0.015g \cdot L^{-1}$、$0.02g \cdot L^{-1}$、$0.025g \cdot L^{-1}$、$0.03g \cdot L^{-1}$，用蒸馏水作空白，在分光光度计上分别测定吸光度 A。

然后，以标准溶液（系列）浓度为横坐标，吸光度 A 为纵坐标绘制标准工作曲线。

五、实验数据记录与处理

1. 实验记录如下。

室温：＿＿＿＿＿＿大气压：＿＿＿＿＿＿实验时间：＿＿＿＿＿＿

亚甲基蓝储备液/($0.5g \cdot L^{-1}$)	1.00	2.00	3.00	4.00	5.00	6.00
标准溶液浓度/($\times 10^{-3}g \cdot L^{-1}$)	5	10	15	20	25	30
吸光度 A						

以上表中数据绘制标准工作曲线。

碘量瓶编号	1	2	3	4	5
$0.05g \cdot L^{-1}$ 亚甲基蓝溶液体积/mL	50	40	30	20	10
蒸馏水体积/mL	0	10	20	30	40

续表

硅胶质量 m/mg					
吸光度 $A_{样}$					
c'					
吸附后浓度 c					

2. 计算吸附量，根据步骤1中测得的吸光度 $A_1 \sim A_5$，从标准工作曲线中查出对应浓度 $c_1' \sim c_5'$，换算成未稀释时（吸附达平衡后）溶液的浓度 $c_1 \sim c_5$，即 $c_i=(100/25)c_i'$，根据平衡浓度 $c_1 \sim c_5$ 及初始浓度 c_{i0} 的数据，按式(2-16-9) 求出各碘量瓶中硅胶样品的吸附量 $\Gamma_1 \sim \Gamma_5$。

$$\Gamma_i=\frac{c_{i0}-c_i}{m}V \tag{2-16-9}$$

式中，m 为分别加入硅胶的质量；V 为吸附溶液的总体积，为50mL。

3. 由式(2-16-5) 作 $\frac{c}{\Gamma}$-c 图，求出 Γ_∞，进而由式(2-16-6) 求出硅胶比表面积 S。

六、思考题

1. 步骤1中吸附后的溶液为什么要稀释后才进行吸光度测定？
2. 式(2-16-5) 应用的条件是什么？
3. 比表面积的测定与温度、吸附质的浓度、吸附剂颗粒、吸附时间有什么关系？
4. 溶液产生吸附时，如何判断其达到平衡？

七、实验注意事项

1. 标准溶液的浓度要准确。
2. 废液倒入废液瓶中，切勿污染环境。
3. 由于各台分光光度计波长刻度略有误差，故实际测试时可自行选择工作波长。方法是用 $0.015g \cdot L^{-1}$ 的标准溶液在400～700nm范围内测量吸光度，以吸光度最大时的波长作为工作波长。

八、进一步扩展设计性实验思维

较精确的方法为采用液氮吸附的BET法测定吸附固体的比表面积。

可以采用该方法测定活性炭的比表面积，活性炭的比表面积比较大，故亚甲基蓝原始溶液的浓度需要比较高一些，为 $2g \cdot L^{-1}$ 左右，平衡溶液的浓度不小于 $1mg \cdot L^{-1}$。

中国胶体表面化学创始人傅鹰先生主要从事胶体与表面化学方面的研究，特别是在表面化学的吸附理论方面有着深入、系统的研究，提出了表面化学的吸附理论，利用润湿热测定固体粉末比表面的公式和方法，比著名的BET（Brunauer-Emmett-Teller）气体吸附法早8年，深受国际学术界的重视。傅鹰先生归国后积极投入国家建设中，研究了中国蒙脱土的吸附和润湿、石油钻井泥浆流变性、离子交换理论和应用、矿物浮选等国家建设急需的应用课题，解决了生产中的许多实际问题。

实验十七 表面活性剂物理化学性质的研究

一、目的和要求

1. 掌握电导法测定表面活性剂溶液临界胶束浓度（CMC）的原理和方法。
2. 了解表面活性剂的特性及胶束形成原理。

二、实验原理

表面活性剂（surfactant）是指能使目标溶液表面张力显著下降的物质。表面活性剂的分子，一端为亲水基团，另一端为亲油基团，在溶液的表面能定向排列。亲水基团常为极性基团，如磺基、氨基或胺基、羟基、酰胺基、硝基等，而亲油基团常为非极性的，如烃基、卤代烃基等。表面活性剂分为离子型表面活性剂（包括阳离子表面活性剂与阴离子表面活性剂）、非离子型表面活性剂、两性表面活性剂、复配表面活性剂、其他表面活性剂等。在表面活性剂溶液中，当表面活性剂分子在水溶液表面达到饱和后，继续加入表面活性剂，其分子就会急速转入溶液内部，其亲油基团的存在，使水分子与表面活性剂分子的亲油基团相互间的排斥力远大于吸引力，导致表面活性剂分子自身依赖范德华力相互聚集，发生缔合，形成亲水基向外、亲油基向内的表面活性剂分子络合物胶束（或胶团），如图 2-17-1 所示，这些胶束在水中稳定分散。

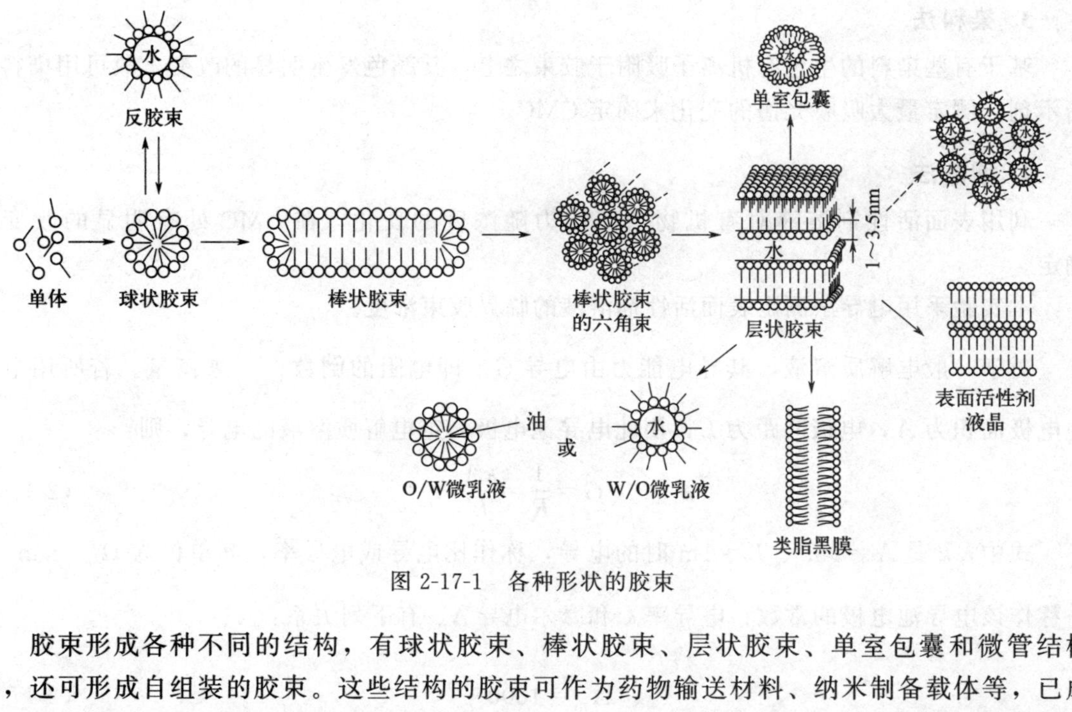

图 2-17-1 各种形状的胶束

胶束形成各种不同的结构，有球状胶束、棒状胶束、层状胶束、单室包囊和微管结构等，还可形成自组装的胶束。这些结构的胶束可作为药物输送材料、纳米制备载体等，已成为高分子科学和生物医学等研究领域的热点之一。表面活性剂溶液开始形成胶束的浓度称为该表面活性剂的临界胶束浓度（critical micelle concentration），简称 CMC。临界胶束浓度下，表面活性剂的许多物理化学性质，例如表面张力、黏度、折射率等发生突变，表现出增溶、去污或乳化等多种作用。

由于表面活性剂溶液的许多物理化学性质随着胶束的形成而发生突变（图 2-17-2），故将 CMC 的大小看作表面活性剂的一个重要特性，是表面活性剂表面活性大小的量度。因此，测定 CMC，掌握影响 CMC 的因素，对于深入研究表面活性剂的物理化学性质是至关重要的。

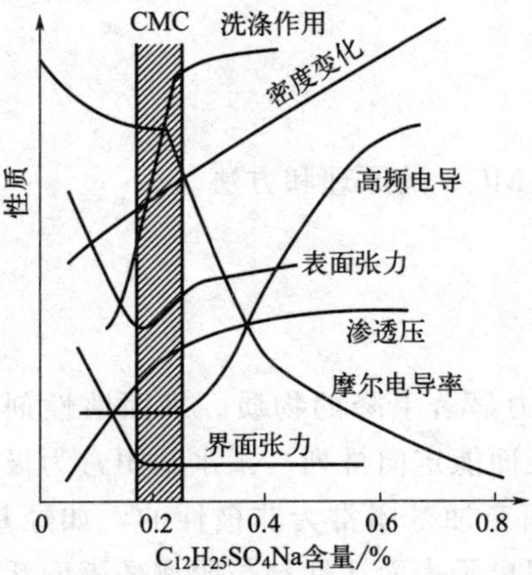

图 2-17-2 十二烷基硫酸钠水溶液物理化学性质的变化

测定 CMC 的方法很多，原则上只要溶液的物理化学性质在 CMC 处发生突变，都可以用来测定 CMC，常用的测定方法如下。

1. 表面张力法

不同浓度下表面活性剂溶液的表面张力，在浓度达到 CMC 时发生转折。以表面张力（σ）对表面活性剂溶液浓度的对数 $\lg c$ 作图，由曲线的转折点来确定 CMC。

2. 电导法

利用离子型表面活性剂水溶液电导率随浓度的变化关系，从电导率（κ）对浓度（c）曲线或摩尔电导率 Λ_m-$c^{1/2}$ 曲线转折点求 CMC。此法仅对离子型表面活性剂适用，而对 CMC 值较大、表面活性低的表面活性剂，因转折点不明显而不灵敏。

3. 染料法

基于有些染料的生色有机离子吸附于胶束之上，其颜色发生明显的改变，故可用染料作指示剂，测定最大吸收光谱的变化来确定 CMC。

4. 增溶法

利用表面活性剂溶液对有机物增溶能力随浓度的变化，在 CMC 处有明显的改变来确定。

本实验采用电导法测定表面活性剂溶液的临界胶束浓度。

对于一般电解质溶液，其导电能力由电导 G，即电阻的倒数$\left(\frac{1}{R}\right)$来衡量。若所用电导池电极面积为 A，电极间距为 L，用此电导池电极测定电解质溶液的电导，则：

$$G=\frac{1}{R}=\frac{\kappa A}{L} \tag{2-17-1}$$

式中，κ 是 $A=1\text{m}^2$、$L=1\text{m}$ 时的电导，称作比电导或电导率，其单位为 $\Omega^{-1}\cdot\text{m}^{-1}$；$\frac{L}{A}$称作该电导池电极的常数；电导率 κ 和摩尔电导 Λ_m 有下列关系：

$$\Lambda_m=1000\,\frac{\kappa}{c} \tag{2-17-2}$$

式中，Λ_m 表示化归为 1mol 电解质溶液的导电能力，即摩尔电导；c 为电解质溶液的物质的量浓度。

摩尔电导 Λ_m 随电解质浓度而变，对强电解的稀溶液：

$$\Lambda_m = \Lambda_m^{\infty} - Bc^{1/2} \tag{2-17-3}$$

式中，Λ_m^{∞} 为溶液无限稀时的摩尔电导；B 为常数。

对于离子型表面活性剂，当溶液很稀时，电导的变化规律也和强电解质一样；但当溶液浓度达到临界胶束浓度时，随着胶束的生成，电导率发生变化，摩尔电导急剧下降，这就是电导法测定离子型表面活性剂 CMC 的依据。

三、仪器和试剂

SLDS-Ⅱ型电导率仪 1 台，恒温槽 1 台，容量瓶（25mL）10 个，移液管（2mL、5mL、10mL）各 1 支，烧杯（100mL）13 个，氯化钾（AR），十二烷基硫酸钠（用乙醇经 2～3 次重结晶提纯），去离子水。

四、实验步骤

1. 接通仪器电源，将电极插头插入电极插座（插头、插座上的定位销对准后，按下插头顶部即可），并将电极置于蒸馏水中，仪器处于测量状态，让仪器预热 15min。

2. 安装好恒温槽，温度调到比室温高 2～3℃。

3. 用 25mL 容量瓶精确配制 8～10 个浓度范围在 $3\times10^{-3}\sim3\times10^{-2}\,\mathrm{mol\cdot L^{-1}}$ 不同浓度的十二烷基硫酸钠水溶液，倒入烧杯，放入恒温槽。配制时最好用新制出的去离子水。

4. 恒温 10min 后，从低浓度到高浓度依次测定表面活性剂溶液的电导率值（电导率仪使用见实验九或附录）。每次测量前电极都要用去离子水冲洗，再用待测溶液冲洗 2～3 次。

五、实验数据记录与处理

室温：__________大气压：__________实验时间：__________

容量瓶编号	样 1	样 2	样 3	样 4	样 5	样 6	样 7	样 8	样 9	样 10
表面活性剂浓度 $c/(\mathrm{mol\cdot L^{-1}})$										
电导率 $\kappa/(\Omega^{-1}\cdot \mathrm{m^{-1}})$										
摩尔电导 $\Lambda_m/(\mathrm{mol}\cdot\Omega^{-1}\cdot \mathrm{m^{-1}\cdot L^{-1}})$										

1. 根据测出的各浓度十二烷基硫酸钠水溶液的电导率，由式(2-17-2) 计算摩尔电导。

2. 将数据作 κ-c 图与 Λ_m-$c^{1/2}$ 图，由曲线转折点确定临界胶束浓度值。

六、思考题

1. 表面活性剂的结构特征是什么？

2. 非离子型表面活性剂能否用本实验方法测定临界胶束浓度？若不能，可用何种方法？

3. 表面活性剂的哪些性质与 CMC 有关？

4. 溶解的分子与胶束之间的平衡与浓度和温度有关，其关系式为：

$$\frac{\mathrm{d}\ln c_{\mathrm{CMC}}}{\mathrm{d}T} = -\frac{\Delta H}{2RT^2}$$

如何测出其热效应 ΔH？

七、实验注意事项

1. 配制的溶液要保证表面活性剂浓度准确。
2. CMC 有一定的范围。

八、进一步扩展设计性实验思维

还可用环法、最大泡压法测定表面活性剂液体表面张力，确定 CMC，对不同方法的测定结果进行比较；还可以不同类型表面活性剂探讨基团、链长对 CMC 的影响；加入无机盐类等对 CMC 的影响。

实验十八 最大泡压法测定溶液的表面张力

一、目的和要求

1. 测定不同浓度乙醇水溶液的表面张力，计算表面吸附量和乙醇分子的横截面积。
2. 了解表面张力的性质、表面自由能的意义以及表面张力和吸附的关系。
3. 掌握用最大泡压法测定表面张力的原理和技术。

二、实验原理

1. 表面自由能与表面张力

物体表面分子和内部分子所处的环境不一样，表面层分子受到向内的拉力，所以，表面都有自动缩小的趋势，这种趋势对于液体尤为显著和重要。从热力学观点看，液体表面缩小是一个自发过程，是使体系总的自由能减小的过程。如欲使液体的表面积增加 ΔA（单位为 m^2），则需要对其做功 W，功的大小与新增表面积 ΔA 成正比：

$$-W=\sigma\Delta A \tag{2-18-1}$$

式中，σ 为液体的表面自由能，单位为 $J \cdot m^{-2}$。它表示液体表面分子间相互作用的能量，其量值与液体的成分、溶质的浓度、温度及表面气氛等因素有关。从另一方面考虑，表面层分子受到向内的拉力，力图缩小表面积，这个力表示表面自动缩小趋势的大小，称为表面张力，液体单位面积的表面能的数值和表面张力相同（固体则不相同），故用同一符号 σ 表示，定义为：在表面上垂直作用于单位长度上使表面收缩的力，单位为 $N \cdot m^{-1}$，$1\ N \cdot m^{-1}=1 J \cdot m^{-2}$。

2. 溶液的表面吸附

纯物质表面层的组成与内部的组成相同，因此纯液体降低表面自由能的唯一途径是尽可能缩小其表面积。对于溶液，由于溶质能使溶剂表面张力发生变化，因此可以调节溶质在表面层的浓度来降低表面自由能。

根据能量最低原则，溶质降低溶剂的表面张力时，表面层溶质的浓度比溶液内部的高；反之，溶质使溶剂的表面张力升高时，表面层溶质的浓度比内部的浓度低。这种表面浓度与溶液内部浓度不同的现象叫做溶液的表面吸附。显然，在指定的温度和压力下，溶质的吸附量与溶液的表面张力及溶液的浓度有关，从热力学方法可知它们之间的关系遵守吉布斯（Gibbs）吸附方程：

$$\Gamma=-\frac{c}{RT}\left(\frac{d\sigma}{dc}\right)_T \tag{2-18-2}$$

式中，Γ 为表面吸附量，$mol \cdot m^{-2}$；T 为热力学温度，K；c 为溶液浓度，$mol \cdot dm^{-3}$；R 为气体常数。

$(d\sigma/dc)_T<0$，则 $\Gamma>0$，称为正吸附；$(d\sigma/dc)_T>0$，则 $\Gamma<0$，称为负吸附。本实验研究正吸附情况。

有一类物质，溶入溶剂后，能使溶剂的表面张力降低，这类物质被称为表面活性物质。表面活性物质具有显著的不对称结构，它们是由亲水的极性基团和憎水的非极性基团构成的。对于有机化合物来说，表面活性物质的极性部分一般为$—NH_2$、—OH、—SH、—COOH、$—SO_2OH$ 等。乙醇就属于这样的化合物。它们在水溶液表面排列的情况随其浓度不同而异。如图 2-18-1 所示，表面活性物质浓度很小时，分子可以“平躺”在表面上；浓度增大时，分子的极性基团取向溶液内部，而非极性基团取向溶液表面上的空间；当浓度增至一定数值，溶质分子占据了所有表面，就形成饱和吸附层。

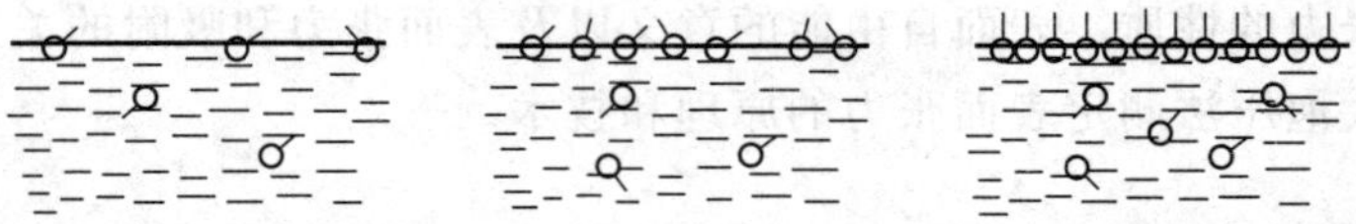

图 2-18-1 表面活性物质分子随浓度增大在水溶液表面上的排列情况示意图

以表面张力对浓度作图，可得到 σ-c 曲线，如图 2-18-2 所示。从图 2-18-2 中可以看出，在开始时，σ 随浓度增加而迅速下降，以后变化得比较缓慢。

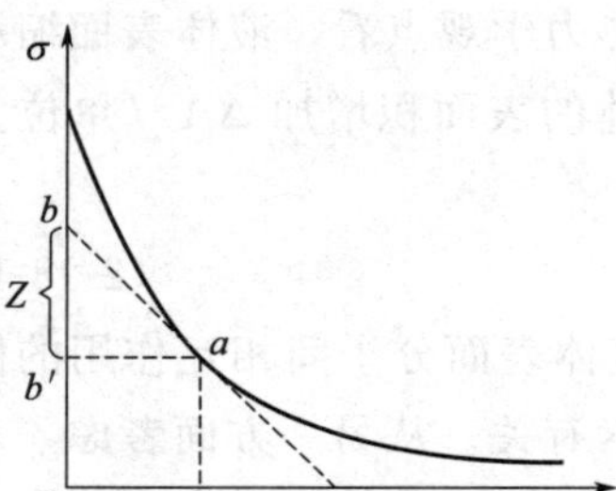

图 2-18-2 表面张力与浓度的关系

在 σ-c 曲线上任选一点 a 作切线，由图解法即可得该点所对应浓度 c 的斜率 $(\mathrm{d}\sigma/\mathrm{d}c)_T=bb'/ab'$，再由式(2-18-2)可求得不同浓度下的 Γ 值。

3. 饱和吸附与溶质分子的横截面积

表面吸附量 Γ 与浓度 c 之间的关系，可用朗缪尔(Langmuir)吸附等温式表示：

$$\Gamma=\Gamma_\infty\frac{Kc}{1+Kc} \tag{2-18-3}$$

式中，Γ_∞ 为饱和吸附量；K 为常数。

将式(2-18-3)取倒数可得：

$$\frac{c}{\Gamma}=\frac{c}{\Gamma_\infty}+\frac{1}{K\Gamma_\infty} \tag{2-18-4}$$

作$\frac{c}{\Gamma}$-c 图，直线斜率的倒数即 Γ_∞。

如果以 N 代表 $1\mathrm{m}^2$ 表面上溶质的分子个数，则有：

$$N=\Gamma_\infty N_\mathrm{A} \tag{2-18-5}$$

式中，N_A 为阿伏加德罗常数。

由此可得每个溶质分子在表面上所占据的横截面积：

$$S_\mathrm{A}=\frac{1}{N}=\frac{1}{\Gamma_\infty N_\mathrm{A}} \tag{2-18-6}$$

因此，若测得不同浓度溶液的表面张力，从 σ-c 曲线上求出不同浓度的吸附量 Γ，再从$\frac{c}{\Gamma}$-c 直线上求出 Γ_∞，便可计算出溶质分子的横截面积 S_A。

4. 最大泡压法

测定表面张力的方法很多。本实验用最大泡压法测定乙醇水溶液的表面张力，其实验采用正压挤出方式，装置如图 2-18-3 及图 2-18-4 所示。将被测液体装于样品管中，使样品管中下端毛细管端面与液面相切，此时，由于毛细管附加压力 p_M 的作用，液面沿毛细管上升到 M 处（图 2-18-5）实验开始前毛细管的上、下压均为大气压 p_o。打开图 2-18-3 中的微压调节阀缓缓吹气，产生 p 的压力，则毛细管中的压力差 $\Delta p = p - p_o$，使毛细管中液面压至管口，并形成气泡，其曲率半径由大而小，直至恰好等于毛细管半径 r，根据拉普拉斯（Laplace）公式，这时气泡能承受的最大压差与溶液表面张力和毛细管半径有关：

$$\Delta p_{max} = p_M = p - p_o = \frac{2\sigma}{r} \tag{2-18-7}$$

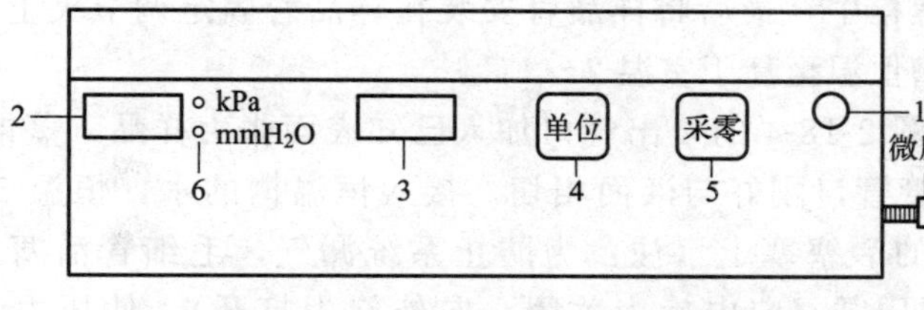

图 2-18-3　测定表面张力装置面板图

1—开关；2—压力显示窗口，显示被测压力实时值；3—峰值保持窗口，显示最大气泡爆破瞬间的峰值；4—单位键，选择所需要的计量单位；5—采零键，扣除仪表的零压力值（即零点漂移）；6—指示灯，显示不同计量单位的信号灯（初始状态 kPa 指示灯亮，LED 显示以法定计量单位 kPa 为计量单位的压力值；按一下单位键，mmH_2O 指示灯亮，LED 显示以 mmH_2O 为计量单位的压力值）

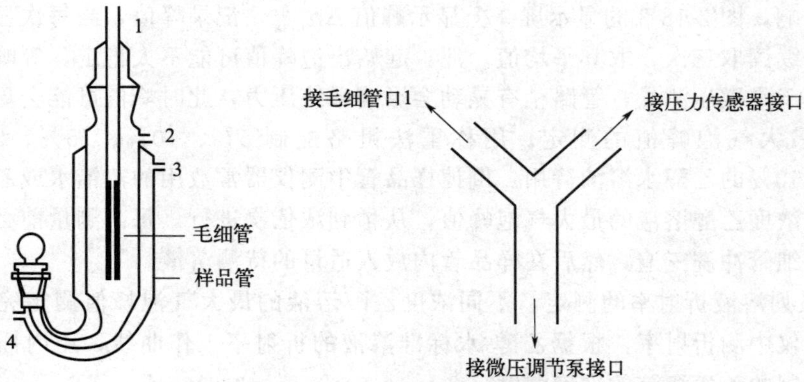

图 2-18-4　仪器连接示意图

1—毛细管口；2—出气口；3—接恒温槽进水口；4—接恒温槽出水口

如果毛细管半径很小，则形成的气泡基本是球形的。当液面刚刚到毛细管端口，气泡开始形成时，表面几乎是平的，这时曲率半径最大；随着气泡的形成，继续吹气，曲率半径逐渐变小，直到形成半球形，这时气泡曲率半径 R 与毛细管半径 r 相等，曲率半径 R 为最小值，根据式(2-18-7)，这时吹气压力差 Δp 达最大值 Δp_{max}，使气泡进一步变大，R 变大，则吹气压力差 Δp 变小，直到气泡受到的浮力大于其所受的张力而逸出，该过程的最大压力差 Δp_{max} 可由仪器测量显示出。

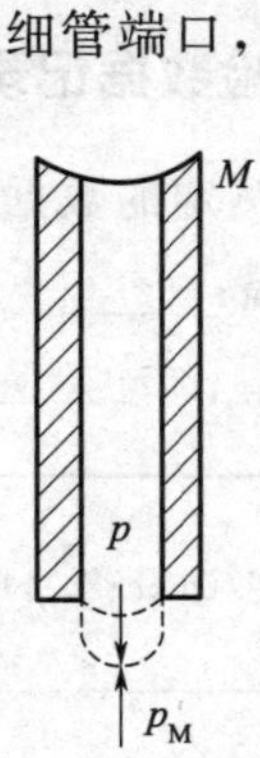

图 2-18-5　毛细管中最大泡示意图

式(2-18-7) 中的毛细管半径 r 称为仪器常数，可以用已知表面张力 σ 的物质进行测定（以蒸馏水或纯乙醇的表面张力作为已知数据）。

三、仪器和试剂

DP-AW 表面张力测定装置 1 套，恒温水浴 1 套，阿贝折射仪 1 台，洗耳球 1 个，试剂瓶（200mL）8 只，移液管（5mL、10mL）各 1 支，乙醇（AR），蒸馏水。

四、实验步骤

1. 将样品管和毛细管洗净、烘干备用。将样品管固定调节夹安装到固定杆上。然后将毛细管插入毛细管调节螺栓中，最后将样品管安装在样品管固定调节夹上。按图 2-18-4 将三通连接好。打开恒温槽恒温至高于室温 2～3℃。

2. 仪器的检漏。向图 2-18-4 的 2 出气口加入已知表面张力样品（蒸馏水或乙醇），旋转毛细管螺栓，使毛细管管口刚好与液面相切。接入恒温槽的水，恒温 5min 后，按采零键。然后把毛细管上端的活塞塞上（注：为防止系统漏气，毛细管活塞应涂上少量凡士林）。此时，打开微压调压阀（向内旋为关闭，向外旋为打开），使压力计上显示的数值以 10 位数左右地增加，当毛细管产生气泡时，关闭微压调节阀。由于内部存储包压力较高，压力通过毛细管不断出泡泄放压力，直至毛细管不出泡，此时压力数值基本稳定，表示不漏气。

3. 仪器常数的测定。微微打开微压调节阀，使压力计显示数值逐渐增加，使气泡由毛细管尖端成单泡逸出，逸出速度为每分钟 6～8 个泡，当气泡刚脱离毛细管管端破裂的一瞬间，蜂鸣器鸣响，图 2-18-3 的显示屏 3 上显示峰值 Δp_{max}，记录峰值，当每次显示的峰值大致相同时，连续读取三次，取其平均值。注：起始出泡峰值可能不太稳定，等峰值稳定后再记录峰值。由于是微压测量，管路稍有晃动会影响系统压力，此时峰值可能会显示错误。

4. 溶液最大气泡峰值的测定。用称重法粗略配制 5%、10%、15%、20%、25%、30%、35%、40%的乙醇水溶液待用。倒掉样品管中测仪器常数用的蒸馏水或乙醇，按上述方法测量不同浓度乙醇溶液的最大气泡峰值，从稀到浓依次进行。每次测量前必须用待测液将样品管与毛细管冲洗三遍，然后在样品管内放入适量的待测溶液。

5. 乙醇系列溶液折射率的测定。不同浓度乙醇溶液的最大气泡峰值测定完后，再直接取样至折射率仪中测折射率，根据乙醇-水标准溶液的折射率工作曲线，用内插值法得出用称重法粗略配制的乙醇溶液的准确浓度。

6. 实验完毕，使系统与大气相通，将毛细管从样品管上端的活塞取出，关掉电源，洗净玻璃仪器。

五、实验数据记录与处理

1. 测定的数据填入下表。

室温：______ 大气压：______ 实验时间：______ 水（标准液）：σ_{H_2O} = ______

Δp_{H_2O} = ______ 仪器常数 r = ______

乙醇浓度/(mol·L^{-1})	Δp_{max}/Pa				σ/(N·m^{-1})	Γ/(mol·m^{-1})
	1	2	3	平均值		

续表

乙醇浓度/(mol·L^{-1})	Δp_{max}/Pa				σ/(N·m^{-1})	Γ/(mol·m^{-1})
	1	2	3	平均值		

2. 根据上表所列不同浓度下的乙醇水溶液的σ，作$\sigma=f(c)$图。

3. 由$\sigma=f(c)$图，在不同浓度c点处作切线，求出切线斜率$(d\sigma/dc)_T$。

4. 由吉布斯吸附方程求出不同浓度c对应的溶质吸附量Γ，并作出$\frac{c}{\Gamma}$-c吸附等温线。求出饱和吸附量Γ_∞，进而求得单个乙醇分子在表面所占据的横截面积。

六、思考题

1. 什么是表面张力、表面能？表面张力与温度有无关系？
2. 什么是正吸附与负吸附？
3. 本实验用吉布斯吸附方程求什么量？要求出此量需什么数据？本实验用什么方法测取此数据？
4. 为什么要测取毛细管半径？测取毛细管半径用乙醇或纯水都可以吗？
5. 为什么要读取最大压差？
6. 影响本实验结果的关键因素是什么？毛细管尖端为何要刚好与液面相接触？

七、实验注意事项

1. 本实验关键在于毛细管尖端的洁净，首先应洗净毛细管（用洗液洗）并注意保护毛细管尖端勿使碰损。
2. 气泡形成速度应稳定。
3. 乳胶管与玻璃仪器、数字压力计等相互连接时，接口与乳胶管一定要插牢，以不漏气为原则，保证实验系统的气密性。
4. 换样品清洗毛细管时，须注意不能有清洗液残留在毛细管内，可用洗耳球直接从毛细管顶部吹一下，再用待测溶液润洗一下毛细管，重复几次即可。
5. 从$\sigma=f(c)$图上求切线斜率，可以电脑作图，拟合出数学式然后进行微分。

八、进一步扩展设计性实验思维

可采用正丙醇、正丁醇、正戊醇探讨分子量变化对表面张力的影响；探讨加入无机盐对表面张力的影响；加入表面活性剂探讨基团对表面张力的影响。

还可用环法测定液体表面张力进行比较；测定接触角，探讨表面张力对接触角的影响；

探讨洗洁精表面张力与去污能力的关系；等等。

该实验数据处理如果采用图解法，由于是手工作图，既费时又容易引入误差，主观随意性大，尤其是作切线一步，切线斜率的微小变化可能引起表面吸附量计算值的很大变化，致使结果重复性差，准确性差。建议使用计算机处理该实验数据，可克服图解法的缺点。在实验浓度范围内，对乙醇水溶液的 σ-c 关系可使用浓度对数多项式、希什科夫斯基经验公式、n 阶多项式、一阶指数衰减式拟合等进行拟合，再对拟合曲线微分得微分值，进而求得表面最大吸附量和乙醇分子横截面积，该方法简便快速、直观合理、准确性好。

实验十九 胶体的制备和电泳

一、目的和要求

1. 了解氢氧化铁溶胶的制备和纯化方法。
2. 观察溶胶的电泳现象，掌握用宏观电泳测定胶粒移动速度及 ζ 电位的方法。
3. 验证胶粒的带电性质。

二、实验原理

溶胶系统是一个高度分散的多相体系。其分散相胶体粒子的尺寸在 1～100nm。制备溶胶的方法主要有两类：一类是使固体粒子变小的分散法，常用的有研磨法、超声波法、胶溶法和电弧法等；另一类是将分子或离子聚结成胶粒的凝聚法，常用的有化学反应法、改换溶剂法等。本实验采用化学反应法制备 $Fe(OH)_3$ 溶胶。

胶体粒子的胶核大多是分子或原子的聚集体，由于选择性地吸附一定量介质中的离子或本身电离及摩擦而带电。整个溶胶系统保持电中性，介质中必然存在与吸附离子电荷相反的离子（称为反离子），反离子中有一部分因静电引力（或范德华力）的作用，与吸附离子一起紧密地吸附于胶核表面，形成紧密层。于是胶核、吸附离子和部分反离子（即紧密层）构成了胶粒。反离子的另一部分由于热运动扩散分布于分散介质中，故称为扩散层（图 2-19-1）。

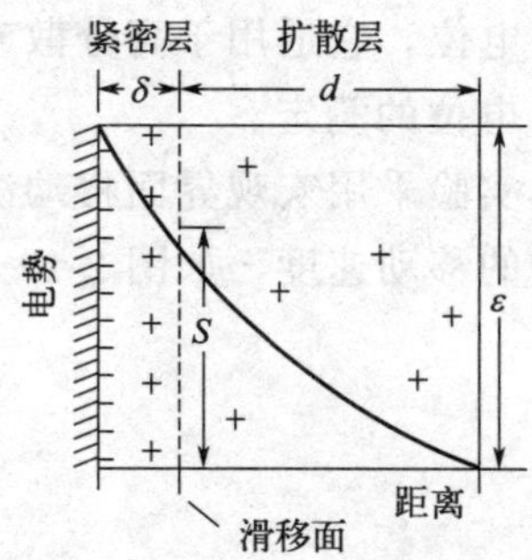

图 2-19-1 扩散双电层的 ζ 电位

扩散层的厚度则随外界条件，温度、系统中电解质的浓度及其离子的价态而改变，扩散层中的反离子分布的情况可用玻尔兹曼（Boltzmann）分布式表示。紧密层与扩散层间交界处称为滑移面［或斯特恩（Stern）面］，显然紧密层与介质内部之间存在电势差，称为 ζ（读作“zeta”）电位。此电位只有处于电场中才显示出来。在外电场中这些荷电的胶粒与紧密层作为一个整体移动，扩散层的反离子则向相反的电极方向移动，这种胶粒相对于分散介质向阳极或阴极（由胶粒荷负电或正电而定）的移动，称为电泳。

显然，胶粒在电场中的移动速度除与外电场的强度有关外，还与 ζ 电位有关，故 ζ 电位也称为电动电势。因为溶胶是高分散的多相的热力学不稳定体系，为了降低体系的表面能，它终将聚集而沉降。但它在一定条件下又能相对稳定地存在，主要原因之一是体系中胶粒带的是同一种电荷，彼此相斥而不致聚集。溶胶的稳定性与它们的 ζ 电位大小有直接关系，ζ 电位越大，胶粒荷电越多，胶粒间的排斥力越大，胶粒越稳定；反之则越不稳定，当 ζ 电位为零时，胶粒最不稳定，可以观察到胶体的聚沉。所以无论制备哪种胶体，通常都需要先了解胶体的 ζ 电位。

以 $Fe(OH)_3$ 溶胶为例，其胶体粒子的结构可用下列胶团表达式表示：

$$\underbrace{\{\underbrace{[Fe(OH)_3]_m}_{\text{胶核}} \cdot \underbrace{nFeO^{+}(n-x)Cl^{-}}_{\text{紧密层}}\}^{x+}}_{\text{胶粒}} \cdot \underbrace{xCl^{-}}_{\text{扩散层}}$$

胶团

图 2-19-2　$Fe(OH)_3$ 溶胶结构图

新制的 $Fe(OH)_3$ 溶胶，在纯化前含有很多的电解质或其他杂质，其中除了部分电解质与胶粒表面所吸附的离子维持平衡外，过量的电解质和杂质将会影响溶胶的稳定性，因此，刚制备的溶胶需经纯化。最常用的纯化方法是渗析法，它是利用半透膜能透过离子和某些分子，而不能透过胶粒的特性，将溶胶中过量的电解质和杂质分离出来，半透膜可由火棉胶制得。纯化时，将刚制备的溶胶，装在半透膜袋内，浸入蒸馏水中，由于电解质和杂质在膜内的浓度大于在膜外的浓度，因此，膜内的离子和其他能透过膜的分子，即向膜外迁移，这样就降低了膜内溶液中电解质和杂质的浓度，多次更换蒸馏水，即可达到纯化的目的。适当提高温度，可以加快纯化过程。

用电泳法测定溶胶 ζ 电位有微观法及宏观法两种方法。前者是直接观察单个胶粒在电场中的运动速度，它适用于色淡及浓度低的溶胶，对高分散的或过浓的溶胶则因不易观察而不适用。后者是借助观测胶体溶液与另一不含胶粒的无色导电溶液的界面在电场中的移动速度测定 ζ 电位，它适用于高分散或高浓度的溶胶的观测。宏观法测定设备简单，操作方便，常用于 ζ 电位的测定。

本实验采用宏观界面移动法，即观测胶体溶液与另一不含胶粒的无色导电溶液的界面在电场中的移动速度，如图 2-19-3 所示。

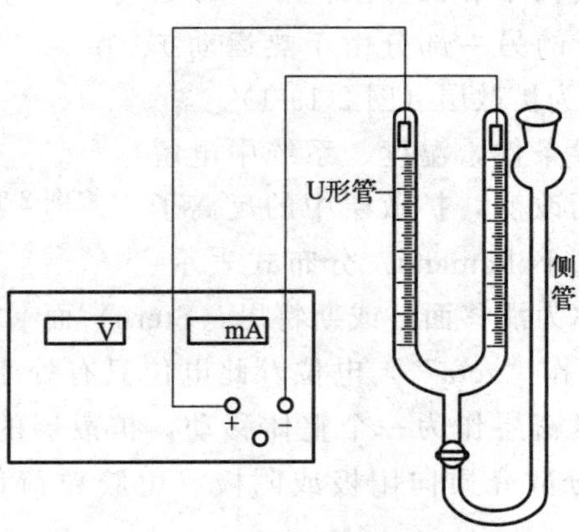

图 2-19-3　DYJ 型电泳仪装置图

在同一外电场和同一温度下，胶粒受到的静电力为 $f_1=qw$，胶粒在介质中受到的阻力为 $f_2=k\pi\eta ru$，若胶粒移动的速率 u（即电泳速率）恒定，则 $f_1=f_2$，$qw=k\pi\eta ru$，根据静力学原理 $\zeta=q/(\varepsilon r)$ 得：

$$u=\frac{\zeta\varepsilon w}{k\pi\eta} \tag{2-19-1}$$

式中，q 为胶粒的荷电量；k 为比例常数，当胶粒呈球形时 $k=6$，呈棒状时 $k=4$；r 为胶粒半径；η 为液体介质的黏度；ε 为液体分散介质的介电常数；w 为电位梯度，等于两端加上的电压 V 除以极间距 l，$w=V/l$；电泳速率 u 等于胶体界面移动距离 s 除以移动该距

离所需的时间 t，$u=s/t$。

将 $w=V/l$、$u=s/t$ 代入式(2-19-1)，整理得：

$$\zeta=\frac{k\pi\eta sl}{\varepsilon Vt} \tag{2-19-2}$$

式中，l、s、t、V 均可由实验测出；水的 η 值可由附表查得；水的 ε 值则按下式计算得到：$\varepsilon=80-0.4(T-293)$；$T$ 为实验时热力学温度。据此可计算出胶粒的 ζ 电位。

三、仪器和试剂

DYJ 型电泳仪 1 套，秒表 1 个，电导率仪 1 台，电炉 1 个，烧杯（250mL、1000mL）各 1 个，量筒（100mL）1 个，玻璃棒 2 根，滴管 5 支，漏斗 1 只，棕色试剂瓶（250mL）1 个，离心试管 10 支，锥形瓶（250mL）1 个，直尺 1 把，$FeCl_3$(CP)，KCl 溶液（$0.1mol \cdot L^{-1}$），NaCl 辅助液，火棉胶，导线若干。

四、实验步骤

1. $Fe(OH)_3$ 溶胶的制备。将 0.5g $FeCl_3$ 溶于 20mL 蒸馏水中，在搅拌的情况下将上述溶液滴入 200mL 沸水中（控制在 4～5min 内滴完），然后再煮沸 1～2min，即制得 $Fe(OH)_3$ 溶胶。

2. 胶膜渗析袋的制备。将约 20mL 棉胶液倒入干净的 250mL 锥形瓶内，小心转动锥形瓶使在瓶内壁均匀形成一层液膜，倾出多余的棉胶液，将锥形瓶倒置于铁圈上，待溶剂挥发完（即此时胶膜已不沾手），将蒸馏水注入胶膜与瓶壁之间，使胶膜与瓶壁分离，将其从瓶中取出，然后注入蒸馏水检查胶膜袋是否有漏洞，如无，则浸入蒸馏水待用。

3. 溶胶的纯化。将冷至约 50℃的 $Fe(OH)_3$ 溶胶转移到胶膜袋中，用约 50℃的蒸馏水渗析，约 10min 换水 1 次，渗析 5 次。

4. 将渗析好的 $Fe(OH)_3$ 溶胶冷至室温，测其电导率 $\kappa_{胶}$，用 $0.1mol \cdot L^{-1}$ KCl 溶液和蒸馏水配制与 $Fe(OH)_3$ 溶胶电导率相同的辅助液，电导率为 $\kappa_{辅}$。

5. 用洗液和蒸馏水把电泳仪洗干净，然后取出活塞，烘干。在活塞上涂上一层薄薄的凡士林（注意：凡士林最好离孔远一些，以免弄脏溶液）。

6. 关紧 U 形电泳仪下端的活塞，用滴管顺着侧管管壁加入 $Fe(OH)_3$ 溶胶（注意：若发现有气泡逸出，可慢慢旋开活塞放出气泡，但切勿使溶胶流过活塞，气泡放出后立即关闭活塞）。再从 U 形管的上口加入适量的辅助液（注意：辅助液要适量，过多会影响电泳距离的测量，过少则会使溶胶与电极相接触），将两电极分别插入 U 形管的辅助液中。

7. 缓慢打开活塞（动作过大会搅混液面，而导致实验重做），使溶胶慢慢上升至适当高度，关闭活塞并记录液面的高度。

8. 将高压数显稳压电源的粗、细调节旋钮逆时针旋转到底。

9. 按"+""-"极性将输出线与负载相接，输出线连接铂电极。

10. 按图 2-19-3 接好线路，开启电源，将电压调节在 50V。同时开始计时，每 5min 记录一次界面高度，60min 后，先将高压数显稳压电源的粗调节旋钮逆时针旋转到底，再将细调节旋钮逆时针旋转到底，关闭电源。记录溶胶界面高度，并计算出溶胶的界面差。用线测出两电极间的距离（注意：不是水平距离，而是 U 形管的距离，此数值重复测量 3 次，计算其平均值 l）。

11. 实验结束后，将仪器归位，清洗实验用具。

五、实验数据记录与处理

1. 将实验数据填入下表。

室温：__________ 大气压：__________ 实验时间：__________

介质的介电常数 ε：__________ 介质的黏度 η：__________ 电压 V：__________

电流 I：__________ $\kappa_{胶}$：__________ $\kappa_{辅}$：__________

两极间距离 l：__________

通电不同时刻界面移动的距离

电泳时间 t/s	界面高度 h/m	界面移动距离 s/m	电泳速率 $u/(\mathrm{m \cdot s^{-1}})$	平均值 $\bar{u}/(\mathrm{m \cdot s^{-1}})$

2. 按式(2-19-2) 计算三价铁离子溶胶的 ζ 电位，并指出胶粒所带电荷的符号。

3. 将式(2-19-2) 变换成 $s=\dfrac{\zeta\varepsilon V}{k\pi\eta l}t$，以 s 对 t 作图求斜率，利用已知的 ε 和 η 求出 ζ 电位进行对比。

六、思考题

1. 电泳速度的快慢与哪些因素有关？
2. 如果电泳仪事先没洗净，管壁上残留微量电解质，对电泳测量结果将有什么影响？
3. $Fe(OH)_3$ 溶胶胶粒带何种符号的电荷？为什么它会带此种符号的电荷？
4. 测 ζ 电位时，为什么要控制所用的辅助液的电导率与待测溶胶的电导率相等？根据什么条件选择作为辅助液的物质？
5. 在电泳测定中如不用辅助液，把两电极直接插入溶胶中会发生什么现象？

七、实验注意事项

1. 注意用电安全，在使用过程中，必须接好负载后再打开电源。
2. 在调节粗调节旋钮时，注意粗调节旋钮的调节速度不应过快，一定要等电压、电流稳定后，再调节下一挡。
3. 输出线插入接线柱时应牢固、可靠，不得有松动，以免高压打火。
4. 在调节过程中，若电压、电流不变化，则是由于保护电路工作，形成死机，此时应关闭电源，再重新按操作步骤操作。
5. 不得将两连接线短路。

八、进一步扩展设计性实验思维

通过实验，研究电泳管两极上所加电压不同，对 $Fe(OH)_3$ 的测定是否有影响。

$Fe(OH)_3$ 溶胶纯化时不用渗析法，而改为使用强酸、强碱离子交换树脂来除去其他离子的方法来提纯溶胶。摸索此提纯方法的操作条件。

用宏观电泳法测定由几种不同制备方法获得的 AgI 溶胶胶粒的带电符号。

利用电泳法可分离蛋白质等。近年来已采用聚丙烯酰胺凝胶、淀粉凝胶和醋酸凝胶等来代替以前的滤纸，大大提高了分离能力，如用聚丙烯酰胺凝胶分离血清样品可以得到其有25 种组成。

实验二十 溶胶聚沉值的测定

一、目的和要求

1. 了解溶胶聚沉方法。
2. 了解溶胶的保护作用。
3. 掌握聚沉值的测定及其相关规律。

二、实验原理

1. 溶胶的基本特征

固体以胶体分散程度分散在液体介质中，即形成溶胶。溶胶的基本特征如下。

(1) 它是多相体系，相界面很大。

(2) 胶粒尺寸大小为 1～100nm。

(3) 它是热力学不稳定体系，要依靠稳定剂使其形成离子或分子吸附层，才能得到暂时的稳定。

2. 溶胶的制备方法

(1) 分散法：把较大的物质颗粒变为胶体大小的质点。常用的分散法如下。

a. 机械作用法：如用胶体磨或其他研磨方法把物质分散。

b. 电弧法：以金属为电极通电产生电弧，金属受高热变成蒸气，并在液体中凝聚成胶体质点。

c. 超声波法：利用超声波场的空化作用，将物质“撕碎”成细小的质点，它适用于分散硬度低的物质或制备乳状液。

d. 胶溶作用：溶剂的作用，使沉淀重新“溶解”成胶体溶液。

(2) 凝结法：把物质的分子或离子聚合成胶体大小的质点。常用的凝聚法如下。

a. 凝结物质蒸气。

b. 变换分散介质或改变实验条件（如降低温度），使原来溶解的物质变成不溶物质。

c. 在溶液中进行化学反应，生成不溶解的物质。

胶粒大小的分布随着制备条件和存放时间而异。不同大小的胶粒对光的散射性质不同，根据瑞利公式，若胶粒质点尺寸在 1～100nm 范围内，散射光强与入射光波长四次方成反比。当白光在溶胶中散射时，波长短的散射光强度大，散射光呈淡蓝色，透射光则呈淡红色。从散射光和透射光颜色的变化，可看出胶粒大小变化情况。由于胶粒能散射光，而真溶液散射光极弱，当一束光透过溶胶时，可看到“光路”，即丁达尔现象。根据此性质可判断一清亮溶液是胶体溶液还是真溶液。

3. 溶胶的聚沉

溶胶是一个高分散度的体系，有巨大的比表面积和表面能，是一个热力学不稳定的体系。为了降低表面能，溶胶粒子应由小颗粒逐渐聚结成大颗粒，最终沉淀下来。但是，人们所见到的溶胶能够稳定相当长一段时间，这主要是由于溶胶粒子带电。溶胶粒子带电主要有两种可能的原因。

（1）吸附，胶体分散系统比表面积大，表面能高，所以很容易吸附杂质。如果溶液中有少量的电解质，溶胶粒子就会吸附离子。当吸附了正离子时，溶胶粒子荷正电；吸附了负离子时则荷负电。法扬斯规则表明，与溶胶粒子有相同化学元素的离子能优先吸附。如通过 $FeCl_3$ 水解制得的 $Fe(OH)_3$，容易吸附过量的 Fe^{3+} 而成为正溶胶。

（2）电离，当分散相固体与液体介质接触时，固体表面分子发生电离，有一种离子溶于液相，因而使固体粒子带电。

由于胶体表面带有电荷以及胶粒表面溶剂化层的存在，胶粒之间存在着一种静电斥力，就使得它难以继续碰撞而长大，因而胶粒能较稳定存在。

由于吸附或电离，溶胶粒子带有电荷，而整个溶胶一定保持电中性，因此分散介质力必然带有电性相反的电荷，因而在溶胶粒子与分散介质的界面间形成了双电层，即紧密层和扩散层，如图 2-20-1 所示。

扩散层 ζ 电位的大小受电解质的种类及其浓度的影响。图 2-20-2 所示的是 ζ 电位与电解质溶液浓度的关系。即电解质溶液浓度加大，ζ 电位随之下降。电解质溶液浓度加大，进入紧密层反号离子增加，从而使扩散层变薄，ζ 电位下降，当电解质溶液的浓度增加到一定的程度时，扩散层的厚度可变为零，这时胶粒之间的静电斥力消失，胶粒之间就较易相互碰撞和黏附，从小颗粒合并成大颗粒，生成沉淀从溶液中沉降下来，这种过程称为溶胶的聚沉，在此过程中溶胶常出现颜色的变化，发生混浊等。

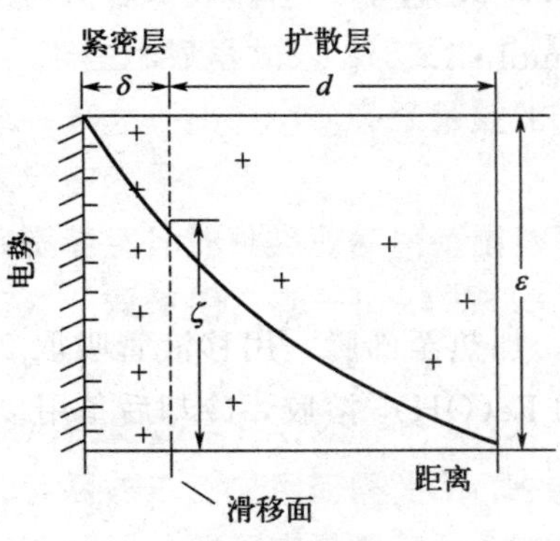

图 2-20-1 扩散双电层的 ζ 电位

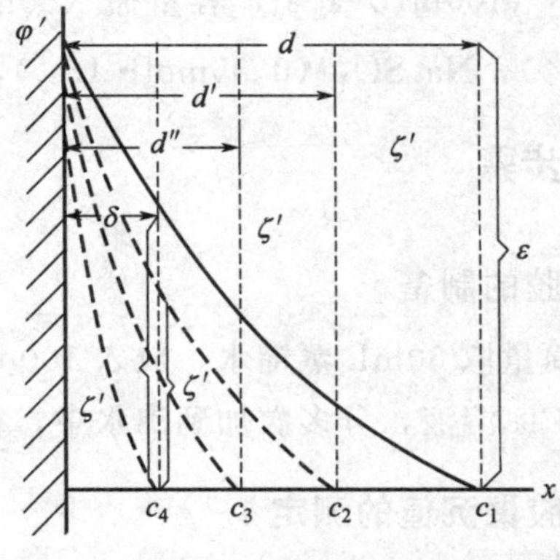

图 2-20-2 电解质溶液浓度对 ζ 电位的影响

$c_4>c_3>c_2>c_1$

在一定的温度、压力下，使溶胶在一定的时间内发生明显聚沉所需电解质的最低浓度称为聚沉值，单位为 $mmol \cdot L^{-1}$。聚沉值是电解质对溶胶聚沉能力的衡量，聚沉能力越强，聚沉值越小。

憎水胶体的稳定性主要取决于胶粒表面电荷的多少。憎水溶胶在加入电解质后能聚沉，起聚沉作用的主要是与胶粒荷电相反的离子，称为“反离子”。在温度一定时，聚沉值与电解质中被吸附的离子（电解质中与胶粒电荷相反的离子）价数有关，其反离子的价数越高，聚沉能力越强，聚沉值越小，这一规律称为哈迪-叔采（Hardy-Schulze）规则。通常一价反离子的聚沉值比二价的大20～80倍，比三价的大500～1500倍。

价数相同时胶粒对有机离子的吸附比无机离子更为容易，故有机离子的聚沉值要小。

聚沉值的大小跟胶体性质和它所处条件有关。温度升高，聚沉值减小，甚至有的胶体只用升高温度的方法就可聚沉。

总之，电解质对溶胶稳定性的影响具有两重性。当电解质浓度较小时，有助于胶粒带电形成ζ电势，使粒子之间因同性电的斥力而不易聚结，因此电解质对溶胶起稳定作用。但是，当电解质浓度足够大时，分散层变薄而使ζ电势下降，因此能引起溶胶聚沉。

4. 大分子对溶胶的保护作用

在大多数情况下，若在溶胶中加入一定量的某种大分子溶液，可以显著地提高溶胶的稳定性，使再加入一定量电解质时不致聚沉，这称为大分子化合物对溶胶的保护作用。

具有亲水性质的明胶、蛋白质、淀粉等大分子化合物都是良好的溶胶保护剂，应用很广泛。例如工业上的一些贵金属催化剂，如Pt溶胶、Cd溶胶等，加入大分子溶液进行保护以后，可以烘干以便于运输，使用时只要加入溶剂，就可又复为溶胶。要注意的是，用大分子溶液保护溶胶时所用的量必须达到一定值，若用量过少，不但不能起保护作用，反而会使溶胶出现絮凝聚沉现象。

三、仪器和试剂

试管架1个，试管（20mL）13支，电炉1台，移液管（10mL）3支，量筒（10mL）1个，量筒（100mL）1个，移液管（1mL）2支，罐瓶（150mL）1个，烧杯（500mL）1个，烧杯（100mL）1个，容量瓶（50mL）2只，火棉胶（AR），明胶（0.5%），$FeCl_3$溶液（10%），Na_2SO_4（0.05mol·L^{-1}），NaCl（2.5mol·L^{-1}）。

四、实验步骤

1. 溶胶的制备

用量筒量取50mL蒸馏水，放入100mL的烧杯中，加热至沸腾，用移液管吸取2.5mL 10%的$FeCl_3$溶液，分多次加到沸水中，得到棕红色的$Fe(OH)_3$溶胶，冷却后备用。

2. 溶胶聚沉值的测定

溶胶聚沉值的测定分两步进行，第一步测定近似聚沉值c'，第二步测定准确聚沉值c。

（1）取6支试管，编号为1、2、3、4、5和对照，在1号试管注入10mL 2.5mol·L^{-1} NaCl，在2～5号和对照5支试管中各加入9mL蒸馏水，然后从1号试管中取1mL NaCl放入2号试管中，摇匀后，又从2号试管中取出1mL溶液放入3号试管中，依次从上一编号试管吸取1mL NaCl溶液，直至5号试管，最后从5号试管中取出1mL溶液弃之。这样配得的1～5号试管中，NaCl溶液的浓度正好相差10倍，即$M_1=10M_2=10M_3$……

（2）用移液管向上述1～5号试管及对照管中各加入1mL已净化好的$Fe(OH)_3$溶胶（净化过程见实验十九），摇匀后，立即记下时间，静置15min，观察1～5号试管的聚沉情况，与对照管进行比较，找出最后一支有沉淀的试管，该管的浓度即近似聚沉值c'，记入表2-20-1内。

表 2-20-1　溶胶近似聚沉值的测定

编号	1	2	3	4	5	对照
2.5mol·L^{-1} NaCl 体积/mL	10.00					
蒸馏水		9.00	9.00	9.00	9.00	9.00
摇匀后	1mL →	1mL →	1mL →	1mL →弃去		
溶胶 $Fe(OH)_3$ 体积/mL	1.00	1.00	1.00	1.00	1.00	1.00

注：摇匀，静置 15min，求出近似聚沉值 c'。

(3) 配制近似聚沉值为 c'的 NaCl 溶液 50mL。由原 2.5mol·L^{-1} NaCl 溶液稀释而得，根据$c_1V_1=c'V'$可求得 V_1。准确量取 2.5mol·L^{-1} NaCl 溶液 V_1mL 至 50mL 的容量瓶中，用蒸馏水稀释至刻度线，摇匀即得浓度为 c'的溶液。

(4) 在 1～5 号试管中，保留具有近似聚沉值 c'的试管，将它定为Ⅰ试管，另取 4 支试管，编号为Ⅱ、Ⅲ、Ⅳ、Ⅴ，加上原对照 1 支又得一组 6 支试管的排列。在Ⅱ～Ⅴ号试管中分别加入 8mL、6mL、4mL、2mL 的浓度为 c'的 NaCl 溶液，再向上述各管中加入 1mL、3mL、5mL、7mL 蒸馏水，使每支试管中溶液仍保持 9mL，摇匀后各加入 1mL $Fe(OH)_3$ 溶胶，再摇匀后静置 15min，用对照管比较，找出最后一支有沉淀的试管。

用这支试管中的 NaCl 的浓度 c_n 和相邻未沉淀的试管中 NaCl 浓度 c_{n+1} 求出平均值，即得所求的准确聚沉值 c，即 $c=1/2\ (c_n+c_{n+1})$。把计算结果列入表 2-20-2 中。

表 2-20-2　溶胶准确聚沉值的测定

编号	Ⅰ	Ⅱ	Ⅲ	Ⅳ	Ⅴ	对照
聚沉值 c'的 NaCl 体积/mL		8.00	6.00	4.00	2.00	
蒸馏水体积/mL		1.00	3.00	5.00	7.00	9.00
溶胶 $Fe(OH)_3$ 体积/mL		1.00	1.00	1.00	1.00	1.00

重复上述步骤，测定 Na_2SO_4 对 $Fe(OH)_3$ 溶胶的聚沉值。

3. 溶胶的保护作用

取 3 支试管分别装入 1mL $Fe(OH)_3$ 溶胶，分别加入 0.01mL、0.1mL 及 1mL 0.5%明胶，然后加入蒸馏水使 3 支试管体积相等，再逐滴在 3 支试管中加入 NaCl 溶液，摇动溶液，观察哪个试管先发生聚凝，记录其先后次序，试比较所需 NaCl 用量的差别（只需定性，不要求准确数值）；并验证高分子溶液的保护作用。

五、实验数据记录与处理

1. 将两次实验结果列入表 2-20-3，并计算各试管 NaCl 的浓度。

2. 从表 2-20-3 和表 2-20-4 分别求出 NaCl 和 Na_2SO_4 对 $Fe(OH)_3$ 溶胶的聚沉值，并求出两种电解质聚沉值之比。

表 2-20-3　NaCl 对 $Fe(OH)_3$ 溶胶的聚沉值

试管编号	1	2	3	4	5	Ⅰ	Ⅱ	Ⅲ	Ⅳ	Ⅴ
NaCl 浓度 c/(mmol·L^{-1})	2.5×10^3	2.5×10^2	2.5×10^1	2.5	2.5×10^{-1}					
凝结情况										

注：聚沉情况在表中分别用下列符号表示：√（聚沉），×（不聚沉）。

c'=________ $mmol \cdot L^{-1}$　　$c=1/2\ (c_n+c_{n+1})$ =________ $mmol \cdot L^{-1}$

表 2-20-4　Na_2SO_4 对 $Fe(OH)_3$ 溶胶的聚沉值

试管编号	1	2	3	4	5	Ⅰ	Ⅱ	Ⅲ	Ⅳ	Ⅴ
Na_2SO_4 浓度 $c/(mmol \cdot L^{-1})$	5×10^1	5	5×10^{-1}	5×10^{-2}	5×10^{-3}					
凝结情况										

c'=________ $mmol \cdot L^{-1}$　　$c=1/2\ (c_n+c_{n+1})$ =________ $mmol \cdot L^{-1}$

NaCl 和 Na_2SO_4 对 $Fe(OH)_3$ 溶液的聚沉值之比=________。

滴加了明胶与不加明胶使溶胶聚沉需加入电解质量的比较。

六、思考题

1. 什么是聚沉值？
2. 做好本实验的关键是什么？
3. 各支试管中电解质浓度如何计算？
4. 溶胶的动力学性质、电性质、光性质有哪些？

七、实验注意事项

1. 废液需集中回收。
2. 各支移液管专用。
3. 温度对聚沉值有影响，故新制备的溶胶要冷却到室温时，再进行聚沉实验。

八、进一步扩展设计性实验思维

用两种不同制备方法获得 AgI 溶胶；采用化学反应法制备不同的溶胶，如 Sb_2S_3、AgI 等溶胶，经纯化后，研究溶胶的聚沉作用和保护作用。

了解在本实验中较快得到最佳值的实验方法，在今后的学习中关注科学的实验设计方法。

E. 结构化学实验

实验二十一 磁化率的测定

一、目的和要求

1. 测定物质的摩尔磁化率，推算分子磁矩，估计离子内未成对电子数，判断分子配键的类型。

2. 掌握古埃磁天平测定磁化率的原理和方法。

二、实验原理

1. 磁化率和分子磁矩

物质在外磁场磁场强度 $H_{外}$ 的作用下，由于电子等带电体运动，会被磁化而感应出一个磁场强度为 H 的附加磁场，物质被磁化的程度用磁化率 χ 表示，它与附加磁场强度和外磁场强度的比值有关：

$$H=4\pi\chi H_{外} \tag{2-21-1}$$

式中，χ 为无因次量，附加磁场强度指物质单位体积中原子或离子磁矩的矢量和，所以 χ 也称为物质的体积磁化率。

化学上常用摩尔磁化率 χ_m 表示磁化程度，它与 χ 的关系为：

$$\chi_m=\chi\frac{M}{\rho} \tag{2-21-2}$$

式中，χ_m 表示 1 摩尔物质在磁场作用下的磁化率；M 为物质的摩尔质量；ρ 为物质的密度。

根据 χ 的特点可把物质分成三类：①$\chi>0$ 的物质称为顺磁性物质；②$\chi<0$ 的物质称为反磁性物质；③另有少数物质，其 χ 值与外磁场磁场强度 $H_{外}$ 有关，它随外磁场磁场强度的增加而急剧增加，并且往往还有剩磁现象，这类物质称为铁磁性物质，如铁、钴、镍等。

凡是原子、分子中具有自旋未配对电子的物质都是顺磁性物质，因为电子自旋未配对的原子或分子均存在着固有磁矩，这些原子或分子的磁矩像小磁铁一样，在外磁场中总是趋于顺着外磁场的方向排列；但原子、分子的热运动又使这些磁矩趋向混乱。在一定温度下，这两个因素达到平衡，使原子或分子的磁矩部分顺着磁场方向定向排列，因而使物质内部磁场增强，显示顺磁性。

凡是原子或分子中电子自旋已经配对的物质，一般是反磁性的物质。大部分的物质都是反磁性物质。

实际上顺磁性物质的摩尔磁化率除了包含分子磁矩定向排列所产生的 $\chi_{顺}$ 之外，还同时包含了感应所产生的反磁化率 $\chi_{反}$，即：

$$\chi_m=\chi_{顺}+\chi_{反} \tag{2-21-3}$$

由于$\chi_{顺}$比$\chi_{反}$大2～3个数量级左右，因此顺磁性物质的反磁性被掩盖而总体表现为顺磁性。在不是很精确的计算中，可以近似地把$\chi_{顺}$当成χ_m，即：

$$\chi_m = \chi_{顺} \tag{2-21-4}$$

对于顺磁性物质而言，摩尔顺磁磁化率与分子磁矩μ_m关系可由居里-郎之万公式表示：

$$\chi_m = \chi_{顺} = N_A \mu_0 \frac{\mu_m^2}{3\kappa T} \tag{2-21-5}$$

式中，μ_0为真空磁导率，为$4\pi \times 10^{-7} N \cdot A^{-2}$；$N_A$为阿伏伽德罗常数；$\kappa$为玻尔兹曼常数；$T$为温度。

式(2-21-5) 可作为由实验测定磁化率来研究物质内部结构的依据，将物质的宏观性质磁化率（χ_m）与物质的微观性质分子磁矩（μ_m）联系起来。实验表明，分子磁矩μ_m与未成对电子数n的关系为：

$$\mu_m = \mu_B \sqrt{n(n+2)} \tag{2-21-6}$$

式中，μ_B为玻尔磁子，$\mu_B = 9.274078 \times 10^{-24} J \cdot T^{-1}$。

通过求得未成对电子数n值进一步判断有关络合物的配键类型排布。例如：Fe^{2+}外层有6个d电子，可能产生两种配键类型不同的配合物。自由离子状态下外层电子结构$3d^6 4s^0 4p^0$，当Fe^{2+}与6个H_2O配体形成配位离子$[Fe(H_2O)_6]^{2+}$时，由于H_2O有相当大的偶极矩，与中心离子Fe^{2+}以库仑力相结合而形成离子键，产生离子键配合物。离子键配键的形成不需要中心离子腾出空轨道，中心离子与配位体的相对大小和中心离子所带电荷基本保持不变，因此，Fe^{2+}外层电子未重排，仍有4个未成对电子，如图2-21-1(a) 所示，所以$[Fe(H_2O)_6]^{2+}$的磁矩不为零。但是，当Fe^{2+}与CN^-形成配合物时，Fe^{2+}外层电子就会发生重排，Fe^{2+}的6个电子会挤在3个d轨道中。让另外2个3d轨道与1个4s轨道和3个4p轨道共同形成6个$3d^2 4s^1 4p^3$轨道，它们能接受6个CN^-的6对孤对电子，形成6个共价键。因此$[Fe(CN)_6]^{4-}$配位离子的磁矩为0，是共价配合物、外层电子的重排方式如图2-21-1(b) 所示。

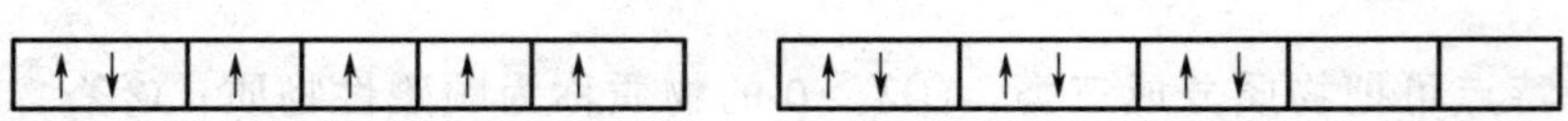

图 2-21-1　Fe^{2+}外层3d电子的排布

用测定磁化率的方法判别化合物是离子键配合物还是共价键配合物，这对研究自由基和顺磁分子的结构，研究过渡元素离子的价态和配位场理论有着重要的意义。

2. 摩尔磁化率的测定

本实验用古埃磁天平测定物质的摩尔磁化率χ_m，测定原理如图2-21-2所示。将圆柱形样品管（粉末状或液体装入平底的玻璃样品管中），悬挂在分析天平的一个臂上，使样品底部处于电磁铁两极的中心，此处磁场强度H最大（电磁铁两极产生磁场强度H的大小，由加载在电磁铁线圈上的电流大小来控制，此电流称为特定励磁电流）。样品的顶端磁场强度为H_0，顶端离磁场中心较远，当距离大于15cm时，磁场强度H_0很弱，一般认为其与当地的地磁场强度相等，而整个样品处于一个非均匀的磁场中。沿样品的轴心方向，即

图 2-21-2 所示 z 方向，存在一个磁场强度 $\delta H/\delta z$，故样品沿 z 方向受到磁力 f_z 的作用，它的大小为：

$$f_z=\int_{H_0}^{H}(\chi-\chi_{空})\mu_0 SH\frac{\partial H}{\partial Z}\mathrm{d}z \tag{2-21-7}$$

式中，H 为磁场中心磁场强度；H_0 为样品顶端处的磁场强度；χ 为样品体积磁化率；$\chi_{空}$ 为空气的体积磁化率；S 为样品的横截面积（位于 x、y 平面）；μ_0 为真空磁导率。H_0 通常约为 $40\mathrm{A\cdot m^{-1}}$，一般可略去不计，式(2-21-7) 积分后，磁场作用于样品的力表示为：

$$f_z=\frac{1}{2}(\chi-\chi_{空})\mu_0 SH^2 \tag{2-21-8}$$

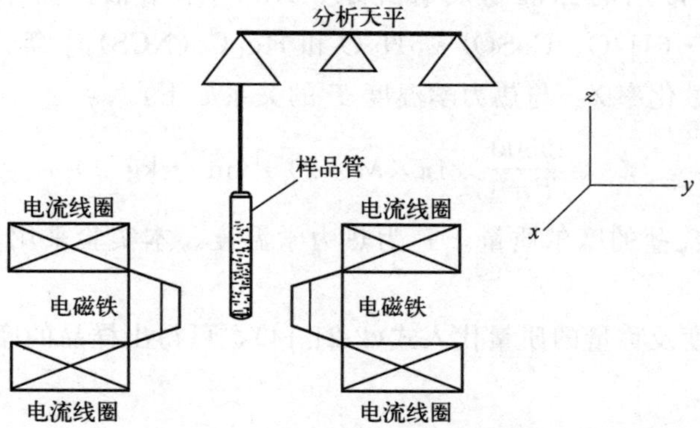

图 2-21-2　CTP-1 古埃磁天平测定磁化率的原理图

用天平分别称量有外加磁场和无外加磁场时，装有被测样品的样品管和不装样品的空样品管的质量，其在磁场中的质量变化为：

$$\Delta m=m_{磁场}-m_{无磁场} \tag{2-21-9}$$

显然，是这一不均匀磁场 H 作用于样品的磁力 f_z，引起了样品的质量变化，可由式(2-21-10) 表示：

$$f_z=(\Delta m_{样品+空管}-\Delta m_{空管})g \tag{2-21-10}$$

式中，$\Delta m_{样品+空管}$ 为装有被测样品的样品管在有外加磁场和无外加磁场时的质量变化；$\Delta m_{空管}$ 为空样品管在有外加磁场和无外加磁场时的质量变化。

式(2-21-8) 与式(2-21-10) 的力相等，于是有：

$$\frac{1}{2}(\chi-\chi_{空})\mu_0 SH^2=(\Delta m_{样品+空管}-\Delta m_{空管})g \tag{2-21-11}$$

整理后得：

$$\chi=\frac{2(\Delta m_{样品+空管}-\Delta m_{空管})g}{\mu_0 H^2 S}+\chi_{空} \tag{2-21-12}$$

由式(2-21-2) 摩尔磁化率为 $\chi_{\mathrm{m}}=\chi\dfrac{M}{\rho}$，而 $\rho=\dfrac{m}{hS}$（式中，m 为样品的质量；h 为样品

的高度；S 为样品的横截面积)，故：

$$\chi_m=\chi\frac{M}{\rho}=\frac{2(\Delta m_{样品+空管}-\Delta m_{空管})ghM}{\mu_0 mH^2}+\frac{M}{\rho}\chi_{空} \tag{2-21-13}$$

式中，真空磁导率 $\mu_0=4\pi\times10^{-7}\text{N}\cdot\text{A}^{-2}$；空气的体积磁化率 $\chi_{空}=3.64\times10^{-7}$ (SI单位) 比较小，故$\frac{M}{\rho}\chi_{空}$常忽略不计。

整理得：

$$\chi_m=\frac{2(\Delta m_{样品+空管}-\Delta m_{空管})ghM}{\mu_0 mH^2} \tag{2-21-14}$$

磁场两极中心处的磁场强度 H 可使用面板上的特斯拉计测出，或用已知磁化率的标准物质进行间接测量。常用的标准物质有纯水、$NiCl_2$ 水溶液、莫尔氏盐即硫酸亚铁铵 $(NH_4)_2SO_4\cdot FeSO_4\cdot 6H_2O$、$CuSO_4\cdot 5H_2O$ 和 $Hg[Co(NCS)_4]$ 等。

莫尔氏盐的摩尔磁化率 χ_m 与热力学温度 T 的关系如下：

$$\chi_m=\frac{9500}{T+1}\times4\pi\times M\times10^{-9}(\text{m}^3\cdot\text{kg}^{-1}) \tag{2-21-15}$$

式中，M 为莫尔氏盐的摩尔质量，T 为热力学温度。本实验采用莫尔氏盐标定磁场强度 H。

将标定的磁场强度及称量的质量代入式(2-21-14)，可得出样品的摩尔磁化率。

三、仪器和试剂

CTP-1 古埃磁天平 1 台，样品管 1 支，亚铁氰化钾 $K_4[Fe(CN)_6]\cdot 3H_2O$，硫酸亚铁 $FeSO_4\cdot 7H_2O$，莫尔氏盐 $(NH_4)_2SO_4\cdot FeSO_4\cdot 6H_2O$。

四、实验步骤

1. 用莫尔氏盐测定在特定励磁电流下的磁场强度 H

(1) 取一支清洁、干燥的空样品管，悬挂在天平一端的挂钩上，使样品管的底部在磁场中心连线上，然后称量空样品管质量。将励磁电流电源接通，依次称量励磁电流在 0A、2.0A、4.0A、6.0A 时的空样品管质量 $m_{空管}$。接着将励磁电流调至 8A，然后减小电流，再依次称量电流在 6.0A、4.0A、2.0A、0A 时的空样品管质量 $m_{空管}$。上述调节励磁电流由小到大，再由大到小的测定方法，可抵消实验磁场剩磁现象的影响。

(2) 取下样品管，装入莫尔氏盐（在装填时要不时用样品管底部敲击木垫，使样品粉末填实)，直到样品高度到刻度，量取高度 h（高度要在 15cm 以上)。重复以上步骤 (1)，依次称量励磁电流在 0A、2.0A、4.0A、6.0A 及 6.0A、4.0A、2.0A、0A 时的质量 $m_{样品+空管}$。

2. 亚铁氰化钾与硫酸亚铁的摩尔磁化率的测定

用同一支样品管，倒出莫尔氏盐，然后分别装入亚铁氰化钾与硫酸亚铁，注意：装样高度要与莫尔氏盐的装入高度一致，同样依次称量励磁电流在 0A、2.0A、4.0A、6.0A 及 6.0A、4.0A、2.0A、0A 时的质量 $m_{样品+空管}$。

五、实验数据记录与处理

1. 实验记录如下。

室温：__________大气压：__________实验时间：__________

电流	0A	2.0A	4.0A	6.0A	$\Delta m_1=m(2A)-m(0A)$	$\Delta m_2=m(4A)-m(0A)$	$\Delta m_3=m(6A)-m(0A)$
莫尔氏盐质量 $m_{样品+空管}$/g							
平均值/g							
亚铁氰化钾 $K_4[Fe(CN)_6]\cdot 3H_2O$ 质量 $m_{样品+空管}$/g							
平均值/g							
硫酸亚铁（$FeSO_4\cdot 7H_2O$）质量 $m_{样品+空管}$/g							
平均值/g							
空管质量 $m_{空管}$/g							
平均值/g							

2. 由式(2-21-15) 计算莫尔氏盐的摩尔磁化率；根据称量的莫尔氏盐的质量，计算不同励磁电流与0A励磁电流下的质量差 Δm_1、Δm_2、Δm_3；根据称量的空管的质量，计算空管在不同励磁电流与0A励磁电流下的质量差 Δm_1、Δm_2、Δm_3，由式(2-21-14) 计算励磁电流为2.0A、4.0A、6.0A时，相应的磁场强度 H。

3. 称量亚铁氰化钾与硫酸亚铁的质量，同以上步骤，分别计算不同励磁电流下的质量差 Δm_1、Δm_2、Δm_3，由式(2-21-14)～式(2-21-6) 分别计算励磁电流在2.0A、4.0A、6.0A时，亚铁氰化钾与硫酸亚铁的 χ_m、μ_m 及未成对电子数 n。

4. 讨论亚铁氰化钾和硫酸亚铁中 Fe^{2+} 的外电子层结构和配键类型。

六、思考题

1. 简述用古埃磁天平测定磁化率的基本原理。
2. 本实验中为什么要求样品装填高度在15cm左右？
3. 在不同的励磁电流下测定的样品摩尔磁化率是否相同？为什么？
4. 从摩尔磁化率如何计算分子内未成对电子数及判断其配键的类型？

七、实验注意事项

1. 样品装入的高度要一致，样品先要烘干、磨碎。
2. 一次实验用同一样品管。
3. 磁天平总机架必须放在水平位置，分析天平应作水平调整。
4. 励磁电流的变化应平稳、缓慢，调节电流时不宜用力过大。

5. 测试样品时，应关闭玻璃门窗，人不要靠在仪器上，对整机不宜振动，否则实验数据误差较大。

6. 在测试完毕之后，请务必将励磁电流调节旋钮左旋至最小（显示为0000），然后方可关机。

八、进一步扩展设计性实验思维

测定氯化镍液体样品磁化率，如果样品为溶液，还须对样品管的弯月面体积作校正。

有机化合物绝大多数都是由反平行自旋电子对形成的价键，因此，这些分子的总自旋矩也等于零，它们必然是反磁性的，巴斯卡分析了大量有机化合物的摩尔磁化率数据，总结得出分子的摩尔磁化率具有加和性，此结论可用于研究有机分子的结构。测定磁化率对温度和磁场强度的依赖性可以判断物质为顺磁性、反磁性或铁磁性，通过测定合金磁化率，可以得到合金组成的信息。磁性测量还可用于研究生物系统中血液成分等。

磁性材料是生产、生活、国防科学技术中广泛使用的材料。如制造电力技术中的各种电机、变压器，电子技术中的各种磁性元件和微波电子管，通信技术中的滤波器和增感器，各种家用电器等；国防技术中的磁性水雷、电磁炮等。我国是世界上最先发现物质磁性现象和应用磁性材料的国家。早在战国时期就有关于天然磁性材料（如磁铁矿）的记载。11世纪就发明了人工永磁材料的制造方法。1086年《梦溪笔谈》记载了指南针的制作和使用。1099～1102年有指南针用于航海的记述，同时人们还发现了地磁偏角的现象。

实验二十二 偶极矩的测定

一、目的和要求

1. 用溶液法测定乙酸乙酯的分子介电常数和分子偶极矩。

2. 掌握测定液体电容的基本原理和技术。

二、实验原理

1. 偶极矩与摩尔极化度的关系

分子呈电中性，但由于分子空间构型不同，分子中正、负电荷中心有重合与不重合两种情况，前者称为非极性分子，后者称为极性分子。德拜（Debye）用偶极矩 $\boldsymbol{p}$ 来表示极性分子极性的大小，其定义为：

$$\boldsymbol{p}=q\cdot d \tag{2-22-1}$$

式中，q 为正、负电荷中心所带的电荷量；d 为正、负电荷中心之间的距离；$\boldsymbol{p}$ 为矢量，其方向规定从正到负，偶极矩的单位是 D（德拜），SI 制单位是 C·m（库仑·米）。

通过偶极矩的测定可以了解分子结构中有关电子云分布和分子对称性等情况，还可以判别几何异构体和分子的立体结构等。

极性分子具有永久偶极矩，在没有外电场存在时，由于分子的热运动，偶极矩指向各方向的机会均等，因此偶极矩的统计值为零。

若将极性分子置于静电场或低频电场中，分子在电场的作用下，偶极矩会趋向电场方向的排列，其排列的程度用摩尔定向极化度 $P_{定向}$ 来衡量；在外电场作用下，无论是极性分子还是非极性分子，都会发生分子中的电子云相对于分子主体骨架位移，位移程度由电子极化度 $P_{电子}$ 来衡量；分子主体骨架本身也会变形，用原子极化度 $P_{原子}$ 来衡量；这时称这些分子被极化了。在静电场或低频电场中，极性分子极化的总程度可用摩尔极化度 $P_{低频}$ 来表示，即三者之和：

$$P_{低频}=P_{电子}+P_{原子}+P_{定向} \tag{2-22-2}$$

当电场频率增加到 $10^{12}\sim10^{14}$ Hz 的中频（红外频率）时，电场的交变周期小于分子偶极矩的弛豫时间，极性分子的取向运动跟不上电场的变化，即极性分子来不及沿电场定向，故 $P_{定向}=0$，此时极性分子的摩尔极化度等于摩尔诱导极化度 $P_{电子}+P_{原子}$。

当交变电场的频率进一步增加到大于 10^{15} Hz 的高频（可见光和紫外频率）时，极性分子的转向运动和分子骨架变形都跟不上电场的变化，此时极性分子的摩尔极化度等于电子极化度 $P_{电子}$。因此，一般是把频率提高到可见光的范围内，此时分子摩尔极化度 $P_{高频}=P_{电子}$，与式(2-22-2) 联立，由于 $P_{高频}\gg P_{原子}$，$P_{原子}$ 数值很小，故一般忽略 $P_{原子}$，由此得：

$$P_{低频}=P_{高频}+P_{定向} \tag{2-22-3}$$

由玻尔兹曼分布证明：

$$P_{定向}=\frac{4}{9}\pi N_A \frac{\boldsymbol{p}^2}{KT} \tag{2-22-4}$$

式中，$\boldsymbol{p}$ 为偶极矩；K 为玻尔兹曼常数；T 为开氏温度；N_A 为阿伏伽德罗常数。

2. 低频与高频电场下摩尔极化度的测定

根据克劳修斯-莫索第-德拜（Clausius-Mossotti-Debye）方程，对分子与分子间无相互作用的体系，且在温度不太低的气相体系中，物质在静电场或低频电场作用下的摩尔极化度 P_B^∞。

$$P_{低频}=P_B^\infty=\frac{\varepsilon-1}{\varepsilon+2}\times\frac{M}{\rho} \tag{2-22-5}$$

式中，ε 为介电常数；M 为摩尔质量；ρ 为密度。

然而应用实验测定气相的介电常数和密度，难度较大，甚至根本无法使某些物质处于稳定的气相状态。因此后来提出了利用一种溶液法来解决这一困难。溶液法的基本原理是：在无限稀释的非极性溶剂中的极性溶质分子所处的状态与气相时相近，于是无限稀释溶液中溶质的摩尔极化度 P_B^∞ 就可以看作 $P_{低频}$。海德斯特兰（Hedestrand）利用无限稀溶液中的近似直线方程表示稀溶液的介电常数、密度与溶质摩尔分数的关系：

$$\varepsilon=\varepsilon_A(1+K_1x_B) \tag{2-22-6}$$

$$\rho=\rho_A(1+K_2x_B) \tag{2-22-7}$$

式中，x_B 为溶质的摩尔分数；ε 为稀溶液的介电常数；ε_A 为溶剂的介电常数；ρ 为稀溶液的密度；ρ_A 为溶剂的密度；K_1 和 K_2 分别为式(2-22-6)、式(2-22-7) 的 ε 对 x_B 与 ρ 对 x_B 所得直线斜率有关的常数。

再根据稀溶液中有关物理量的加和性，推导出溶液无限稀释时溶质摩尔极化度 P_B^∞ 的公式：

$$P_{低频}=P_B^\infty=\lim P_B=\frac{3K_1\varepsilon_A}{(\varepsilon_A+2)^2}\times\frac{M_A}{\rho_A}+\frac{\varepsilon_A-1}{\varepsilon_A+2}\times\frac{M_B-K_2M_A}{\rho_A} \tag{2-22-8}$$

式中，M_A 为溶剂的摩尔质量；M_B 为溶质的摩尔质量。

根据光的电磁理论，在高频电场作用下，透明溶液的介电常数 ε 与折射率 n 有如下关系：$\varepsilon=n^2$。由于高频区的摩尔极化度即电子极化度，无限稀释的溶质在高频电场下的摩尔极化度 $P_{高频}$ 实际上就是可见光下无限稀释溶质的摩尔折射度 R_B^∞，由式(2-22-5) 可得：

$$P_{高频}=R_B^\infty=\frac{n^2-1}{n^2+2}\times\frac{M}{\rho} \tag{2-22-9}$$

在稀溶液中，溶液折射率 n 与 x_B 之间也近似成直线关系：

$$n=n_A(1+K_3\times x_B) \tag{2-22-10}$$

式中，n_A 为溶剂的折射率；K_3 为与式(2-22-10) 直线斜率有关的常数。

将式(2-22-7) 和式(2-22-10) 代入式(2-22-9) 可得：

$$P_{高频}=R_B^\infty=\lim R_B=\frac{n_A^2-1}{n_A^2+2}\times\frac{M_B-K_2M_A}{\rho_A}+\frac{6n_AK_3M_A}{(n_A+2)^2\rho_A} \tag{2-22-11}$$

式中，R_B^∞ 为无限稀溶液中溶质的摩尔折射度。

由式(2-22-3)、式(2-22-4)、式(2-22-8)、式(2-22-11) 可得：

$$P_{定向}=P_{低频}-P_{高频}=P_B^\infty-R_B^\infty=\frac{4}{9}\pi N_A\frac{\boldsymbol{p}^2}{KT} \tag{2-22-12}$$

整理得偶极矩：$\boldsymbol{p}=0.0128\sqrt{(P_{\mathrm{B}}^{\infty}-R_{\mathrm{B}}^{\infty})T}\,(D)=4.26\times10^{-32}\sqrt{(P_{\mathrm{B}}^{\infty}-R_{\mathrm{B}}^{\infty})T}\,(\mathrm{C\cdot m})$ (2-22-13)

由此可见，只要测定了介电常数、密度、折射率等物质的宏观性质，即可求得微观性质摩尔极化度 P_{B}^{∞} 和摩尔折射度 R_{B}^{∞} 以及分子偶极矩 $\boldsymbol{p}$。

三、仪器和试剂

PGM-Ⅱ数字小电容测试仪——介电常数实验装置1台，阿贝折射仪1台，比重瓶1只，电吹风1把，容量瓶（25mL）3个，电子天平1台，移液管（1mL、5mL、10mL）各1支，洗耳球1只，乙酸乙酯（AR），环己烷（AR）。

四、实验步骤

1. 溶液的配制

用称量法或体积法配制乙酸乙酯摩尔分数 x_{B} 分别为0.050、0.100、0.150左右的乙酸乙酯-环己烷溶液各25mL，分别放入三个25mL容量瓶中。

2. 折射率的测定

实验采用阿贝折射仪（折射仪使用见附录）测定溶剂环己烷及摩尔分数 x_{B} 不同的乙酸乙酯-环己烷溶液的折射率。

3. 溶液电容的测定

（1）将数字小电容测试仪预热5min。

（2）电容池使用前，应用丙酮或乙醚对内、外电极之间的间隙进行数次冲洗，并用电吹风吹干后，才能注入样品溶液，见图2-22-1和图2-22-2。

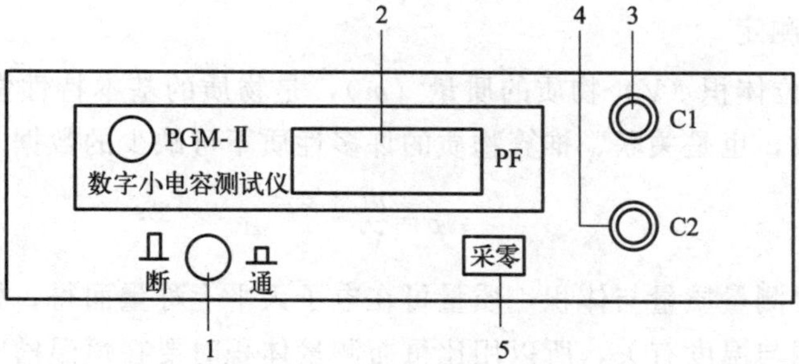

图2-22-1 数字小电容测试仪

1—电源开关；2—LED显示窗口，显示所测介质的电容量；3—“C1”插座，与电容池的外电极插座C1相连接；4—“C2”插座，与电容池的内电极插座C2相连接；5—采零键，按一下此键，消除系统的零位漂移

（3）用配套测试线将数字小电容测试仪的“C2”插座与电容池的“C2”插座相连，将另一根测试线的一端插入数字小电容测试仪的“C1”插座，插入后顺时针旋转一下，以防脱落，另一端悬空。

（4）待显示稳定后，按一下采零键，以消除系统的零位漂移，显示器显示“00.00”。

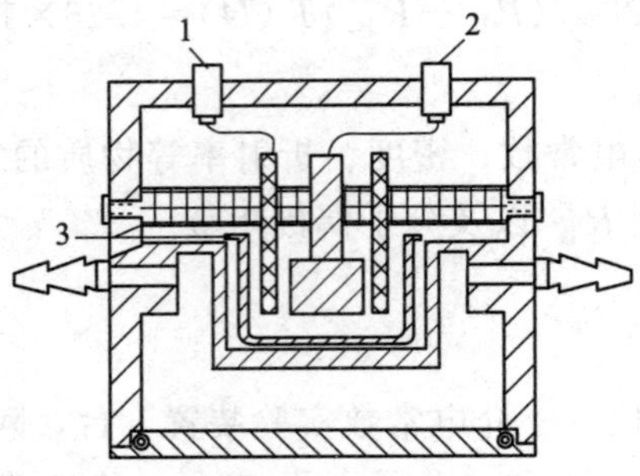

图 2-22-2　电容池示意图

1—外电极插座 C1，与数字小电容测试仪的“C1”插座连接；

2—内电极插座 C2，与数字小电容测试仪的“C2”插座连接；3—装样品的容器

(5) 测量空气介质的电容。将测试线悬空一端插入电容池“外电极插座 C1”，此时仪表显示值电容 $C'_{空}$ 是空气介质电容 $C_{空}$ 与系统分布电容 C_d 之和。

$$C'_{空}=C_{空}+C_d \tag{2-22-14}$$

(6) 测量环己烷介质的电容。拔出电容池“外电极 C1 插座”一端的测试线。打开电容池上盖，用移液管向样品杯内注入环己烷液体，注入量以样品杯容量的 2/3 为宜，盖上上盖。待显示稳定后，按一下 采零 键，显示器显示“00.00”。将拔下的测试线的空头一端插入电容池“外电极插座 C1”，此时，显示器显示值电容 $C'_{环}$ 是环己烷液体介质电容 $C_{环}$ 与分布电容 C_d 之和。

$$C'_{环}=C_{环}+C_d \tag{2-22-15}$$

(7) 测量乙酸乙酯-环己烷介质的电容。用洗耳球吹干电容池样品杯，加入乙酸乙酯-环己烷溶液样品，测量过程同上，分别测量摩尔分数 x_B 不同的乙酸乙酯-环己烷溶液的 C'。

$$C'=C+C_d \tag{2-22-16}$$

4. 溶液密度的测定

密度 (ρ) 是单位体积 (V) 物质的质量 (m)，是物质的基本特性常数。密度不仅是体积与质量换算的参数，也是关联、推算物质的许多性质不可缺少的数据。其定义为：

$$\rho=\frac{m}{V} \tag{2-22-17}$$

测定密度时需要测量质量与体积，质量可在电子天平上称量而得，精确地测量体积，则用比重瓶。因为体积与温度有关，所以用比重瓶测量体积时要在恒温槽中进行。

常用的比重瓶是由玻璃吹制的带有毛细孔塞子的容器，为防止瓶中液体挥发，容器口还需加以带有毛细管孔的塞子。

为求液体体积，应用已知密度的液体（如环己烷）充满比重瓶，恒温后称重，用减量法求得瓶内液体的质量，利用式(2-22-17) 求得体积 V。再用待测密度液体充满比重瓶，恒温后称重（注意换装样品时应先用洗耳球吹干后再加样）。据此原理，测定液体密度的公式是：

$$\rho_2=\rho_1\frac{m_2-m_0}{m_1-m_0} \tag{2-22-18}$$

式中，m_0 为空比重瓶的质量；m_1 为充满已知密度 ρ_1 液体的比重瓶质量；m_2 为充满待测密度液体的比重瓶质量。

五、数据处理

1. 将各实验测定值填入表 2-22-1 和表 2-22-2 中。

室温：________大气压：________实验时间：________

表 2-22-1 折射率、电容测试值

物理量		折射率 n			电容 C'/pF		
		1	2	平均	1	2	平均
$C'_{空}$							
环己烷							
溶液摩尔分数 x_B	0.05						
	0.10						
	0.15						

表 2-22-2 密度称量值

m	质量/g	m	质量/g	密度 ρ/(g/L)
m_0(空比重瓶)				
m(环己烷)		$m_{环}-m_0$		
m_1(0.050)		m_1-m_0		
m_2(0.100)		m_2-m_0		
m_3(0.150)		m_3-m_0		

2. 根据实际称重或移液管吸取的乙酸乙酯量，计算 3 个 25mL 容量瓶中乙酸乙酯准确的摩尔分数。

3. 以环己烷的密度作为已知值，由式(2-22-18) 计算各溶液的密度 ρ，作 ρ-x_B 图，根据式(2-22-7) 求得 K_2 值。

4. 作 n-x_B 图，根据式(2-22-10) 求得 K_3 值。

5. 介电常数定义式：

$$\varepsilon=\frac{C}{C_{空}} \tag{2-22-19}$$

环己烷的介电常数 $\varepsilon_{环}$ 与温度的关系如下：

$$\varepsilon_{环}=2.052-1.55\times10^{-3}t \tag{2-22-20}$$

式中，t 为摄氏温度。

将式(2-22-15) 代入式(2-22-19) 得：

$$\varepsilon_{环}=\frac{C_{环}}{C_{空}}=\frac{C'_{环}-C_d}{C_{空}}$$

将式(2-22-14) 代入上式消去 C_d 得：

$$C_{空}=\frac{C'_{环}-C'_{空}}{\varepsilon_{环}-1} \tag{2-22-21}$$

由式(2-22-20) 代入实验时温度计算出 $\varepsilon_{环}$；由式(2-22-21) 求出 $C_{空}$，再由式(2-22-14) 算出 C_d。

6. 将各溶液电容的测定显示值 C'，代入式(2-22-16) 算出各溶液的电容 C。

根据式(2-22-19) 求得各溶液的介电常数。

7. 作 ε-x_B 图，由直线斜率，根据式(2-22-6) 求得 K_1 值。

8. 由式(2-22-8) 计算出 P_B^{∞}。

9. 由式(2-22-11) 计算出 R_B^{∞}。

10. 由式(2-22-13) 计算出乙酸乙酯的偶极矩 $\boldsymbol{p}$。

六、思考题

1. 什么是分子摩尔极化度？它与偶极矩之间存在什么关系？如何由极化度求算分子偶极矩？

2. 测定电容时，为什么要用已知介电常数的标准物质？

3. 本实验测定的折射率、密度与介电常数数据中，何者对实验结果误差贡献最大？

七、实验注意事项

1. 测量空气介质电容或液体介质电容时，需首先拔下电容池“外电极 C1 插座”一端的测试线，再进行采零操作，以清除系统的零位漂移，保证测量的准确度。

2. 带电电容请勿放在测试仪上进行测试，以免损坏仪表。

3. 液体介质易挥发，测试时加入液体介质后，必须迅速将盖子盖紧，以防液体挥发影响测试的准确度。

4. 配制溶液时需注意不能有水分，所有器具必须干燥，配制的溶液应透明不浑浊。

5. 换样品测量电容、折射率与密度时，一定要吹干电容池、样品台与比重瓶。

八、进一步扩展设计性实验思维

测定偶极矩的方法有很多，如分子射线法、分子光谱法、温度法以及斯塔克效应等。

分子有很多性质，如偶极矩、电离势、电子亲和势等，这些性质常常相互联系，偶极矩极性变化不单纯是电负性的作用，这有助于人们深化理解偶极矩的概念以及更广泛了解诱导效应、共轭效应和超共轭效应强弱对分子理化性质的影响；能更好地解释复杂分子环境中键角的变化，解释分子间的弱相互作用，说明分子的几何结构。

第三章 附录

由于技术的进步，实验仪器设备向电子化、自动化的方向发展，机械式实验仪器设备有的已被淘汰，有的即将被淘汰。为了让同学们了解先辈的智慧，在当时的条件下如何设计仪器设备而达到测试目的，了解测试技术的进步过程，故在此也予以介绍。

附录1 测温计

一、水银玻璃温度计

温度计的种类很多，在实验室常用的是水银温度计，它是膨胀式温度计的一种，在玻璃毛细管中的水银随温度升高而膨胀，温度降低而收缩，经过校准后，就可根据水银的高度读出温度。水银温度计范围由－35℃到360℃（水银的熔点是－38.7℃，沸点是356.7℃），如果使用特硬玻璃并且在水银上面充入氮气或氩气，可以使测量范围增加到600℃，甚至达750℃；若在水银里加入8.5%的铊，配成汞-铊齐可测到－60℃的低温。水银具备容易提纯、热导率大、比热小、膨胀系数比较均匀、不容易附着在玻璃壁上、便于读数等性能，水银温度计曾使用广泛。

水银温度计的种类和使用范围如下。

(1) 一般使用，有－5～105℃、－5～150℃、－5～250℃、－5～360℃，等等，每格1℃或0.5℃。

(2) 供量热学用，有9～15℃、12～18℃、5～21℃、18～24℃、20～30℃等，每格0.01℃。目前广泛应用间隔为1℃的量热温度计，每格0.002℃。

(3) 测温差的贝克曼温度计，有升高和降低两种，一般为－6～120℃，每格0.01℃。

(4) 分段温度计。－10～200℃，分为24支，每支温度范围10℃，每格0.1℃；另外有－40～400℃，每隔50℃一支，每格0.1℃。

(5) 测量冰点降低用，－0.5～0.5℃，每格0.01℃。

注：2017年8月16日起，《关于汞的水俣公约》对我国生效，其中明确“自2026年1月1日起，禁止生产含汞体温计和含汞血压计”。

二、水银贝克曼温度计

1. 构造和特点

在精确测量温度差值的实验中（如凝固点下降测摩尔质量等），温度的读数要求精确到

0.001℃，一般1刻度1℃和1刻度10℃的温度计显然不能满足这个要求，为了达到这个要求，温度计l刻度要刻至0.01℃，为此就需要把温度计做得很长，或者多做几支温度计，而每支只能测一个范围较窄的温度区间。在精确测量温度的绝对数值时，这样的温度计是必不可少的。但是，对于精确测量温度差值，就完全没有这种必要了，贝克曼(Beckmann)温度计能很方便地达到这个要求。贝克曼温度计是水银温度计的一种，测温精密度高，只能测量温度的变化即差值，不能测量温度的真值，测量范围可以调节。

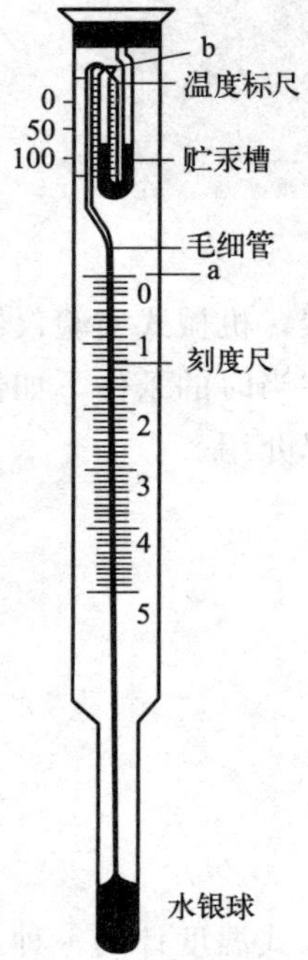

图 3-1-1 水银贝克曼温度计

水银贝克曼温度计的构造如图3-1-1所示。贮汞槽是用来调节水银球内的水银量的。借助贮汞槽调节，可用于测量介质温度在－20 ～ ＋155℃范围内变化不超过5℃的温度差。贮汞槽背后的温度标尺只是粗略地表示温度数值，即贮汞槽中的水银与水银球中的水银相连时，贮汞槽中水银面所在的刻度就表示温度的粗略值。因为水银球中的水银量是可以调节的，因此贝克曼水银温度计不能用来准确测量温度的绝对值。例如，刻度尺上1°并不一定是1℃，可能代表5℃、74℃等。

为了便于读数，贝克曼温度计的刻度有两种标法：一种是最小读数刻在刻度尺的上端，最大读数刻在下端(图3-1-1)；另一种恰好相反，前者用来测量温度下降值，称为下降式贝克曼温度计；后者用来测量温度升高值，称为上升式贝克曼温度计。

2. 使用方法

首先根据实验的要求确定选用哪一类型的贝克曼温度计，使用温度计时需经下面的操作步骤。

(1) 根据被测温度的高低，调节水银球的汞量

调节汞量的目的是使温度计在测量起始温度时，毛细管中的水银面位于刻度尺的合适的位置上。例如用下降式水银贝克曼温度计测凝固点降低时，起始温度（即纯溶剂的凝固点）的水银面应在刻度尺的1℃附近。这样才能保证在加入溶质而使凝固点下降时，毛细管中的水银面仍处在刻度标尺的范围之内。因此在使用贝克曼温度计时，首先应该将它插入一个与所测的起始温度相同的体系内，待平衡后，如果毛细管内的水银面在所要求的合适刻度附近，就不必调整，否则应按下述三个步骤进行调整。

(2) 水银丝的连接

此步操作是将贮汞槽b段中的水银与a段水银相连接。

若水银球内的水银量过多，毛细管内水银面已过0℃刻度或在0℃点以下不远，在此情况下，右手握温度计中部，慢慢倒置并用手指轻敲贮汞槽（此步操作要特别注意，切勿使温度计与桌面等相碰），使贮汞槽内的水银与毛细管内水银相连接，即将温度计倒转过来，利用水银的重力，使过多水银流入贮汞槽b段，估计水银量合适时，用手轻拍温度计上部，使

贮汞槽内的水银与毛细管内水银断开；若毛细管内水银量过少，仅仅比水银球稍高，在5℃刻度处或在5℃以上不远，也将温度计倒置，用左手轻敲右手的手腕然后按上述方法使贮汞槽内的水银与毛细管内水银相连接。再顺置温度计，贮汞槽内的水银就可以自动流向水银球。

（3）验证所调温度

断开水银丝后，必须验证在待测体系的起始温度时，毛细管中的水银面是否恰好在刻度尺的合适位置（如在2℃附近）。如不合适，应按前述步骤重新调节。调节好后的贝克曼温度计放置时，应将其上端垫高，不要平放，以免毛细管中的水银与贮汞槽中的水银相连接。

（4）读数

读数值时，贝克曼温度计必须垂直，而且水银球应全部浸入所测温度的体系中。由于毛细管中的水银面上升或下降时有黏滞现象，所以读数前必须先用手指（或用橡皮套住的玻璃棒）轻敲水银面处，消除黏滞现象后用放大镜（放大6～9倍）读取数值，读数时应注意眼睛要与水银面水平，而且使最靠近水银面的刻度线中部不呈弯曲现象。

三、热电偶温度计

两种金属导体构成一个闭合线路，如果连接点温度不同，回路里将产生一个与温差有关的电势，称为温差电势。这样的一对导体称为热电偶，因此可用热电偶的温差电势测定温度。

几种常用的热电偶温度计的适用范围及其室温下温差电势的温度系数（dE/dT）列于表3-1-1中。

表3-1-1 几种常用的热电偶温度计的适用范围及其室温下温差电势的温度系数

类型	适用温度的范围/℃	可以短时间使用的温度/℃	$(dE/dT)/(mV \cdot ℃^{-1})$
铜-康铜	0～350	600	0.0428
铁-康铜	200～750	1000	0.0540
镍铬-镍铝	200～1200	1350	0.04140
铂-铂铑合金	0～1450	1700	0.0064

四、精密数字温度温差仪

精密数字温度温差仪即数字贝克曼温度计，显示清晰、直观，分辨率高，稳定性好，温度差分辨率0.001℃。可以温度-温差双显示，其结构是通过一个非线性传感器微变量测量补偿线路实现的，该线路由双恒流源、非线性传感器、固定电阻器、高阻抗差动放大器组件和线性补偿电阻及零调电位器组成。将温度信号转换为电压信号，经过多级放大电路后变为对应模拟电压量，将结果实时送至四位半的数码管显示，满足了实验室高精度温度、温差测量的需求，代替传统的贝克曼水银温度计。读数采零及超量程显示的功能，使温差测量显示更为直观，无需进行算术计算。温差超量程自动显示U.L符号、可调报时功能、可以在定时读数时间范围6～99s内任意选择；可选配USB接口，便于与计算机连接。

1. 前面板示意图（图 3-1-2）

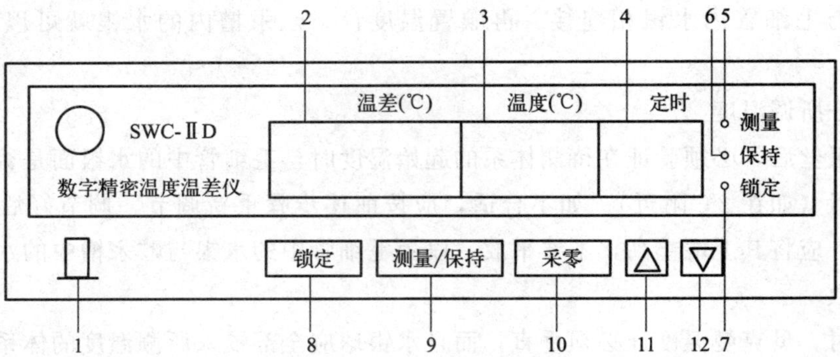

图 3-1-2　精密数字温度温差仪前面板示意图

1—电源开关；2—温差显示窗口，显示温差值；3—温度显示窗口，显示所测物的温度；4—定时窗口，显示设定的读数间隔时间；5—测量指示灯，灯亮表明仪表处于测量工作状态；6—保持指示灯，灯亮表明仪表处于读数保持状态；7—锁定指示灯，灯亮表明仪表处于温差采零锁定状态，禁止采零；8—锁定键，按下此键，温差采零允许/禁止；9—测量/保持键，数据测量功能和数据保持功能之间的转换；10—采零键，用以消除仪表当时的温差值，使温差显示窗口显示“0.000”；11—增时键，按下此键，时间在 0～99 递增；12—减时键，按下此键，时间在 99～0 递减

2. 后面板示意图（图 3-1-3）

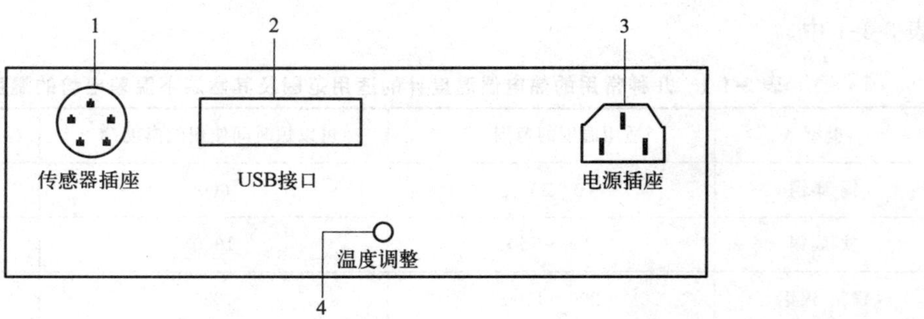

图 3-1-3　精密数字温度温差仪后面板示意图

1—传感器插座，将传感器插入此插座；2—USB 接口，为计算机接口；3—电源插座，接 220V 电源（内置 0.2A 保险丝）；4—温度调整，生产厂家进行仪表校验时用，用户勿调节此处，会影响仪表的准确度

3. 使用方法

（1）将传感器插头插入后面板上的传感器插座（槽口对准）。

（2）将 220V 电源接入后面板上的电源插座。

（3）将传感器插入被测物中（插入深度应大于 50mm）。

（4）按下电源开关，此时温度显示屏显示仪表初始状态（实时温度）。

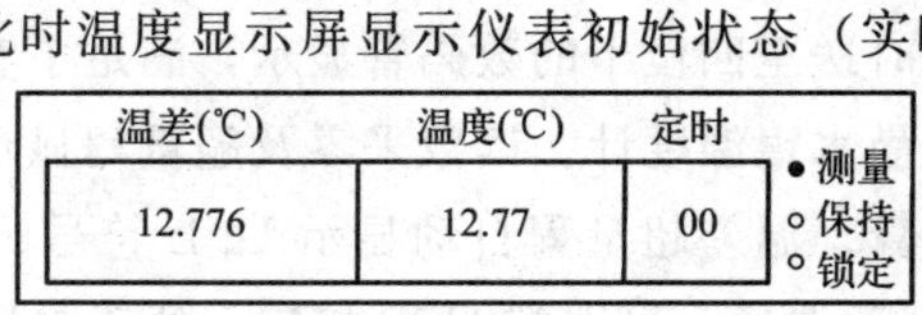

(5) 当温度温差显示值稳定后，按下采零键，温差显示窗口显示“0.000”，稍后显示的温差值即温差的相对变化量，如测量过程中，需防止误采零，要按“锁定键”，此时仪器温差值禁止采零。

(6) 要记录读数时，可按一下测量/保持键，使仪器处于保持状态（此时，保持指示灯亮）。读数完毕，再按一下测量/保持键，即可转换到“测量”状态，进行跟踪测量。

(7) 定时读数。

(a) 按下增、减键，设定所需的定时时间（应大于5s，定时读数才会起作用）。

(b) 设定完后，定时显示将进行倒计时，当一个计数周期完毕时，蜂鸣器鸣响且读数保持约2s，保持指示灯亮，此时可观察和记录数据。

(c) 消除报警，只需将定时读数设置小于5s即可。

注意：温度显示窗口显示传感器所测物的实际温度，温差显示窗口显示的温差可对应温度的相对变化量。

附录2 气压计

气压计的样式很多，一般实验室使用老式的气压计，最常用的是福丁（Fortin）式和固定杯式。

一、福丁式气压计

福丁式气压计如图3-2-1所示。

1. 构造

福丁式气压计是一根一端封闭的玻璃管，管内装满水银，开口的一端垂直插入水银槽中，玻璃管中的水银在受重力作用下达到平衡时，水银柱的高度则表示大气的压力。福丁式气压计主要由感应部分、刻度部分和附属温度表等组成，如图3-2-1所示。感应部分包括水银柱、玻璃球内管和水银槽。刻度部分由气压刻度标尺、游标尺和象牙针等组成。利用游标尺，可以使得气压的读数分辨到标尺刻度的十分之一，即0.1毫米汞柱或是0.1百帕。附属温度表主要用于测定气压计的表温，以便对气压计的测量结果进行温度订正。

福丁式气压计的主要特点是标尺上有一个固定的零点，即象牙针尖所处的位置。每次读数时，均须将水银槽中的水银面调整到这个零点处，然后读出水银槽顶的刻度。

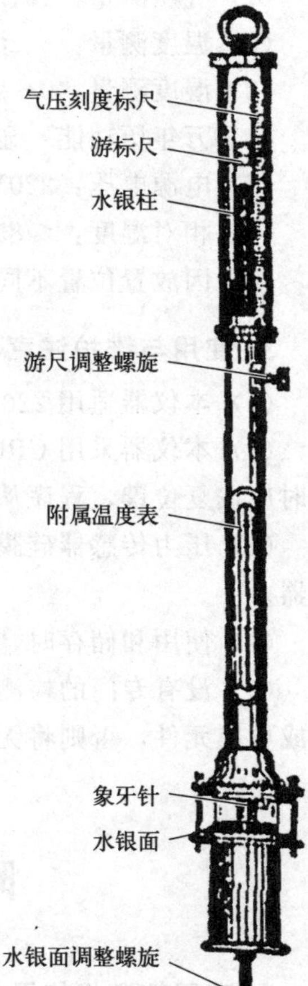

图3-2-1 福丁式气压计图

2. 使用方法

(1) 调整水银槽内水银面，使之与象牙针尖恰恰相接。调整时，旋动槽底调整螺旋，使槽内水银面自下而上地升高，动作要轻而慢，直到象牙针尖与水银面恰好相接（水银面上既无小涡，也无空隙）为止。如果出现了小涡，则须重新进行调整，直至达到要求为止。

（2）调整游标尺与读数。先使游标尺稍高于水银柱顶，并使视线与游标尺环的前后下缘在同一水平线上，再慢慢下降游标尺，直到游标尺环的前后下缘与水银柱凸面顶点刚刚相切。此时，通过游标尺下缘零线所对标尺的刻度即可读出整数。再从游标尺刻度线上找出一根与游标尺上某一刻度相吻合的刻度线，则游标尺上这根刻度线的数字就是小数读数。

（3）读数复验后，降下水银面。旋转槽底调整螺旋，使水银面离开象牙针尖约 2～3mm。

二、精密数字气压温湿度计

1. 特点

为实验室提供环境气压、温度与湿度数据，仪器内设有万年历及不间断内置电池断电保护。该仪器采用先进技术与高精高稳元器件，内部采用 CPU 对压力传感器数据进行非线性补偿和零位自动校正，使得仪器具有操作简单，显示直观清晰，在较宽的环境温度范围内保证准确度和长期稳定性等特点，克服了水银 U 形压力计中汞有毒等缺点，可替代水银气压计对绝压系统进行检测或实时显示大气压；替代 U 形水银压力计对负压及真空进行检测；具有压力、温度、湿度三种检测功能，可同时替代 U 形水银压力计和水银温度计。

2. 技术指标

（1）气压测量：101.3±30（kPa），0.01kPa 分辨率。

（2）温度测量：－20～100℃，0.1℃分辨率。

（3）湿度测量：0～99RH％。

（4）万年历功能：显示年．月．日．时．分．秒．星期。

（5）电源电压：220V，50Hz。

（6）相对湿度：≤85％。

注：因放置位置不同，温度、湿度可能会略有差异。

3. 使用与维护注意事项

（1）本仪器适用 220V 电源，若需和其他电源配套，则要特殊转换器。

（2）本仪器采用 CPU 进行非线性补偿，电网干扰脉冲可能会出现程序错误造成死机，此时应按复位键，程序从头开始。

（3）压力传感器硅膜极薄，切忌固体颗粒或其他硬物进入传感器内，否则会损坏压力传感器。

（4）使用和储存时，仪表应放置在通风、干燥和无腐蚀性气体的场合。

（5）没有专门的检测技能和专门的检测设备，切勿随意打开机盖进行检测，更不允许调整或更换元件，否则将无法保证仪器测量的准确度。

附录 3　高压钢瓶的安全使用

1. 高压钢瓶规格及识别

（1）高压钢瓶型号、规格（按工作压力分类）见下表。

钢瓶型号	用途	工作压力/Pa	试验压力/Pa	
			水压试验	气压试验
150	装 O_2、H_2、N_2、CH_4、压缩空气及惰性气体等	1.47×10^7	2.21×10^7	1.47×10^7
125	装 CO_2 等	1.18×10^7	1.86×10^7	1.18×10^7
30	装 NH_3、Cl_2、光气、异丁烷等	2.94×10^6	5.88×10^6	2.94×10^6
6	装 SO_2 等	5.88×10^5	1.18×10^6	5.88×10^5

(2) 高压钢瓶颜色标记

我国高压钢瓶常用的标记见下表。

气体类别	瓶身颜色	标记颜色	字样
氮气	黑	黄	氮
氧气	天蓝	黑	氧
氢气	深蓝	红	氢
压缩空气	黑	白	压缩空气
二氧化碳	黑	黄	二氧化碳
氦	棕	白	氦
液氨	黄	黑	氨
氯	草绿	白	氯
乙炔	白	红	乙炔
氟氯烷	铝白	黑	氟氯烷
石油气体	灰	红	石油气
粗氩气体	黑	白	粗氩
纯氩气体	灰	绿	纯氩

2. 高压钢瓶的安全使用

(1) 钢瓶应放在阴凉且远离电源、热源（如阳光、暖气、炉火等）的地方，并加以固定。可燃性气体钢瓶必须与氧气钢瓶分开存放。

(2) 搬运钢瓶时要戴上瓶帽、橡皮腰圈。要轻拿轻放，不要在地上滚动，避免撞击和突然摔倒。

(3) 高压钢瓶必须要安装好减压阀后方可使用。一般，可燃性气体钢瓶上阀门的螺纹为反扣的（如 H_2、乙炔），不燃性或助燃性气瓶（如 N_2、O_2）为正丝。各种减压阀绝不能混用。

(4) 开、闭气阀时，操作人员应避开瓶口方向，站在侧面，防止阀门或压力表冲出伤人并缓慢操作。

(5) 氧气瓶的瓶嘴、减压阀都严禁沾染油脂。在开启氧气瓶时还应特别注意手上、工具上不能有油脂，扳手上的油应用酒精洗去，需待干后再使用，以防燃烧和爆炸。

(6) 氧气瓶与氢气瓶严禁在同一实验室内使用。

(7) 钢瓶内气体不能完全用尽，应保持在 0.05MPa 表压以上的残留压力，以防重新灌气时发生危险。

（8）钢瓶须定期送交检验，合格钢瓶才能充气使用。

3. 气体减压阀的构造及正确使用

高压钢瓶充气后，压力可达 150×101.3kPa，使用时必须用气体减压阀。其构造如图 3-3-1 所示，其结构原理如图 3-3-2 所示，当顺时针方向旋转手柄 1 时，压缩主弹簧 2，作用力通过弹簧垫块 3、薄膜 4 和顶杆 5 使活门 9 打开，这时进口的高压气体（其压力由高压表 7 指示）由高压室经活门调节减压后进入低压室（其压力由低压表 10 指示）。当达到所需压力时，停止转动手柄，开启供气阀，将气体输到受气系统。

停止用气时，逆时针旋松手柄 1，使主弹簧 2 恢复原状，活门 9 由压缩弹簧 8 的作用而密闭。当调节压力超过一定允许值或减压阀出故障时，安全阀 6 会自动开启排气。

安装减压阀时，应先确定尺寸规格是否与钢瓶和工作系统的接头相符，用手拧满螺纹后，再用扳手上紧，防止漏气。若有漏气应再旋紧螺纹或更换皮垫。

在打开钢瓶总阀（图 3-3-1 氧气压力表）之前，首先必须仔细检查调压阀门是否已关好（手柄松开是关）。切不能在调压阀门处在开放状态（手柄顶紧是开）时，突然打开钢瓶总阀门，否则会出事故。只有当手柄松开（处于关闭状态）时，才能开启钢瓶总阀门，然后再慢慢打开调压阀门。

停止使用时，应先关钢瓶总阀门，到压力表下降到零时，再关调压阀门（即松开手柄）。

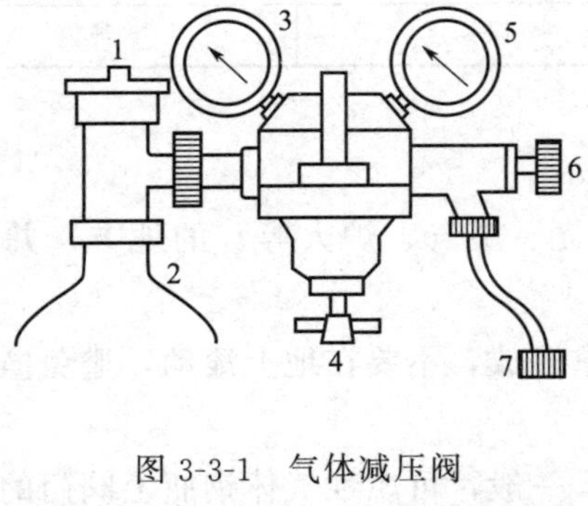

图 3-3-1 气体减压阀

1—钢瓶总阀门；2—氧气表与钢瓶连接螺旋；3—总压力表；4—调压阀门；5—分压力表；6—供气阀门；7—接氧弹进气口螺旋

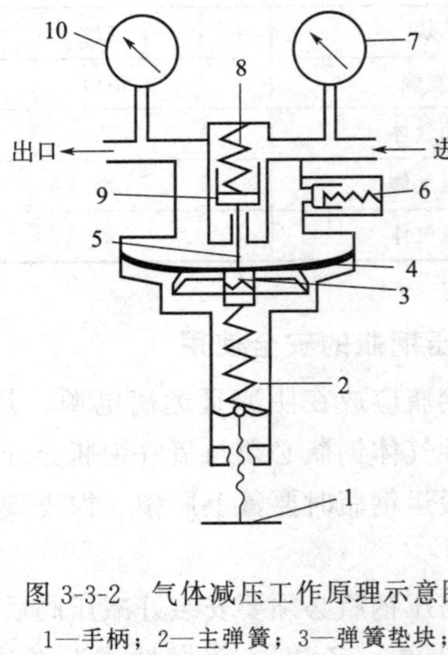

图 3-3-2 气体减压工作原理示意图

1—手柄；2—主弹簧；3—弹簧垫块；4—薄膜；5—顶杆；6—安全阀；7—高压表；8—压缩弹簧；9—活门；10—低压表

附录 4 电导的测量及仪器

电导是电阻的倒数，因此电导值实际上是通过测量电阻值后再换算的，也就是说电导的测量方法应该与电阻的测量方法相同。但在溶液电导的测定过程中，当电流通过电极时，由于离子在电极上会发生放电，产生极化而引起误差，故测量电导时要使用频率足够高的交流电，以防止电解产物的产生。另外，所用的电极镀铂黑是为了减少极化电位，提高测量结果的准确性。

一、 DDS-11A型电导率仪

DDS-11A 型电导率仪是基于“电阻分压”原理的不平衡测量方法，它测量范围广，可以测定一般液体和高纯水的电导率，操作简便，可以直接从表上读取数据，并有 0～10mV 信号输出，可接自动平衡记录仪进行连续记录（图 3-4-1）。

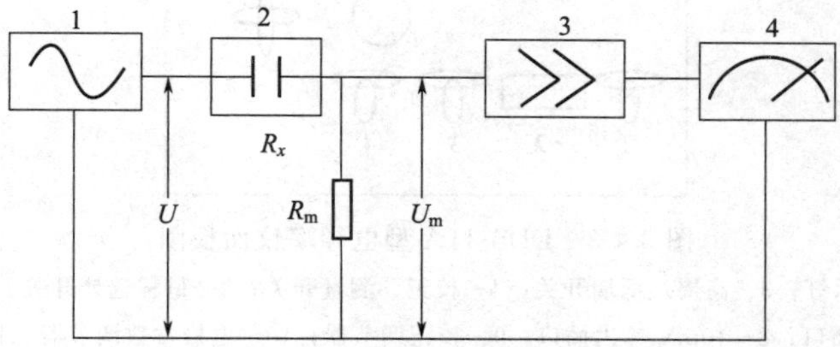

图 3-4-1　电导率仪测量原理图

1—振荡器；2—电导池；3—放大器；4—指示器

1. 测量原理

电导率仪的工作原理如图 3-4-1 所示。把振荡器产生的一个交流电压源 U，送到电导池 R_x 与量程电阻（分压电阻）R_m 的串联回路里，与电导池里的溶液电导愈大，R_x 愈小，R_m 获得电压 U_m 也就愈大。将 U_m 送至交流放大器中放大，再经过信号整流，以获得推动表头的直流信号输出，表头直接读出电导率。电压 U_m 与电导率的关系见式(3-4-1)。

$$U_m=\frac{UR_m}{R_m+R_x}=UR_m\div\left(R_m+\frac{K_{cell}}{k}\right) \tag{3-4-1}$$

式中，K_{cell} 为电导池常数，即所配电极的常数。

当 U、R_m 和 K_{cell} 均为常数时，电导率 k 的变化必将引起 U_m 作相应的变化，所以测量 U_m 的大小，也就测得溶液电导率的数值。

本机振荡产生低周（约 140Hz）及高周（约 1100Hz）两个频率，分别作为低电导率测量和高电导率测量的信号源频率。振荡器用变压器耦合输出，因而信号 U 不随 R_x 变化而改变。因为测量信号是交流电，因而电极极片间及电极引线间均出现了不可忽视的分布电容 C_0（大约 60pF），电导池则有电抗存在，这样将电导池视作纯电阻来测量，则存在比较大的误差，特别是在 $0\sim0.1\mu S\cdot cm^{-1}$ 低电导率范围内时，此项影响较显著，需采用电容补偿加以消除，其原理见图 3-4-2。

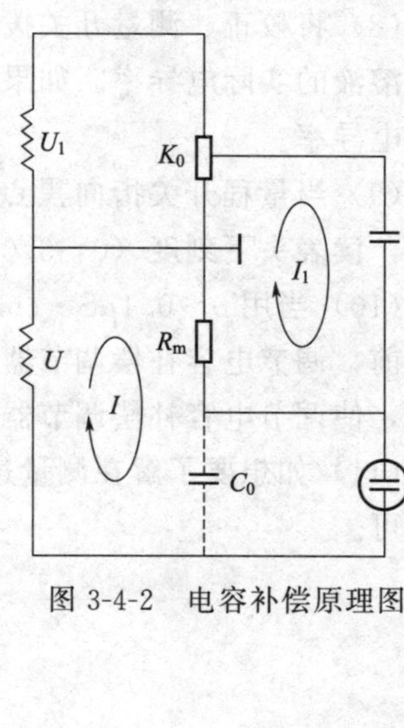

图 3-4-2　电容补偿原理图

信号源输出变压器的次极有两个输出信号 U_1 及 U，U_1 作为电容的补偿电源。U_1 与 U 的相位相反，所以由 U_1 引起的电流 I_1 流经 R_m 的方向与测量信号 I 流过 R_m 的方向相反。测量信号 I 中包括通过纯电阻 R_x 的电流和流过分布电

容 C_0 的电流。调节 K_0 可以使 I_1 与流过 C_0 的电流振幅相等，使它们在 R_m 上的影响大体抵消。

2. 使用方法

DDS-11A 型电导率仪的面板如图 3-4-3 所示。

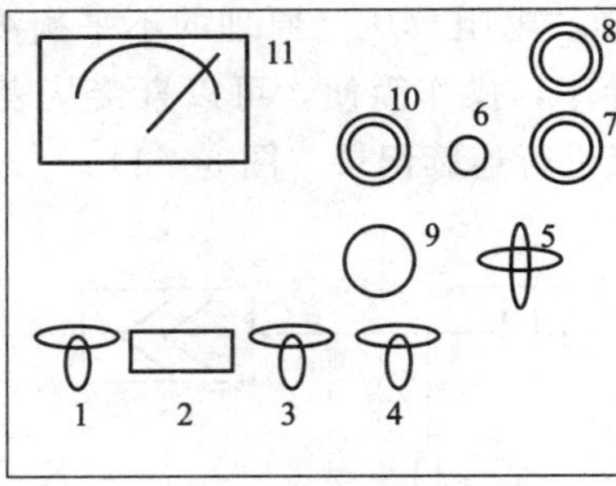

图 3-4-3 DDS-11A 型电导率仪面板图

1—电源开关；2—指示灯；3—高周、低周开关；4—校正、测量开关；5—量程选择开关；6—电容补偿调节器；7—电极插口；8—10mV 输出插口；9—校正调节器；10—电极常数调节器；11—表头

(1) 打开电源开关前，应观察表针是否指零，若不指零，可调节表头的螺丝，使表针指零。

(2) 将校正、测量开关拨在“校正”位置。

(3) 打开电源开关，此时指示灯亮。预热数分钟，待指针稳定后。调节校正调节器，使表针指向满刻度。

(4) 根据待测溶液电导率的大致范围选用低周或高周，并将高周、低周开关拨向所选位置。

(5) 将量程选择开关拨到测量所需范围。如预先不知道被测溶液电导率的大小，则由最大挡逐挡下降至合适范围，以防表针打弯。

(6) 根据电极选用原则，选好电极并插入电极插口。各类电极要注意调节好配套电极常数，如配套电极常数为 0.95（电极上已标明），则将电极常数调节器调节到相应的 0.95 处。

(7) 将装液容器锥形瓶或烧杯和电极用少量待测溶液洗涤 2～3 次，再将电极浸入待测溶液中并恒温。

(8) 将校正、测量开关拨向“测量”，这时表头上的指示读数乘以量程开关的倍率，即待测溶液的实际电导率。如果选用 DJS-10 型铂黑电极，应将测得的数据乘以 10，即待测溶液的电导率。

(9) 当量程开关指向黑点时，读表头上刻度（$0\sim1.0\mu S\cdot cm^{-1}$），当量程开关指向红点时，读表头下刻度（$0\sim3.0\mu S\cdot cm^{-1}$）。

(10) 当用 $0\sim0.1\mu S\cdot cm^{-1}$ 或 $0\sim0.3\mu S\cdot cm^{-1}$ 这两挡测量高纯水时，在电极未浸入溶液前，调节电容补偿调节器，使表头指示为最小值（此最小值是铂片间的漏阻，此漏阻的存在，使调节电容补偿调节器时表头指针不能达到零），然后开始测量。

(11) 如想要了解在测量过程中电导率的变化情况，将 10mV 输出接到自动平衡记录仪上即可。

3. 电极选择原则

对于不同测量范围，需要选择不同的电极（表 3-4-1），电导率仪的频率设置不同。

表 3-4-1 电极选择

量程	电导率/($\mu S \cdot cm^{-1}$)	测量频率	配套电极
1	0～0.1	低周	DJS-1 型光亮电极
2	0～0.3	低周	DJS-1 型光亮电极
3	0～1	低周	DJS-1 型光亮电极
4	0～3	低周	DJS-1 型光亮电极
5	0～10	低周	DJS-1 型光亮电极
6	0～30	低周	DJS-1 型铂黑电极
7	0～10^2	低周	DJS-1 型铂黑电极
8	0～3×10^2	低周	DJS-1 型铂黑电极
9	0～10^3	高周	DJS-1 型铂黑电极
10	0～3×10^3	高周	DJS-1 型铂黑电极
11	$>10^4$	高周	DJS-10 型铂黑电极
12	10^5	高周	DJS-10 型铂黑电极

光亮电极测量较小的电导率（0～10$\mu S \cdot cm^{-1}$），而铂黑电极用于测量较大的电导率（10～10^5 $\mu S \cdot cm^{-1}$）。实验中通常用铂黑电极，因为它的表面比较大，这样降低了电流密度，减少或消除了极化。但在测量低电导率溶液时，铂黑对电解质有强烈的吸附作用，出现不稳定的现象，这时宜用光亮铂电极。

4. 注意事项

（1）电极的引线不能潮湿，否则测量不准确。

（2）高纯水应迅速测量，否则空气中 CO_2 溶入水中变为 CO_3^{2-}，使电导率迅速增加。

（3）测定一系列浓度待测溶液的电导率，应注意按浓度由小到大的顺序测定。

（4）盛待测液的容器必须干净，没有离子沾污。

（5）电极要轻拿轻放，切勿触碰铂黑。

二、 DDS-11 型电导率仪

该仪器的测量原理与 DDS-11 型电导率仪一样，也是基于“电阻分压”原理的不平衡测量方法。其面板如图 3-4-4 所示。使用方法如下。

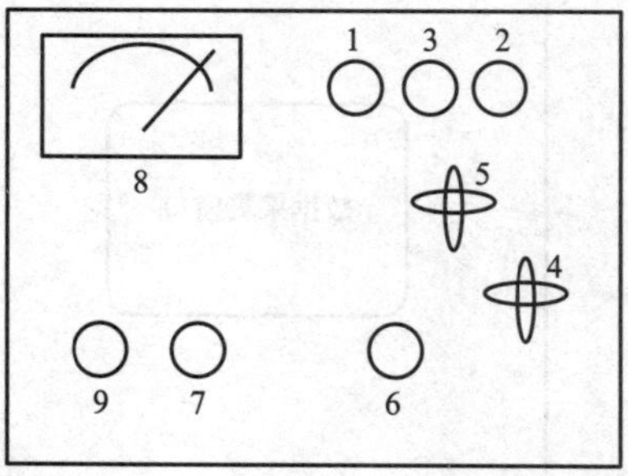

图 3-4-4 DDS-11 型电导率仪面板

1，2，3—电极接线柱；4—测量、校正开关；5—范围选择器；6—校正调节器；7—电源开关；8—指示表；9—电源指示灯

（1）接通电源前，先检查表针是否指零，如不指零，可调节表头上的校正螺丝，使表针指零。

（2）打开电源开关，指示灯即亮。预热数分钟，即可开始工作。

（3）将测量范围选择器旋钮拨到所需的范围挡。

如不知被测溶液电导率的大小范围，则应将旋钮置于最大量程挡，然后逐挡减小，以保护表针不被损坏。

(4) 选择电极。

本仪器附有三种电极，分别适用于下列电导范围：被测溶液电导低于 0.005mS 时，使用 260 型光亮电极；被测溶液电导在 0.005～150mS 时，使用 260 型铂黑电极；被测液电导高于 150mS 时，使用 U 形电极。

(5) 连接电极引线，使用 260 型电极时，电极上两根同色引出线分别接在电极接线柱 1、2 上，另一根引出线接在电极接线柱 3 上。使用 U 形电极时，两根引出线分别接在接线柱 1、2 上。

(6) 用少量待测液洗涤电极 2～3 次，然后将电极浸入待测溶液中，并恒温。

(7) 将测量、校正开关扳向"校正"，调节校正调节器，使指针停在红色倒三角处。应注意在电导池接妥的情况下方可进行校正。

(8) 将测量、校正开关扳向"测量"，这时指针指示的读数即被测溶液的电导值。当被测溶液电导很高时，每次测量都应在校正后方可读数，以提高测量精度。

三、SLDS-Ⅱ型数字电导率仪

1. 数字电导率仪特点

仪器采用低压变频设计，测量准确度高、稳定性及可靠性好、安全性高、使用方便。具有溶液温度补偿功能及电极常数补偿功能。具有连续监测 0～10mV 的直流信号输出，可外接记录仪。可选配和计算机连接的串行口。具有自动、手动选择量程功能。具备自动存储及修正功能。

2. 使用方法

(1) 仪器的准备

仪器可供操作使用的界面如图 3-4-5 所示，将电极插头插入电极插座（插头、插座上的定位销对准后，按下插头顶部即可），并将电极置于被测溶液中，接通仪器电源，让仪器预热 15min。注意：仪器安装时请将电极上的编号和仪器上的编号相对应。

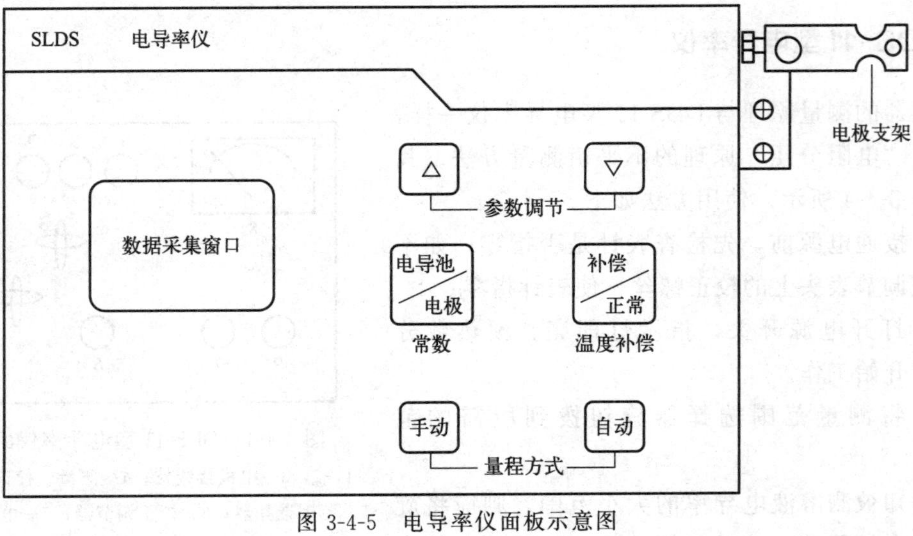

图 3-4-5 电导率仪面板示意图

(2) 电导率仪的调整

(a) 仪器开机后进入的界面如下。

157.1		μS·cm
25.0	℃	正常
1.025	1	
测量		自动

界面上对应的数值表示如下:"157.1μS·cm"为电导率测量值;"25.0℃"为标准温度值;"正常"为无补偿;"1.025"为电导池常数;"1"为电极常数;"测量 自动"为自动选择量程测量数据。

如测量溶液实时温度下的电导率,则无需温度补偿,仪器将自动测量出溶液相对应的电导率。当需测量标准温度(25.0℃)下溶液的电导率,可使用温度补偿功能。操作步骤如下:用温度计测出被测溶液的温度;按"补偿/正常"键,使数据采集窗口显示"温补",此时按▲、▼键进行温度补偿输入,设置实时温度。例如:被测溶液温度为26.0℃的液体进行补偿的界面如下。

154.0		μS·cm
26.0	℃	温补
1.025	1	
测量		自动

(b) 校准:同时长按"补偿/正常"和"手动"键,数据采集窗口转换到校准状态,显示如下。

US	10030

等数值稳定后,按"电导池/电极"键,切换到"MS"校准状态,等数值稳定后,再按"电导池/电极"键,切换到"US"校准状态,数值再次稳定后,关闭电源开关,再重新开机,校正完毕。

(c) 电导池、电极常数的修改:如需修改电导池常数,长按"电导池/电极"键,显示如下。

电导池常数
1.002

再按▲、▼键进行修改。

如需修改电极常数,再按下"电导池/电极"键,再按▲、▼键进行修改,显示如下。

电极常数
1

再按▲、▼键进行修改。

(d) 数据修改完成后再按"电导池/电极"键,使数据采集窗口转换到测量状态,此时就可以进行测量了，显示如下。

157.1		$\mu S \cdot cm$
25.0	℃	正常
1.025	1	
测量		自动

MS	09293

（e）量程选择：此仪器量程选择分手动、自动两种。测量时一般都采用自动选择量程，按下“手动”或“自动”键，可进行手动与自动切换。如需手动选择量程，按下“手动”键，在数据采集窗口显示“手动”，界面如下。

157.1		$\mu S \cdot cm$
25.0	℃	正常
1.025	1	
测量		手动

选择手动测量时，若显示屏显示“OUL”，则表示被测值超出量程范围，此时继续按“手动”键，选择适合的量程。

（f）测量高电导的溶液，若被测溶液的电导率（表 3-4-2）高于 $20mS \cdot cm^{-1}$，应选用 DJS-10 电极，此时量程范围可扩大到 $200mS \cdot cm^{-1}$（$20mS \cdot cm^{-1}$ 挡可测至 $200mS \cdot cm^{-1}$，$2mS \cdot cm^{-1}$ 挡可测至 $20mS \cdot cm^{-1}$，但显示数须乘 10）。测量纯水或高纯水的电导率，宜选电极常数为 0.01 的电极，被测值＝显示数×0.01。也可用 DJS-0.1 电极，被测值＝显示数×0.1。被测溶液的电导率低于 $30\mu S \cdot cm^{-1}$ 时，宜选用 DJS-I 光亮电极。电导率高于 $30\mu S \cdot cm^{-1}$ 时，应选用 DJS-1 铂黑电极。

表 3-4-2　电导率范围及对应电极常数推荐表

电导率范围/($\mu S \cdot cm^{-1}$)	电阻率范围/($\Omega \cdot cm$)	推荐使用电极常数/cm^{-1}
0.05～2	20M～500K	0.01,0.1
2～200	500K～5K	5K～500K
200～2000	5K～500K	1.0
2000～20000	500～50	1.0,10
20000～2×10^5	50～5	10

（g）仪器如长时间连续使用，可用输出信号（0～10mV）外接记录仪进行连续监测，也可选配串口，由电脑显示监测。

3. 电极常数的测定法

（1）参比溶液法

（a）清洗电极；

（b）配制标准溶液，配制成的成分比例和标准电导率值见表 3-4-3 和表 3-4-4；

（c）将电极接入电导率仪连接座；

（d）控制溶液温度为 25℃；

（e）把电极浸入标准溶液中；

（f）测出电导池电极间电阻 R；

(g) 按下式计算电极常数 J：$J=K\times R$，式中，K 为溶液已知电导率。

(2) 比较法

用一已知常数的电极与未知常数的电极测量同一溶液的电阻。

(a) 选择一支合适标准电极（设常数为 $J_{标}$）；

(b) 把未知常数的电极（设常数为 J_1）与标准电极以同样的深度插入液体中（事先都清洗）；

(c) 依次把它们接到电导率仪上，分别测出电阻 $R_{标}$ 及 R_1，然后由 $J_{标}/J_1=R_{标}/R_1$ 得出 $J_1=J_{标}R_1/R_{标}$。

表 3-4-3 测定电极常数的 KCl 标准溶液

电极常数/(cm^{-1})	0.1	1	10
KCl 溶液浓度/($mol\cdot L^{-1}$)	0.01	0.01 或 0.1	0.1 或 1.0

注：KCl 应该为优级剂，并须在 110℃烘箱中烘 4h，取出在干燥器中冷却后可称量。

表 3-4-4 KCl 标准浓度及其电导率值

电导率/($S\cdot cm^{-1}$)	$1mol\cdot L^{-1}$	$0.1mol\cdot L^{-1}$	$0.01mol\cdot L^{-1}$	$0.001mol\cdot L^{-1}$
15℃	0.09212	0.010455	0.0011414	0.0001185
18℃	0.09780	0.011168	0.0012200	0.0001267
20℃	0.10170	0.011644	0.0012737	0.0001322
25℃	0.11131	0.012852	0.0014083	0.0001465
35℃	0.13110	0.015351	0.0016876	0.0001765

附录 5 旋光仪

一、圆盘旋光仪

旋光仪主要应用在两方面：①在化学工业的生产中，用以定量地测定旋光物质的浓度，特别是有非旋光性杂质存在时精确测定溶液中旋光物质的含量，如在制糖工业用以测定糖的成分；也可用于非水溶液中旋光物质的测定，如樟脑的苯溶液或丙酮溶液等；②用以测定有机物的结构，是确定有机物分子立体构型的重要工具之一。

1. 圆盘旋光仪的构造

旋光仪的主要构造可分起偏镜和检偏镜两部分：①起偏镜是由尼科耳棱镜构成，使具有各向振动的可见光起偏振，它固定在仪器的前端；②检偏镜用来测定光的偏振面的转动角度，它是由人造偏振片粘在两个防护玻璃中间，随刻度盘一起转动。当一束光经过偏振器后，光沿 OA 的方向振动，如图 3-5-1 所示。

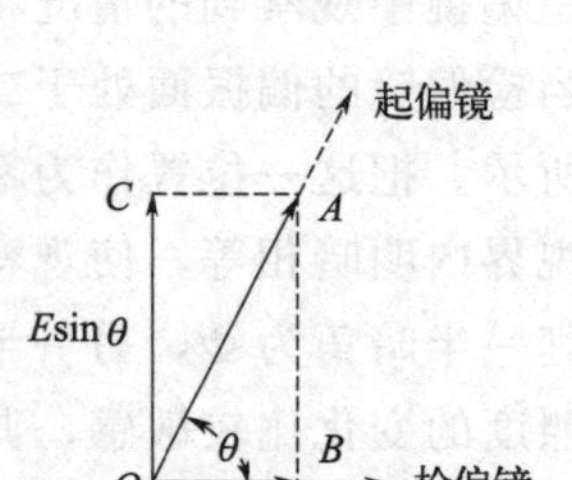

图 3-5-1 偏振光强度

也就是可以允许在这一方向上振动的光通过此平面。设 OB 是检偏镜的透射面，只允许在这一方向上振动的光通过两透射面的夹角为 θ，这样由起偏镜出来的振幅 E 可以分成两束互相垂直的分光，其振幅分别为 $E\cos\theta$ 和 $E\sin\theta$。经过检偏镜以后，其中仅有和 OB 相重的分光 $E\cos\theta$ 可以透出检偏镜，而垂直分光 $E\sin\theta$ 不能通过。这样，透过检偏镜后的光强，随两个透射面间夹角的余弦平方而变，因为：

$$OB = E\cos\theta \tag{3-5-1}$$

所以透射出检偏镜的光强：

$$I = 2OB = I_0\cos 2\theta \tag{3-5-2}$$

式中，I 为透过检偏镜的光强；I_0 为透过起偏镜入射的光强；θ 为起偏镜和检偏镜的两个透射面间的夹角。

可见，两镜平行时，$\theta=0$，$I=I_0$，即透过的光最强；两镜垂直时，$\theta=90°$，$I=0$，即透过的光等于零。旋光仪就是利用透过光的强弱明暗，来测定其旋光度。在起偏镜和检偏镜间，摆上盛满旋光物质的观察管。由于物质的旋光作用，原来由起偏镜出来的偏振面 OA 方向改变了一定的角度 a，因而检偏镜也要旋转一个相应的角度 a，才能使其透过的光强和原来的强度相等。为了更准确地判断旋光角的大小和光的强弱，通常在视野中分出三分视界（或两半圆视界）便于对比视界两边的光强，造成三分视界的装置和简单原理如下：

在起偏镜 M 前部，装有一狭长石英片 Q。当由起偏镜透过来的平面偏振光，垂直投射并通过石英片时，由于石英片具有旋光性，偏振方向旋转了一个角度 Φ。在镜前看起来，光波的振动方向如图 2-5-2 所示。

A 是光经起偏镜后的振动方向，A'是经石英片将偏振光旋转一角度后的振动方向，此两偏振光的夹角 Φ 称为半暗角。当检偏镜的偏振面与通过石英片的光的偏振面平行时（即检偏镜的偏振面在 A'的方向时），则在检偏镜中观察到的情况将是：中间狭长部分较明亮，而两旁较暗，如图 3-5-3(b) 所示。

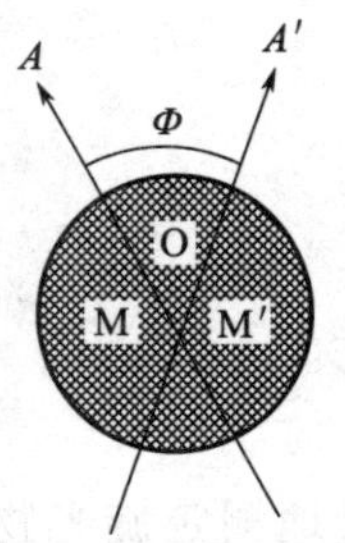

图 3-5-2 光波的振动方向

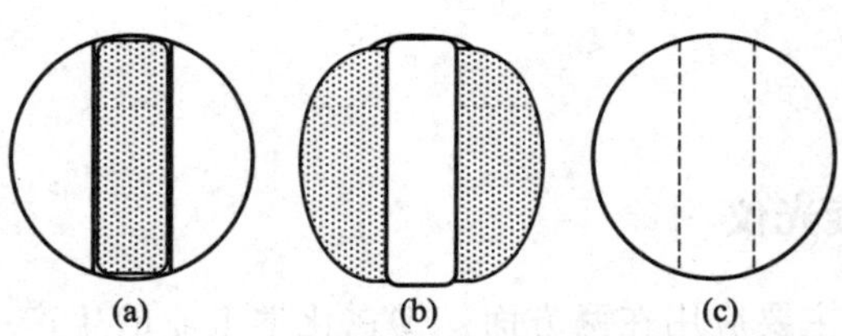

图 3-5-3 检偏镜中观察到的视图

若检偏镜的偏振面与起偏镜的偏振而平行时（即检偏镜的偏振面在 A 的方向时），则在检偏镜中观察到的情况将是：中间狭长部分较暗而两旁较明亮，如图 3-5-3(a) 所示，只有当检偏镜的偏振面处于二分之一石英片所转的角度时，视界内的明暗才相等，如图 3-5-3(c) 所示。把这一位置作为零度，并使游标尺上的零度线对准刻度盘零度。在每次测定时，调节视界内明暗相等，使观察结果准确。由于两个偏振面相交必定有两对对顶角，并互成补角，其一半暗角为 Φ，另一半暗角为 $180-\Phi$。一般总是选取较小的半暗角，因为人的眼睛对弱照度的变化比较敏感，调节照度相等的位置较为精确。但是视野的照度随 Φ 的减小而变弱，为了使眼睛不太费劲而又可以清晰地区别两个部分的照度，所以通常都是选取几度到十几度的角度，而不选取大角度，这一点在使用时也应特别注意。

旋光仪就是按照上述原理制作的，仪器的构造如图 3-5-4 所示。

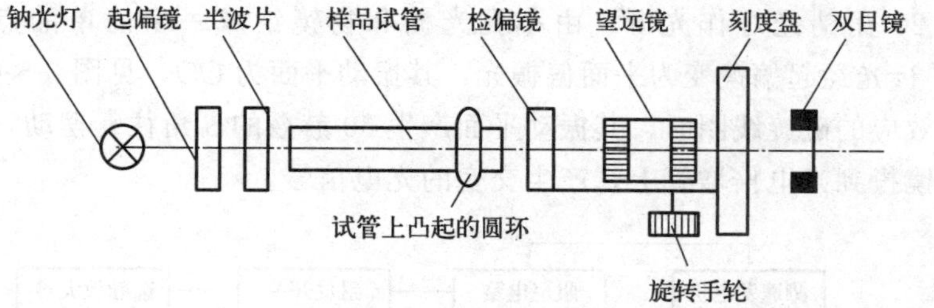

图 3-5-4　旋光仪的构造

2. 旋光仪的使用

使用时，光线的行程从光源到双目镜经过下列部分：光源——起偏镜——半波片——样品试管——检偏镜——望远镜——双目镜。光源座架与仪器相连，无须校正照明灯位置，光源为特制的钠光灯泡，为单色黄光，波长是 589.3nm，若用普通钨丝灯泡，则必须用滤玻片，以免由旋光色散现象而使视野中的色彩不一样，难以估计光强。

样品试管长度有 10cm 及 20cm 两种，可视旋光能力及样品含量选取适用的管长，旋光角的大小和管长成正比，也和溶液中所含旋光物质的浓度 c'成正比。一个 10cm 长，每立方厘米溶液中含有 1g 旋光物质所产生的旋光角称为该物质的比旋光度。

由于旋光物质的旋光度和温度、波长有关，所以比旋光度是在 20℃及钠光 D 线波长下的旋光能力，可用方程表示如下：

$$[a]=10a/(lc') \tag{3-5-3}$$

式中，$[a]$ 为比旋光度；a 为测量读数所得的旋光角；l 为样品试管长，即光在液柱中所经过的距离（以厘米为单位）；c'为溶质的浓度，指每立方厘米中旋光物质的质量。

旋光物质有左旋和右旋的区别，右旋物质是指检偏镜沿顺时针方向旋转时视野能调整到如图 3-5-3(c) 所示的物质。而左旋物质则指检偏镜沿逆时针方向转动视野能调整到如图 3-5-3(c) 所示的物质。对左旋通常加“－”号表示。例如蔗糖的 $[a]$为＋66.55°，葡萄糖 $[a]$为＋52.5°，都是右旋物质，而果糖的 $[a]$为－91.9°，是左旋物质。

检偏镜与刻度盘相连，刻度盘 360°，每度一格，游标 20 小格，直读 0.05°，精确度可达±0.05°。

3. 旋光仪的维护和保养

旋光仪与所有的光学仪器一样，在使用过程中，须当心使用和妥善保养。平时用防尘罩盖好，以免灰尘侵入。使用前后用干净柔软的抹布或镜头纸擦镜头。在使用时，仪器金属部分切忌玷污酸碱。在观察管中装好溶液后，管的周围及两端的玻璃片均应保持洁净，观察管用后要用水洗净并晾干。不要随便拆卸仪器，以免零件变动。使用时，切勿将灯泡直接插到 220V 电源上，一定要经过镇流器。使用仪器之前必须了解仪器的构造原理、仪器的性能及使用时的注意事项，熟悉仪器刻度的读数。

二、 WZZ-2A 数显自动旋光仪

数显自动旋光仪采用光电检测自动平衡原理，测量结果由数字显示，具有体积小、灵敏度高、稳定可靠、读数方便等特点。对圆盘旋光仪难以分析的低旋光度样品也能适应。

1. 仪器结构与原理

仪器采用 20 瓦钠光灯作光源，由小孔光栅和物镜组成一个简单的点光源平行光管（图 3-5-5），平行光经起偏镜变为平面偏振光，其振动平面为 OO，见图 3-5-6(a)，当偏振光经过有法拉第效应的磁旋线圈时，其振动平面产生 50 赫兹的 β 角往复摆动，见图 3-5-6(b)，光线经过检偏镜投到光电倍增管上，产生交变的光电信号。

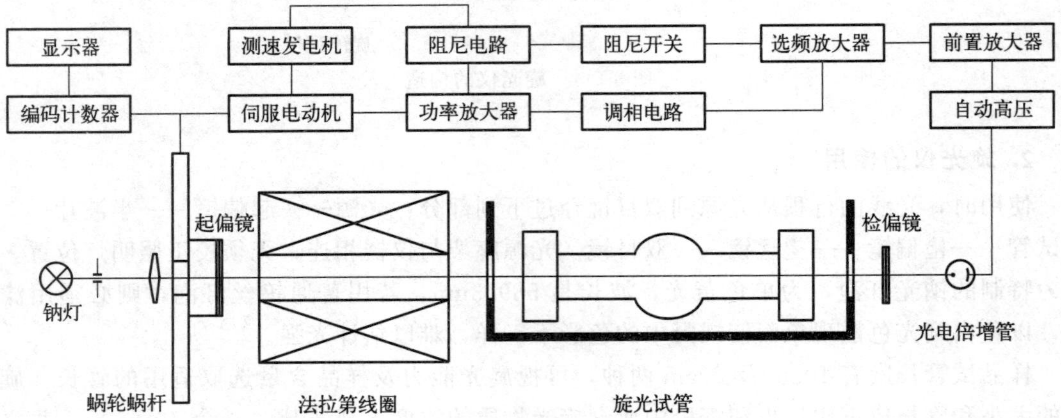

图 3-5-5 仪器原理图

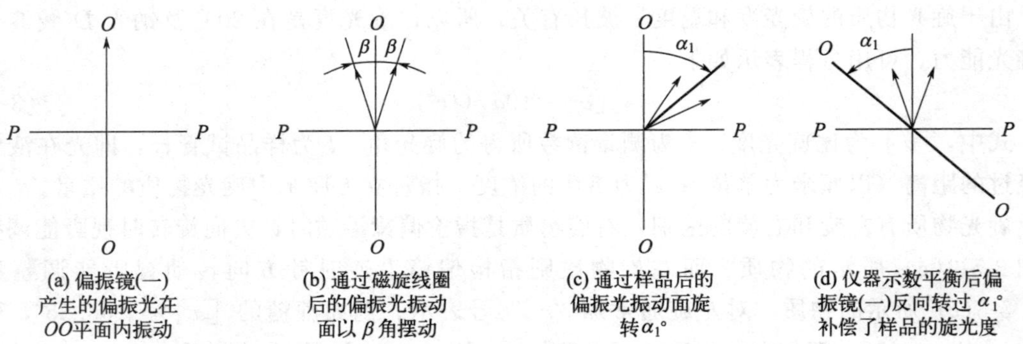

图 3-5-6 偏振光产生与接收原理图

OO 为偏振镜（一）的偏振轴；PP 为偏振镜（二）的偏光轴

仪器以两偏振镜光轴正交（即 $OO \perp PP$）时作为光学零点，此时 $\alpha=0°$。

2. 仪器的使用方法

(1) 将仪器电源插头插入 220 伏交流电源，要求使用交流电子稳压器（1kVA）并将接地靠地。

(2) 按下电源开关，这时钠光灯应点亮，使钠光灯内的钠充分蒸发、发光稳定约需 15min 预热。

(3) 按下光源开关，使钠光灯在直流下点亮（若光源开关按下后，钠光灯熄灭，则再将光源开关重复按下 1～2 次）。

(4) 按下测量开关，机器处于自动平衡状态。复测 1～2 次，再按清零按钮清零。

(5) 将装有蒸馏水或其他空白样品管放入样品室，盖上箱盖，待小数稳定后，按清零按钮清零。样品管通光面两端的雾状水滴，应用软布擦干。样品管螺帽不宜旋得过紧，以免产生应力，影响读数。样品管安放时应注意标记的位置和方向。

(6) 取出样品管，将待测样品注入样品管，按相同的位置和方向放入样品室内，盖好箱盖。仪器读数窗口将显示出该样品的旋光度。等到测数稳定，再读取读数。

(7) 逐次按下复测按键，如正数按复测＋键，负数按复测－键，取几次测量的平均值作为样品的测定结果。

(8) 样品超过测量范围，仪器会在±45°处振荡。此时取出样品管，仪器即自动转回零位。

(9) 仪器使用完毕后，应依次关闭测量、光源、电源开关。

(10) 深色样品透过率过低时，仪器的示数重复性将有所降低，此系正常现象。

附录6 折射仪

阿贝折射仪是测量物质折射率的专用仪器，它能快速而准确地测出透明、半透明液体或固体材料的折射率（测量范围一般为 1.4～1.7），它还可以与恒温、测温装置联用，测定折射率与温度的变化关系。

1. 阿贝折射仪的测定原理

一束光线照射在两种介质的分界面上时，它的传播方向要改变，但仍在原介质上传播，这种现象叫光的反射，如图 3-6-1 所示，光的反射遵守以下定律：$\angle\alpha=\angle\beta$。

光线从一种介质（如空气）入射到另一种介质（如水）时，除了一部分光线反射回第一种介质外，另一部分进入第二种介质中并发生传播的方向改变，这种现象叫光的折射，如图 3-6-2 所示。

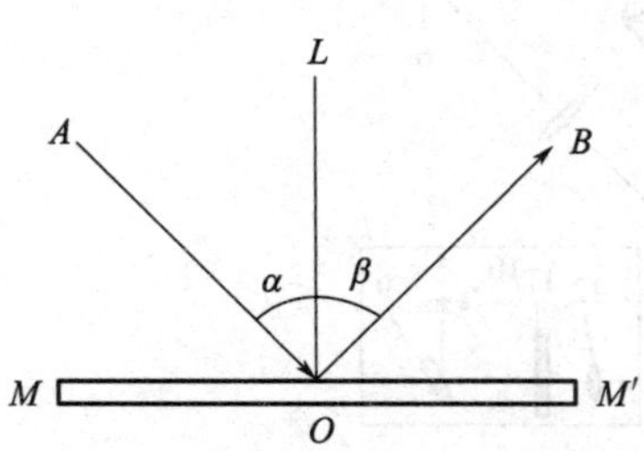

图 3-6-1　光反射原理图

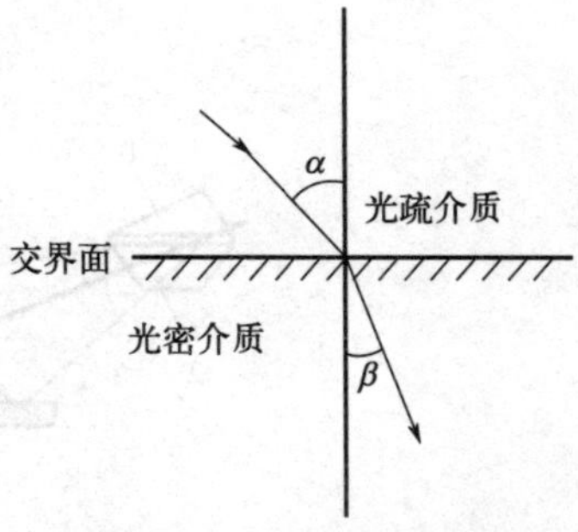

图 3-6-2　光折射原理图

光的折射遵守以下定律：无论入射角怎样改变，入射角正弦与折射角正弦之比，恒等于光在两种介质中的传播速度之比，即：

$$\frac{\sin\alpha}{\sin\beta}=\frac{v_1}{v_2} \tag{3-6-1}$$

式中，α 为光入射角；β 为光折射角；v_1 为光在光疏介质中速度；v_2 为光在光密介质中速度。

光在真空中的速度 C 和光在介质中的速度 v 之比，叫做介质的绝对折射率 n（简称折射率），即：

$$n=\frac{C}{v} \tag{3-6-2}$$

因此，在不同介质中：$n_1=\frac{C_1}{v_1}$，$n_2=\frac{C_2}{v_2}$，将其代入式(3-6-1) 得：

$$\frac{\sin\alpha}{\sin\beta}=\frac{n_2}{n_1} \tag{3-6-3}$$

由此可知，当光线由光密介质进入光疏介质时，折射角将大于入射角，反之亦然。当入射角增大到某一角度，如图 3-6-3 中 4 的位置时，其折射线 4′恰好与 OM 重合，此时折射线不再进入光疏介质而是沿两介质的接界面 OM 平行射出，这种现象称为全反射，发生全反射的入射角称为临界角，即图 3-6-3 中的 $\alpha_{临}$ 角。

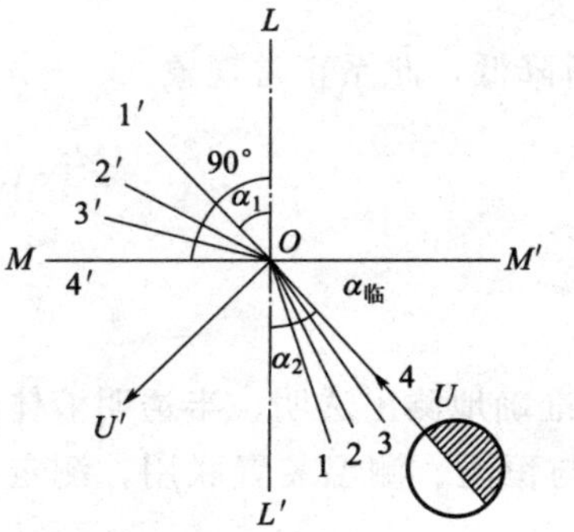

图 3-6-3 光折射全反射图

将上述光路逆转，即光线由光疏介质进入光密介质时，若入射角小于 90°，则折射角均将小于临界角，折射的结果是 OU 面左面明亮，右面完全黑暗，形成明显的黑白分界。测出临界角 $\alpha_{临}$，可以得：

$$n_1=n_2\sin\alpha_{临} \tag{3-6-4}$$

若 n_2 为棱镜的折射率且已知，则测定临界角后就可以得到样品的折射率 n_1。

2. 阿贝折射仪的光学系统

阿贝折射仪的光学系统由望远系统和读数系统组成，如图 3-6-4 所示。

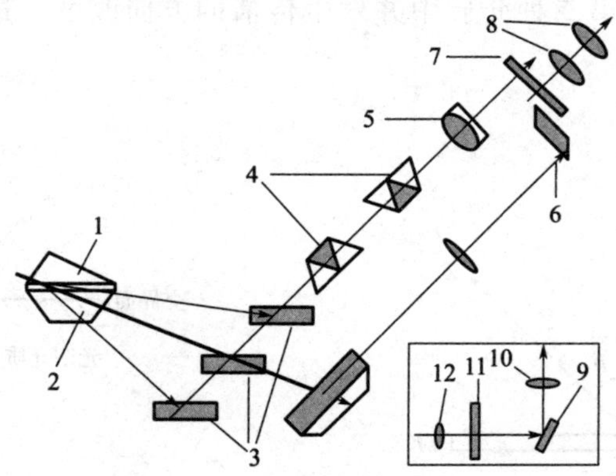

图 3-6-4 望远系统和读数系统光路图

1—进光棱镜；2—折射棱镜；3—摆动反光镜；4—消色散棱镜组；5—望远物镜组；6—平行棱镜；7—分划板；8—目镜；9—读数物镜；10—反光镜；11—刻度盘；12—聚光镜

(1) 望远系统

光线进入进光棱镜 1 与折射棱镜 2 之间一微小均匀的间隙，被测液体就放在此空隙内。当光线（太阳光或日光灯）射入进光棱镜 1 时便在磨砂面上产生漫反射，使被测液层内有各种不同角度的入射光，经折射棱镜 2 产生一束折射角均大于出射角度 i 的光线。由摆动反光镜 3 将此束光线射入消色散棱镜组 4，此消色散棱镜组是由一对等色散阿米西棱镜组成，其作用是可获得一可变色散来抵消由折射棱镜对不同被测物体所产生的色散。再由望远物镜组

5 将此明暗分界线成像于分划板 7 上，分划板上有十字分划线，通过目镜 8 能看到如图 3-6-5 上部分所示的像。

（2）读数系统

光线经聚光镜 12、刻度盘 11（刻度板与摆动反光镜 3 连成一体，同时绕刻度中心作回转运动）。通过反光镜 10、读数物镜 9、平行棱镜 6 将刻度盘上不同部位折射率示值成像于分划板 7（图 3-6-5）。读数物镜视场中右边为液体折射率刻度，左边为蔗糖溶液质量分数。

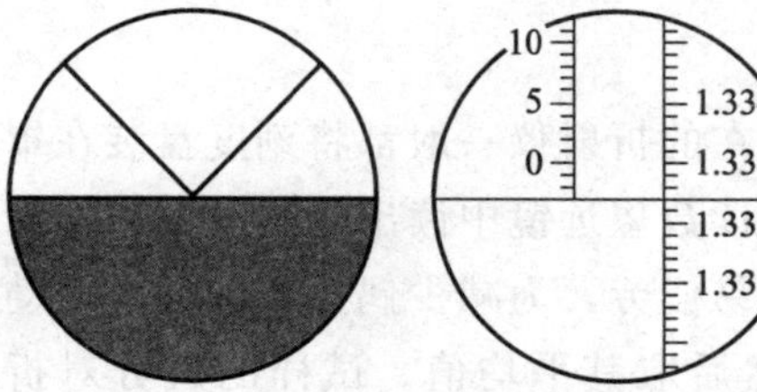

图 3-6-5　阿贝折射仪的目镜成像和读数物镜视场图

3. 阿贝折射仪的调节

（1）仪器的安装

将折射仪置于靠窗的桌子或白炽灯前。但勿使仪器置于直照的日光中，以避免液体试样迅速蒸发。用橡胶管将测量棱镜和辅助棱镜上保温夹套的进水口与超级恒温槽串联起来，恒温温度以折射仪上的温度计读数为准。

（2）加样

松开锁钮，开启辅助棱镜，使其磨砂的斜面处于水平位置，用滴定管加少量丙酮清洗镜面，促使难挥发的玷污物逸走，用滴定管时注意勿使管尖碰撞镜面。必要时可用擦镜纸轻轻吸干镜面，但切勿用滤纸。待镜面干燥后，滴加数滴试样于辅助棱镜的毛镜面上，闭合辅助棱镜，旋紧锁钮。若试样易挥发，则可在两棱镜接近闭合时从加液小槽中加入，然后闭合两棱镜，锁紧锁钮。

（3）对光

转动手柄，使刻度盘标尺上的示值为最小，于是调节反光镜，使入射光进入棱镜组，同时从测量望远镜中观察，使视场最亮。调节目镜，使视场准丝最清晰。

（4）粗调转动手柄，使刻度盘标尺上的示值逐渐增大，直至观察到视场中出现彩色光带或黑白临界线。

（5）消色散

转动消色散手柄，使视场内呈现一个清晰的明暗临界线。

（6）精调

转动手柄，使临界线正好处在 X 形准丝交点上，若此时又呈微色散，必须重调消色散手柄，使临界线明暗清晰。调节过程见图 3-6-6 的说明。

图 3-6-6(a) 说明未调节右边旋扭前，在右边目镜看到的图像，此时颜色是发散的。

图 3-6-6(b) 说明调节右边旋扭直到出现有明显的分界线为止。

图 3-6-6(c) 说明调节左边旋扭，使分界线经过交叉点为止，并在如图 3-6-5 所示的左边读数目镜中读数。

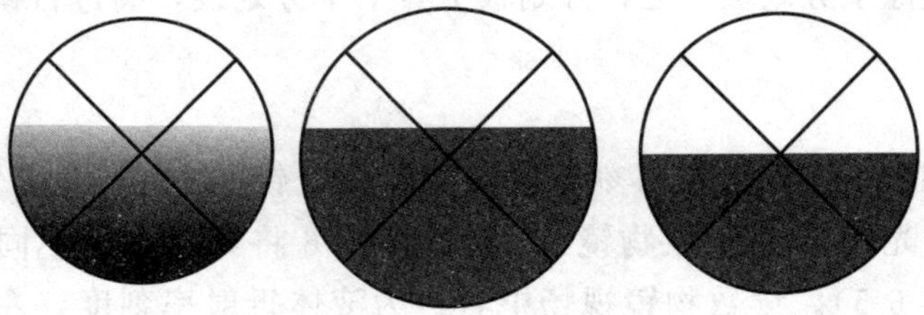

图 3-6-6　调节过程在目镜看到的图像颜色变化

（7）读数

为保持刻度盘的清洁，现在的折射仪一般都将刻度盘装在罩内，读数时先打开罩壳上方的小窗，使光线射入，然后从读数望远镜中读出标尺上相应的示值。由于眼睛在判断临界线是否处于准丝点交点上时，容易疲劳，为减少偶然误差，应转动手柄，重复测定三次，三个读数相差不能大于 0.0002，然后取其平均值。试样的成分对折射率的影响是极其灵敏的，沾污或试样中易挥发组分的蒸发，致使试样组分发生微小的改变，会导致读数不准，因此测一个试样须应重复取三次样，测定这三个样品的数据，再取其平均值。

（8）仪器校正

折射仪上的刻度是在 20℃下刻制的，所以最好在 20℃下测定折射率。否则，应对测定结果进行温度校正。纯水的折射率 15℃到 30℃之间的温度系数为 $-0.0001\cdot℃^{-1}$，即在 10～30℃范围内，水溶液的折射率 n 温度校正公式为：

$$n^{20}=n^{t}+0.0001\times t-20 \tag{3-6-5}$$

式中，t 为实验时的摄氏温度。

有机溶液的折射率温度校正公式为：

$$n^{20}=n^{t}+0.00038\times t-20 \tag{3-6-6}$$

由此可见，只有严格控制测定温度，才能准确测定物质的折射率。一般来说，如果要求折射率的准确度 0.002，则温度波动应小于±3℃；如果要求折射率的准确度为 0.0001，则温度波动应小于±0.2℃；如果要求折射率的准确度为 0.00001，则温度波动应小于±0.02℃。当温度低于 10℃或高于 30℃时，不能用上述校正公式进行换算，而须通入恒温水，使样品达到规定温度后，再测定折射率。

4. 注意事项

（1）使用仪器前应先检查进光棱镜的磨砂面、折射棱镜及标准玻璃块的光学面是否干净，如有污迹，用酒精棉擦拭干净。

（2）用标准块校准仪器读数时，所用折射率液不宜太多，使折射率液均匀布满接触面即可。过多的折射率液易堆积于标准块的棱尖处，既影响明暗分界线的清晰度，又容易造成标准块从折射棱镜上掉落而损坏。

（3）在加入的折射率液或待测液中，应防止留有气泡，以免影响测量结果。

（4）读取数据时，首先沿正方向旋转棱镜转动手轮（如向前），调节到位后，记录一个数据。然后继续沿正方向旋转一小段后，再沿反方向（向后）旋转棱镜转动手轮，调节到位后，又记录一个数据。取两个数据的平均值为一次测量值。

（5）实验过程中要注意爱护光学器件，不允许用手触摸光学器件的光学面，避免剧烈振动和碰撞。

(6) 仪器使用完毕后，要将棱镜表面及标准块擦拭干净，目镜套上镜头保护纸，放入盒内。

附录 7 物理化学实验常用数据表

表 3-7-1 水的黏度（$\times 10^3$ Pa·s）

温度/℃	0	1	2	3	4	5	6	7	8	9
0	1.787	1.728	1.671	1.618	1.567	1.519	1.472	1.428	1.386	1.346
10	1.307	1.271	1.235	1.202	1.169	1.139	1.109	1.081	1.053	1.027
20	1.002	0.9779	0.9548	0.9325	0.9111	0.8904	0.8705	0.8513	0.8327	0.8148
30	0.7975	0.7808	0.7647	0.7491	0.7340	0.7194	0.7052	0.6915	0.6783	0.6654
40	0.6529	0.6408	0.6291	0.6178	0.6067	0.5960	0.5856	0.5755	0.5656	0.5561

表 3-7-2 不同温度下 KCl 的溶解热（1mol KCl 溶于 200mol 水中的积分溶解热 $\Delta_{sol}H_m$）

温度/℃	$\Delta_{sol}H_m$/(kJ·mol^{-1})	温度/℃	$\Delta_{sol}H_m$/(kJ·mol^{-1})
10	19.979	28	17.138
11	19.794	29	17.004
12	19.623	30	16.874
13	19.447	31	16.740
14	19.276	32	16.615
15	19.100	33	16.493
16	18.933	34	16.372
17	18.765	35	16.259

表 3-7-3 某些物质的积分溶解热

溶质(B)	$n_B : n_A$	t/℃	$\Delta_{sol}H_m$/(kJ·mol^{-1})
KNO_3	1∶200	18 25	+35.392 +34.899
KNO_3	1∶400		+34.518
NH_4Cl	1∶200		+26.493
KCl	1∶200	18 25	+18.602 +17.556
NH_4NO_3	1∶200		+16.28

表 3-7-4　常见溶剂的凝固点和凝固点降低常数

溶剂	凝固点/℃	K_f/(K·mol^{-1}·kg)
水	0.00	1.86
苯	5.53	5.12
醋酸	16.63	3.90
樟脑	178.4	37.7
萘	80.25	6.9
环己烷	6.50	20.2
环己醇	6.544	39.3
硝基苯	5.70	6.9
三溴甲烷	7.8	14.4

表 3-7-5　不同温度下液体的密度（g/cm^3）

温度/℃	水	乙醇	苯	甲苯	汞
5	0.99999	0.80207	—	—	13.583
6	0.99997	0.80123	—	—	13.581
7	0.99993	0.80039	—	—	13.578
8	0.99988	0.79956	—	—	13.576
9	0.99981	0.79872	—	—	13.573
10	0.99973	0.79788	0.887	0.875	13.571
11	0.99963	0.79704	—	—	13.568
12	0.99953	0.79620	—	—	13.566
13	0.99941	0.79535	—	—	13.563
14	0.99927	0.79451	—	—	13.561
15	0.99913	0.79367	0.883	0.870	13.559
16	0.99897	0.79283	0.882	0.869	13.556
17	0.99880	0.79198	0.882	0.867	13.554
18	0.99863	0.79114	0.881	0.866	13.551
19	0.99843	0.79029	0.881	0.865	13.549
20	0.99823	0.78945	0.879	0.864	13.546
21	0.99802	0.78865	0.879	0.863	13.544
22	0.99780	0.78775	0.878	0.862	13.541
23	0.99757	0.78691	0.877	0.861	13.539
24	0.99733	0.78606	0.876	0.860	13.536
25	0.99708	0.78522	0.875	0.859	13.534

续表

温度/℃	水	乙醇	苯	甲苯	汞
26	0.99681	0.78437	—	—	13.532
27	0.99654	0.78352	—	—	13.529
28	0.99626	0.78267	—	—	13.527
29	0.99598	0.78182	—	—	13.524
30	0.99568	0.78097	0.869	0.855	13.522

参考文献

[1] 复旦大学等校．物理化学实验 [M]. 2 版．北京：高等教育出版社，1993.

[2] 北京大学化学学院物理化学实验教学组．物理化学实验 [M]. 4 版．北京：北京大学出版社，2003.

[3] 东北师范大学等校．物理化学实验 [M]. 2 版．北京：高等教育出版社，1989.

[4] 山东大学．物理化学与胶体化学实验 [M]. 2 版．北京：高等教育出版社，1990.

[5] 臧瑾光．物理化学实验 [M]. 北京：北京理工大学出版社，1995.

[6] 陈大勇，高永煜．物理化学实验 [M]. 上海：华东理工大学出版社，2000.

[7] 洪惠婵，黄钟奇．物理化学实验 [M]. 广州：中山大学出版社，1993.

[8] 何广平，南俊民，孙艳辉，等．物理化学实验 [M]. 北京：化学工业出版社，2007.

[9] 刘挺岳，王岩．物理化学实验 [M]. 北京：中国纺织出版社，2006.

[10] 夏海涛，许越，郝治湘．物理化学实验 [M]. 南京：南京大学出版社，2006.

[11] 张新丽，胡小玲，苏克和．物理化学实验 [M]. 北京：化学工业出版社，2007.

[12] 訾学红，刘淑珍，陈永宝，等．基于混合式教学的物理化学实验思政育人元素融入途径探索 [J]. 高教学刊，2024，(34)：185-188.

[13] 孙越，杨钻．新时代背景下物理化学实验的课程思政教学初探 [J]. 大学化学，2021，36 (8)：25-31.

[14] 曹杰，孙明波．黏度法测定部分水解聚丙烯酰胺相对分子质量教学实验的改进 [J]. 化学教育，2014，35 (14)：29-31.

[15] 王金权，肖新华，季晶玲，等．物理化学实验教学细节探讨——凝固点降低法测定物质摩尔质量 [J]. 应用化学，2024，41 (6)：906-911.

[16] 陈小娟，张剑辉，沈勇，等．乙酸乙酯皂化反应动力学和热力学的综合探究 [J]. 化学教育，2024，45 (12)：17-24.

[17] 武丽艳，郑文君，尚贞锋．Gouy 磁天平法测定物质磁化率实验数据处理公式的讨论 [J]. 大学化学，2006，21 (5)：51-52.

[18] 霍景沛，户华文，胡晓洪，等．H_2O_2 分解速率常数的测定及其教学实验条件探讨 [J]. 广东化工，2017，44 (4)：136-137.

[19] 刘建平，马雪萍，杨喜平，等．Origin6.0 在物理化学实验中的应用 [J]. 齐齐哈尔大学学报，2006，22 (4)：16-18.

[20] 闫宗兰，石军，尹立辉，等．Origin 软件在“双液系气—液平衡相图”实验数据处理中的应用 [J]. 天津农学院学报，2007，14 (2)：30-32.

[21] 刘跃龙，许胜先，徐莱．金属钝化曲线的测定实验的改进研究 [J]. 江西科技师范学院学报，2004 (5)：82-83，100.

[22] 黄道战．水杨酸在燃烧热测定实验中的应用 [J]. 高校实验室工作研究，2006 (3)：25-26.

[23] 谢祖芳．用 Origin 处理溶液表面张力实验数据 [J]. 中国现代教育装备，2007 (3)：50-51.

[24] 施巧芳，张国林，张小兴．原电池电动势测定实验的改进 [J]. 化学教育，2006 (12)：49.

[25] 聂龙辉．离子迁移数的计算 [J]. 广东化工，2010，37 (2)：75-76.

[26] 胡扬剑，欧阳跃军．电化学中离子迁移数定义的理解与计算公式的导出 [J]. 怀化学院学报，2004，23 (2)：37-38.

[27] 杨娜，姜佳旭，贾万春，等．化学振荡反应实验条件的研究 [J]. 绍兴文理学院学报，2010，30 (8)：31-32.

[28] 曾蕾，周崇文，汪德莲，等．基于 B-Z 化学振荡反应过程的简化与软件分析 [J]. 化工时刊，2009，23 (10)：21-25.

[29] 陶庭先，吴之传，王胜，等．氨基乙酸-溴酸钾-硫酸锰-硫酸-丙酮的 B-Z 振荡反应 [J]. 安徽机电学院学报，2002，17 (1)：49-53.